전문적 원예치료를 위한
평가도구 및 프로그램

저자 약력

손 기 철 박사
건국대학교 상허생명과학대학 명예교수

김 수 연 박사
㈔한국원예치료복지협회 이사

이 손 선 박사
㈔한국원예치료복지협회 회장

송 종 은 박사
상지대학교 스마트팜학과 초빙교수

조 문 경 박사
해븐리병원 인지중재치료실장

전문적 원예치료를 위한
평가도구 및 프로그램

펴낸날 1판 1쇄 2006년 9월 9일
1판 6쇄 2023년 3월 2일
지은이 손기철 · 김수연 · 이손선 · 송종은 · 조문경
펴낸이 전영재
펴낸곳 쿠북 (건국대학교출판부의 패밀리 브랜드입니다.)
등록 / 제 4-3 호(1971. 6. 21.)
주소 / 05029, 서울특별시 광진구 능동로 120 건국대학교 출판부
전화 / (02) 450-3891~3
팩스 / (02) 457-7202
홈페이지 / http://press.konkuk.ac.kr
전자우편 / press@konkuk.ac.kr
책임편집 박명희
찍은곳 ㈜동화인쇄공사
정가 15,000원

ISBN 978-89-7107-450-3 93500

이 도서의 국립중앙도서관 출판시도서목록(CIP)은 서지정보유통지원시스템 홈페이지(http://seoji.nl.go.kr)와 국가자료공동목록시스템(http://www.nl.go.kr/kolisnet)에서 이용하실 수 있습니다.(CIP제어번호: CIP2006001819)

전문적 원예치료를 위한 평가도구 및 프로그램

Programs & assessment tools for the professional horticultural therapy

손기철 · 김수연 · 이손선 · 송종은 · 조문경 공저

쿠북

서 문

전문적 원예치료의 효과성을 과학적으로 검증하기 위해서는 적절한 평가지와 객관적으로 정량화할 수 있는 검사 도구 및 기기가 필수적이며, 원예치료의 효과를 극대화시키기 위해 다양한 원예치료 프로그램의 개발이 요구된다. 국내 원예치료 연구가 짧은 역사를 가지고 있음에도 장족의 발전을 할 수 있었던 것은 많은 연구자들에 의한 적절한 검사지의 발굴과 활용, 다양한 도구와 기기의 사용, 그리고 좋은 프로그램의 개발 덕분이라고 판단된다.

그러나 초창기 국내 원예치료 연구 논문들을 살펴보면, 엄청난 노력과 시간을 투자한 연구임에도 불구하고 애초 실험설계가 잘못되었거나 비의도적인 프로그램의 적용, 또는 제대로 검증되지 않은 평가지를 사용함으로써 연구 결과의 가치를 손상시킨 경우가 비일비재하였다.

본 책자에 소개된 검사지는 가능한 의학, 심리상담, 그리고 사회과학 분야에서 검증되고 활용되는 것들로, 앞으로 대상별 전문 원예치료에 많은 도움을 줄 것으로 기대한다. 소개된 검사지 중에는 피검사자가 직접 작성하는 자가검사지, 제삼자에 의해 평가되는 검사지, 그리고 특별한 자격을 갖춘 자만이 평가할 수 있는 검사지 등 다양하기 때문에 검사지에 따라 평가 실시 전 검사자를 사전에 정하는 것이 필요하다.

소개된 평가지와 검사 도구 및 기기들은 다음 같은 절차와 범위 내에서 선정되었다.

(1) 2006년 7월 현재까지 국내 원예치료와 관련되어 소개된 모든 연구 도구를 석사・박사 학위 논문을 중심으로 수집하였다.

(2) 연구도구들은 다시 평가지와 측정 도구 및 기기로 구분되었다.

(3) 수집된 평가지 중 출처와 신뢰도가 불분명한 것은 제외되었고, 똑같은 평가지를 연구자들이 서로 다른 번안 내용으로 사용한 경우에는 항목의 수가 많은 것을 대표로 간주하여 선정하였으며, 연구자들이 평가지를 사용함에 있어 조금씩 차이가 있는 평가지 문항의 어투는 저자들이 문맥을 고려하여 적합하다고 여겨지는 하나를 선정하여 소개하였다.

(4) 평가지 내용은 ① 척도 내용 및 채점 방법, ② 출처, ③ 본 척도를 사용한 국내 원예치료 논문으로 구성하여 기재하였다. 외국판 척도의 경우, 출처 부분에 원 출처와 한국판 출처를 포함하였으며, 해당 사항에 관한 자료가 미비한 부분은 기재하지 않았다.

(5) 측정 도구 및 기기에서 측정 도구의 경우, ① 내용, ② 출처, ③ 본 척도를 사용한 국내 원예치료 논문으로 구성하여 기재하였고, 해당 사항에 관한 자료가 미비한 부분은 기재하지 않았다.

(6) 소개된 평가지와 측정 도구의 경우, 독자들로 하여금 연구 도구에 대한 전체적인 흐름을 파악할 수 있도록 일부 소개하였으며, 지적 재산권으로 인하여 전 문항을 모두 소개하지는 않았다.

한편, 1997년 우리나라에서 원예치료가 본격적으로 시작된 이래 10년이라는 짧지 않은 시간 동안 원예치료사들이 다양한 환자들과 일반인 그리고 학생들을 대상으로 식물과 원예 활동을 이용한 원예치료를 행해 오면서 나름대로의 기반을 잡아 왔다. 그럼에도 불구하고 현재까지 원예치료를 공부하고자 하는 사람들에게 프로그램에 관한 전문적인 안내 책자가 마련되어 있지 않아 체계적인 지식 습득에 애로사항이 있었던 것도 사실이다. 본 책자는 그러한 점을 감안하여 원예치료 프로그램의 양식을 일원화시키고 질을 향상시키고자 가능한 각 분야별 원예치료 프로그램의 기본 구조를 소개하고자 하였다.

본 책자에 실린 원예치료 프로그램들은 지난 10년에 걸쳐 보편적으로 많이 사용하고 있는 프로그램을 위주로 선정하였으며, 프로그램들은 크게 '식물심기 및 관리', '꽃장식', '공예', '기타 원예활동'으로 분류하였다. 프로그램지의 기본 형식은 대상 · 장소 · 계절 · 난이도를 표시하도록 하였고, 프로그램 과정은 도입 · 전개 · 정리 3단계로 구성하였다. 대상은 정신과, 재활, 정신지체, 허약노인, 치매, 청소년, 어린이 등 일곱 분야로 구분하여, 각 프로그램별로 주 대상자를 임의로 정하여 그 대상자에 초점을 두고 프로그램지를 작성하였다. 그러나 프로그램 제목은 일치한다 하더라도 실제로는 대상자에 따라 치료적 목적에 부합하도록 내용, 재료, 과정을 변경하여 실행하는 경우가 대부분이므로, 프로그램지에 '대상자별 적용'란을 두어, 대상자별로 특성이나 주의사항들을 기록하여 다른 대상자들에게도 프로그램을 쉽게 적용하도록 했다. 또한 '활동의 다양성, 활동의 난이도'란에는 그룹 원예치료 수행시 다른 대상자들에 비해 뒤쳐지거나 앞서가는 대상자를 고려하여, 이들을 어떻게 참여시킬 것인지에 관하여 간략히 소개하였다.

또한, 소개된 프로그램을 진행하는 데 도움이 될 수 있는 다양한 원예적, 공예적, 생활건강에 관한 자료들을 첨부하여 누구나 이 책을 보고 쉽게 원예치료 프로그램을 작성할 수 있도록 하였다. 소개된 프로그램의 기본 구조를 보다 전문적 원예치료 프로그램으로 적용하기 위해서는 본 책자의 총론격인 『전문적 원예치료의 실제』를 반드시 참고하기 바란다.

본 책자를 출판하기에 앞서 여러 번의 검토를 거쳤으나 저자들의 부주의로 제대로 다듬어지지 않았거나 미처 소개되지 않은 내용들도 있을 것이다. 그러나 전문적 원예치료 연구의 활성화를 위해서 평가지와 측정 도구 및 기기 그리고 다양한 원예치료 프로그램 필요성의 시급성을 절감하기에, 부족함에도 불구하고 이 분야에 작은 보탬이 되었으면 하는 바람으로 소개하고자 한다.

2006. 8.

대표저자 손기철

차 례

Ⅰ. 원예치료 평가지 14

Ⅱ. 측정 도구 및 기기

1. 측정 도구

2. 측정 기기

1. 식물 심기 및 관리

2. 꽃장식

3. 공 예

I. 원예치료 평가지

* * * * * * * * * * * * * * *

측정 도구(예, 평가지의 문항)의 신뢰성(reliability)을 확인하기 위한 분석 방법으로 가장 널리 사용되는 신뢰도 계수는 Cronbach's alpha 값이다. 이 계수는 검사의 내적 일관성(internal consistency)을 나타내는 값으로서, 한 검사 내에서의 변수들간의 평균 상관관계에 근거해 검사 문항들이 동질적인 요소로 구성되어 있는지를 알아보고자 하는 것이다. 일반적으로 신뢰성 척도인 Cronbach's alpha의 값이 .60 이상이면 신뢰성이 있다고 본다.

- 간이 정신건강 진단지(Symtom Checklist-90-Revision; SCL-90-R)
- 노인 생활만족도 척도
- 노인 우울 측정지 I (Geriatric Depression Scale I; GDS I)
- 노인 우울 측정지 II (Geriatric Depression Scale II; GDS II)
- 단축형 노인 우울 척도
- 대인관계 척도(Relationship Change Scale; RCS)
- 무력감 측정 도구(Powerlessness Scale)
- 문제행동 사정 도구
- 사회, 심리, 정서적 행동 특성 검사
- 사회적 지지 측정지
- 사회행동 척도(Social Behavior Scale; SBS)
- 상태 특성 불안 척도
- 스마일 척도
- 역량 강화적 변화 척도
- 우리성(We-Ness)
- 유아 자아존중감 검사
- 자기주장 척도(Rathus Assertiveness Scale; RAS)
- 자기평가 우울 척도(Self-Rating Depression Scale; SDS)
- 자아역량지각 척도(Perceived Competence Scale)
- 자아정체감 척도(Ego identity Scale)
- 자아존중감 척도
- 자아존중감 측정 도구(Self-Esteem Scale)
- 자아통합감 척도
- 재활 동기(Motivation of Rehabilitation)
- 정서 지능 검사(Emotional Intelligence Test)
- 주위 집중 결핍 평정 척도(Conners' Teacher Rating Scale)
- 집단 괴롭힘 가해-피해 질문지(Bully-Victim Questionnaire)
- 청소년 간이 정신건강 진단지
- **ADL**(Activities Daily of Living, Katz Index)
- **Barthel Index**
- **Beck Depression Inventory**(BDI)
- **CCSE**(Cognitive Capacity Screening Examination)
- **FIM**(Functional Independence Measure)
- **MMSE-K**(Korean-Version Mini-Mental state Examination)
- **NCES**(Neurobehavioral Cognitive Status Examination)
- **PANSS**(Positive and Negative Syndrom Scale)

간이 정신건강 진단지 (Symtom Checklist-90-Revision; SCL-90-R)

(1) 척도 내용 및 채점 방법

Derogatis(1977) 등이 개발하고, 김광일(1984) 등이 표준화하여 9개 증상차원, 90개 문항으로 구성되어 있으며, 각 문항은 각각 1개의 심리적인 증상을 대표하고 있다. 피검사자가 오늘을 포함해서 지난 7일 동안 경험한 증상의 정도에 따라서 측정하는 자기 보고형 5점 척도로 점수가 낮을수록 정신건강 상태가 양호함을 의미한다.

이 진단지는 내용이 비교적 쉽고 문항수가 적으며 답안지를 완성하는 데 15~20분 정도밖에 소요되지 않으나 다음의 몇 가지 유의사항이 있다.

① 실시자와 피검사자 간에 적절한 의사소통관계(rapport)가 형성되어 있어야 한다.

② 이 진단지는 간접적으로 성격의 유형이나 장애를 반영할 수는 있겠으나, 성격 자체보다는 현재의 심리적 증상을 측정하는 것이므로 검사지를 작성할 때 '오늘을 포함해서 지난 7일 동안'을 강조한다.

③ 실시자는 피검사자가 답안지를 완성하는 동안 피검사자의 질문에 응할 수 있는 적절한 위치에 있는 것이 좋다. 문장이 쉬워 학력제한은 없으나 언어적 능력이 부족해 문항을 이해하는 데 도움이 필요할 수 있기 때문이다.

④ 이 진단지는 정신과 환자를 비롯하여 심리 상담을 받으려는 내담자, 각종 신체질환자, 기타 기능이상 및 증상을 호소하는 13세 이상의 모든 사람들에게 실시 가능하나 16세 이하의 피검사자에게는 고등학생 표준을 사용해야 한다.

SCL-90-R 분석 방법은 다음과 같다.

- 전체심도지수(90문항)
- 신체화(12문항)

자율신경계의 영향하에 있는 순환기, 소화기, 호흡기 및 기타 기관의 장애와 두통, 동통 등 신체적 기능 이상에 대해 주관적으로 호소하는 증상들로 구성되어 있다.

〈표 1〉 SCL-90-R 분석 방법

Scale	total	Item
SOM/Somatization(신체화)	12	1, 4, 12, 27, 40, 42, 48, 49, 52, 53, 56, 58
O-C/Obsessive-Compulsive(강박증)	10	3, 9, 10, 28, 38, 45, 46, 51, 55, 65
I-S/Interpersonal sensitivity(대인예민성)	9	6, 21, 34, 36, 37, 41, 61, 69, 73
DEP/Depression(우울)	13	5, 14, 15, 20, 22, 26, 29, 30, 31, 32, 54, 71, 79
ANX/Anxiety(불안)	10	2, 17, 23, 33, 39, 57, 72, 78, 80, 86
HOS/Hostility(적대감)	6	11, 24, 63, 67, 74, 81
PHOB/Phobic Anxiety(공포불안)	7	13, 25, 47, 50, 70, 75, 82
PAR/Paranoid ideation(편집증)	6	8, 18, 43, 68, 76, 83
PSY/Psychoticism(정신증)	10	7, 16, 35, 62, 77, 84, 85, 87, 88, 90

▪ 강박증(10문항)

자신은 원치 않는데도 어쩔 수 없이 되풀이하게 되는 사고, 언동 및 강박증상을 반영한다.

▪ 대인예민성(9문항)

대인과의 관계에서 나타나는 불편함, 부적합감 및 열등감을 나타낸다.

▪ 우울(13문항)

삶에 대한 관심의 지수, 동기의 부여, 활력의 상실, 절망감 등으로 나타나는 기분이나 감정의 저조 등을 평가한다.

▪ 불안(10문항)

신경과민, 긴장, 두려움, 불안과 관련된 신체적 증상으로 이루어진다.

▪ 적대감(6문항)

부정적 정서 상태를 내포한다.

▪ 공포불안(7문항)

광장 공포증과 같이 특정한 사람, 장소, 대상, 혹은 상황에 대해 지속적이고도 불합리한 두려움이 생겨 회귀행동을 하게 되는 상태를 평가한다.

▪ 편집증(6문항)

편집증적 사고를 평가하기 위하여 투사적 사고, 적대감, 의심, 자율성의 상실 등에 대한 두려움 및 망상 등을 반영하는 내용으로 구성되어 있다.

▪ 정신증(10문항)

가벼운 대인관계의 어려움에서부터 정신병의 증상에 이르는 비교적 넓은 영역의 증상을 반영한다. 즉, 고립, 철수, 분열적 생활양식 및 환각과 같은 정신분열증의 증상 등이 포함된다.

(2) 출 처

김광일 · 김재환 · 원호택. 1984. 간이정신진단검사 실시요강. 중앙적성출판부. 서울.

Derogatis. L. R. 1977. SCL-90: Administration, scoring and procedures manual — Ⅰ. Baltimore: Clinical Psychometric Research Unit, Johns Hopkins University.

Derogatis. L. R. 1977. SCL-90(Revised) mannual I. Clinical Psychometrics Research Unit, Baltimore: university School of Medicine.

(3) 본 척도를 사용한 국내 원예치료 연구

엄수진. 2001. 원예치료가 만성정신분열증 환자의 자아존중감 및 사회성 향상에 미치는 영향. 건국대학교 대학원 석사학위논문.

김은경. 2000. 뇌졸중 환자의 재활에 미치는 원예치료의 효과. 건국대학교 농축대학원 석사학위논문.

간이 정신건강 진단지(SCL-90-R)

※ 아래 문항들은 우리가 때때로 나타내는 문제들을 항목으로 모아놓은 것입니다. 자세히 읽어 보시고 당신이 이런 문제 때문에 얼마나 괴로워했는지를 평가해 보십시오. 그런 후에 다섯 가지 대답 가운데 당신의 상태를 가장 잘 나타낸 대답을 하나 골라서 ∨표를 하십시오.

문 항	전혀 없다	약간 있다	웬만큼 있다	꽤 심하다	아주 심하다
1. 머리가 아프다					
2. 신경이 예민하고 마음의 안정이 안 된다.					
3. 쓸데없는 생각이 머리에서 떠나지 않는다.					
4. 어지럽거나 현기증이 난다.					
5. 성욕이 감퇴되었다.					
6. 다른 사람들이 못마땅하게 보인다.					
7. 누가 내 생각을 조정하는 것 같다.					
8. 다른 사람들이 나를 비난하는 것 같다.					
9. 기억력이 좋지 않다.					
10. 조심성이 없어서 걱정이다.					
11. 사소한 일에도 짜증이 난다.					
12. 가슴이나 심장이 아프다.					
13. 넓은 장소나 거리에 나가면 두렵다.					
14. 기운이 없고 침체된 기분이다.					
15. 죽고 싶은 생각이 든다.					
16. 다른 사람들은 듣지 못하는 헛소리가 들린다.					
17. 몸이나 마음이 떨린다.					
18. 사람들이란 믿을 것이 못된다는 생각이 든다.					
19. 입맛이 없나.					
20. 울기를 잘 한다.					
21. 이성을 대하면 어색하거나 부끄럽다.					
22. 어떤 함정에 빠져 헤어날 수 없는 기분이 든다.					
23. 별 이유 없이 깜짝 놀란다.					
24. 자신도 걷잡을 수 없이 울화가 터진다.					
25. 혼자서 집을 나서기가 두렵다.					
26. 자책을 잘 한다.					
27. 허리가 아프다.					

29. 외롭다.					
30. 기분이 울적하다.					
31. 매사에 걱정이 많다.					
32. 매사에 관심과 흥미가 없다.					
33. 두려운 느낌이 든다.					
34. 쉽게 기분이 상한다.					
35. 나의 사사로운 생각을 남이 아는 것 같다.					
36. 다른 사람들이 나를 이해 못하는 것 같다.					
37. 다른 사람들이 나를 싫어하거나 나에게 불친절하다고 느낀다.					
38. 매사에 정확을 기하느라고 일을 제때에 해내지 못한다.					
39. 심장(가슴)이 마구 뛴다.					
40. 구역질이 나거나 게운다.					
41. 내가 남보다 못한 것 같다.(열등감을 느낌)					
42. 근육통 또는 신경통이 있다.					
43. 다른 사람들이 나를 감시하거나 나에 관해서 쑥덕거리는 것 같다.					
44. 잠들기가 어렵다.					
45. 매사를 확인하고 또 확인하고 해야만 마음이 놓인다.					
46. 결단력이 부족하다.					
47. 자동차나 기차를 타기가 두렵다.					
48. 숨쉬기가 거북하다.					
49. 몸이 화끈거리거나 찰 때(냉할 때)가 있다.					
50. 어떤 물건이나 장소 혹은 행위가 겁나서 피해야 한다.					
51. 마음속이 텅 빈 것 같다.					
52. 몸의 일부가 저리거나 짜릿짜릿하다.					
53. 목에 무슨 덩어리가 걸린 것 같다.					
54. 장래가 희망 없는 것 같다.					
55. 주의집중이 잘 안 되는 것 같다.					
56. 몸의 어느 부위가 힘이 없다.					
57. 긴장이 된다.					
58. 팔다리가 묵직하다.					
59. 죽음에 대한 생각을 한다.					

61. 남들이 나를 쳐다보거나 나에 관해서 이야기할 때는 거북해진다.					
62. 내가 생각하는 것이 내 생각 같지 않다.					
63. 누구를 때리거나 헤치고 싶은 충동이 생긴다.					
64. 새벽에 일찍 잠이 깬다.					
65. 만지고, 셈하고 씻고 하는 것과 같은 행동을 반복하게 된다.					
66. 잠을 설친다.					
67. 무엇을 때려 부수고 싶은 충동이 생긴다.					
68. 다른 사람들에게는 없는 생각이나 신념을 갖고 있다.					
69. 다른 사람과 함께 있을 때는 나의 언행에 신경을 쓰게 된다.					
70. 시장이나 극장처럼 사람이 많이 모인 곳에 가면 거북하다.					
71. 매사가 힘들다.					
72. 공포에 휩싸이는 때가 있다.					
73. 여러 사람이 있는 곳에서 먹고 마시기가 거북하다.					
74. 잘 다툰다.					
75. 혼자 있으면 마음이 안 놓이거나 두렵다.					
76. 다른 사람들이 내 공로를 인정하지 않는다.					
77. 사람들과 함께 있을 때에도 고독을 느낀다.					
78. 안절부절못해서 가만히 앉아 있을 수가 없다.					
79. 허무한 느낌이 든다.					
80. 낯익은 것들도 생소하거나 비현실적인 것처럼 느낀다.					
81. 고함을 지르거나 물건을 내 던진다.					
82. 사람들 앞에서 쓰러질까 봐 걱정한다.					
83. 그냥 놓아두면 사람들에게 내가 이용당할 것 같다.					
84. 성 문제로 고민한다.					
85. 내 죄 때문에 벌을 받아야 한다.					
86. 무슨 일이든 조급해서 안절부절 한다.					
87. 내 몸 어딘가가 병들었다고 생각한다.					
88. 늘 남과 동떨어져 있는 느낌이다.					
89. 죄를 지었거나 잘못을 저질렀다고 느낀다.					
90. 내 마음이 어딘가 이상하다고 생각한다.					

노인 생활만족도 척도

(1) 척도 내용 및 채점 방법

최성재(1986)에 의해 개발된 척도로서, 본 척도는 과거 생활만족도에 관한 6문항(긍정 3문항, 부정 3문항), 현재 생활만족도에 관한 8문항(긍정 3문항, 부정 5문항), 미래 생활만족도에 관한 6문항(긍정 3문항, 부정 3문항)의 총 20문항으로 구성된 자기 보고형 척도지이다. 각 질문은 0~2점까지의 척도로 이루어져 있으며, 40점 만점으로 점수가 높을수록 생활만족도가 높은 것을 나타낸다.

(2) 출 처

최성재. 1986. 노인생활만족도 척도개발에 관한 연구. 이화여대 한국문화연구원 논총. 49:233-258.

(3) 본 척도를 사용한 국내 원예치료 논문

이은숙. 2005. 회상을 도입한 원예치료 프로그램이 노인의 자아통합감 증진에 미치는 영향. 건국대학교 대학원 석사학위논문.

이은숙. 2004. 여가로서 그룹원예활동이 독거여성노인의 고독감과 생활만족도에 미치는 영향. 고려대학교 원예과학과 대학원 석사학위논문.

조미경. 2002. 원예치료가 독거노인의 공동체 의식함양과 생활만족에 미치는 영향. 대구가톨릭대학교 대학원 석사학위논문.

노인 생활만족도

번호	문 항	그렇다	보통이다	아니다
1	지난 평생을 돌아볼 때 후회한 일이 별로 없다.			
2	나의 지난 평생은 성공적인 편이었다.			
3	나는 다른 사람보다 다복한 편이었다.			
4	나는 내 동갑내기들보다 어리석은 판단을 많이 내린다.			
5	내가 살아온 길을 되돌아보면 이루어 놓은 게 별로 없다.			
6	나의 지난 평생은 힘들고 괴로워서 생각하기도 싫다.			
7	요즈음 나는 살맛이 난다.			
8	나이를 먹어가면서 보니 세상사가 생각했던 것보다는 좋게 느껴진다.			
9	요즈음이 내 인생에서 가장 즐거운 때이다.			
	요즈음 나는 만사가 짜증스럽고			
13	요즈음 기쁜 일보다는 슬픈 일이 더 많다.			
14	요즈음 화나는 일만 점점 더 많아진다.			
15	나는 오래오래 살고 싶다.			
16	앞으로 살아가는 데 희망이 있다.			
17	앞으로 내 주위에 재미있고 즐거운 일이 많이 생길 것이다.			
18	앞으로 내가 할 만한 일은 거의 없을 것이다.			
19	나는 가치 있는 일을 더 이상 할 수 없을 것이다.			
20	더 이상 나이 먹는 것보다는 죽는 편이 낫다.			

노인 우울 측정지 Ⅰ (Geriatric Depression Scale Ⅰ; GDS Ⅰ)

(1) 척도 내용 및 채점 방법

노인의 우울을 평가하는 측정지로 Yesavage(1983) 등에 의해 개발된 자기 보고형 우울척도를 조명제 등(1999)이 번역 제작한 한국어판 GDS이다. 도구의 특징은 '예/아니오'의 단답형으로 평가가 용이하며, 정서 · 인지 · 신체 · 사회적 측면이 골고루 반영되어 전체적으로 나타나는 우울 현상을 쉽게 알 수 있다. 긍정 문항은 1, 5, 7, 9, 15, 19, 21, 27, 29, 30번이고, 점수 결과 14~18점은 우울의심 혹은 경도 우울을 나타내며, 19~21점은 중도 우울, 22점 이상은 심한 우울을 의미한다. 조(1999)에 따르면, 신뢰도를 나타내는 Cronbach's alpha 값은 .92이다.

(2) 출 처

Yesavage, J. A., T. L. Brink., Rose, O. Lum, V. Huang, M. Adey, and Von Otto, 1983. Development and validation of a geriatric depression screenging scale. a preliminary report. J. Pshchiatry Res. 17:37-49.

조명제 · 배재남 · 서국희 · 함봉진 · 김장규 · 이동우 · 강민희. 1999. DSM-Ⅲ-R 주요우울증에 대한 한국어판 Geriatric Depression Scale (GDS)의 진단적 타당성 연구. 신경정신의학 38(1):48-59.

(3) 본 척도를 사용한 국내 원예치료 연구

금미혜. 2006. 원예치료가 치매노인의 인지기능 및 우울에 미치는 영향. 대전대학교 보건스포츠대학원 석사학위논문.

오은경. 2002. 원예치료가 주간보호센터에서 뇌졸중 후 편마비 및 퇴행성관절염 어르신의 우울과 자아존중감에 미치는 영향. 건국대학교 농축대학원 석사학위논문.

이혜진. 2001. 원예치료가 치매치유에 미치는 영향. 고려대학교 대학원 석사학위논문.

박여원. 2001. 원예치료 프로그램이 주간노인보호센터 뇌졸중 노인의 신체, 심리 및 사회적 증진에 미치는 영향. 건국대학교 농축대학원 석사학위논문.

노인 우울 측정지 I (Geriatric Depression Scale I ; GDS I)

항목	내 용	예	아니오
1	현재의 생활에 대체적으로 만족하십니까?		
2	요즈음 들어 활동량이나 의욕이 많이 떨어지셨습니까?		
3	자신이 헛되이 살고 있다고 느끼십니까?		
4	생활이 지루하게 느껴질 때가 많습니까?		
5	장래에 대해 희망적이십니까?		
6	지워지지 않는 생각들 때문에 괴롭습니까?		
7	평소에 기분은 상쾌한 편이십니까?		
8	자신에게 불길한 일이 닥칠 것 같아 불안하십니까?		
9	대체로 마음이 즐거운 편이십니까?		
10	절망적이라는 느낌이 자주 드십니까?		
11	불안하여 안절부절못할 때가 자주 있습니까?		
12	바깥에 나… …싶습니까?		
	…을 시작하는 것이		
21	기억력이 좋은 편이십니까?		
22	지금 자신의 처지가 아무런 희망도 없다고 느끼십니까?		
23	자신이 다른 사람들의 처지보다 더 못하다고 생각하십니까?		
24	사소한 일에도 당황하시는 일이 많습니까?		
25	울고 싶은 적이 자주 있습니까?		
26	정신을 집중하기가 어렵습니까?		
27	아침에 일어날 때 기분이 개운하십니까?		
28	사람들과 어울리기가 싫습니까?		
29	요즈음 들어 어떤 결정을 내리기가 쉽습니까?		
30	예전처럼 정신이 맑습니까?		

노인 우울 측정지 Ⅱ (Geriatric Depression Scale Ⅱ; GDS Ⅱ)

(1) 척도 내용 및 채점 방법

Yesavage(1983) 등에 의해 개발된 자기 보고형 우울척도를 정인과 등(1997)이 우리의 실정에 맞게 새롭게 구성하여 제작하였다. 이 도구의 특징은 대답을 '예', '아니오'의 단답형으로 하게 되어 있어 간단하게 우울을 측정할 수 있으며, 사고 · 정서 · 인지 · 신체 · 사회적 측면이 골고루 반영되어 있어 전체적으로 나타나는 우울의 현상을 쉽게 알 수 있다. 부정 문항은 1～5, 14, 17～19, 23～29번이며, 점수가 14～18점 사이면 우울 의심 및 경도의 우울증을 나타내고, 19～21점 사이면 중도의 우울증, 22점 이상이면 심한 우울증을 의미한다. 정 등(1997)에 따르면, 신뢰도를 나타내는 Cronbach's alpha 값은 .88이다.

(2) 출 처

정인과 · 곽동일 · 신동균 · 이민수 · 이원용 · 김진영. 1997. 노인우울척도(Geriatric Depression Scale, GDS)의 신뢰도, 타당도 연구. 신경정신의학 36(1):103-112.

(3) 본 척도를 사용한 국내 원예치료 논문

김기주. 2004. 원예치료가 치매노인의 우울과 자아존중감에 미치는 영향. 호남대학교 대학원 석사학위논문.

라선희. 2001. 여가의 원예활동이 여성노인의 우울과 생활만족도 및 소근육에 미치는 효과. 전북대학교 대학원 석사학위논문.

이상훈. 1999. 원예치료가 치매노인의 우울과 자아존중감에 미치는 영향. 건국대학교 농축대학원 석사학위논문.

노인 우울 측정지 II (Geriatric Depression Scale II ; GDS II)

항목	내 용	예	아니오
1	쓸데없는 생각들이 자꾸 떠올라 괴롭다.		
2	아무것도 할 수 없을 것처럼 무기력하게 느껴진다.		
3	안절부절 못하고 초조할 때가 자주 있다.		
4	밖에 나가기보다 주로 집에 있으려 한다.		
5	앞날에 대해 걱정을 할 때가 많다.		
6	지금 내가 살아있다는 것이 참 기쁘다.		
7	인생은 즐거운 것이다.		
8	아침에 기분 좋게 일어난다.		
9	예전처럼 정신이 맑다.		
10	건강에 대해서 걱정하는 일이 별로 없다.		
11	내 판단력은 여전히 좋다.		
12	내 나이의 다[illegible]게 건강하다.		
	농담을 들어도 재미가 없다.		
20	예전에 좋았던 일들을 여전히 즐긴다.		
21	기분이 좋은 편이다.		
22	앞날에 대해 희망적으로 느낀다.		
23	사람들이 나를 싫어한다고 느낀다.		
24	나의 잘못에 대하여 항상 나 자신을 탓한다.		
25	전보다 화가 나고 짜증이 날 때가 많다.		
26	전보다 내 모습(용모)이 추해졌다고 생각한다.		
27	어떤 일을 시작하려면 예전보다 힘이 많이 든다.		
28	무슨 일을 하든지 곧 피곤해진다.		
29	요즈음 몸무게가 많이 줄었다.		
30	이성에 대해 여전히 관심이 있다.		

단축형 노인 우울 척도

(1) 척도 내용 및 채점 방법

정인과 등(1997)이 GDS(Geriatric Depression Scale)를 중심으로 우리의 실정에 맞게 새롭게 구성하여 제작한 노인 우울 척도－GDS(Geriatric Depression Scale)를 기백서(1996)가 단축형 노인 우울 척도로 표준화한 것으로 우울과 상관관계가 높은 것으로 나타난 15문항으로 구성되어 있다.

(2) 출 처

정인과 · 곽동일 · 신동균 · 이민수 · 이원용 · 김진영. 1997. 노인우울척도(Geriatric Depression Scale, GDS)의 신뢰도, 타당도 연구. 신경정신의학 36(1):103-112.

Kee, B. S. 1996. A preliminary study for the standardization of geriatric depression scale from-korea version. J. Kor. Neuropsychiatr. Assoc. 35(2):298-307.

(3) 본 척도를 사용한 국내 원예치료 논문

이은숙. 2005. 회상을 도입한 원예치료 프로그램이 노인의 자아통합감 증진에 미치는 영향. 건국대학교 대학원 석사학위논문.

단축형 노인 우울 척도

문 항	예	아니오
1. 아무것도 할 수 없을 것처럼 무기력하게 느낀다.		
2. 안절부절못하고 초조할 때가 자주 있다.		
3. 앞날에 대해 걱정할 때가 많다.		
4. 지금 내가 살아있다는 것이 참 기쁘다.		
5. 인생은 즐거운 것이다.		
6. 아침에 기분 좋게 일어난다.		
9. 내 판단력은 여전히 좋다.		
10. 내 나이의 다른 사람들 못지않게 건강하다.		
11. 정말 자신이 없다.		
12. 즐겁고 행복하다.		
13. 기분이 좋은 편이다.		
14. 앞날에 대해 희망적으로 느낀다.		
15. 전보다 화가 나고 짜증이 날 때가 많다.		

대인관계 척도 (Relationship Change Scale; RCS)

(1) 척도 내용 및 채점 방법

Schlein과 Guerney의 Relationship Change Scale을 전석균(1994)이 수정 · 보완한 것이다. 전체 25개 문항으로 리커트(Likert)식 5점 척도이며, 만족감(satisfaction, 4문항), 의사소통(communication, 4문항), 신뢰감(trust, 3문항). 친근감(intimacy, 3문항), 민감성(sensitivity, 2문항), 개방성(openness, 5문항), 이해성(understanding, 4문항) 등 7개의 하위 항목으로 이루어져 있다. 항목별로 점수가 높을수록 대인관계가 건강함을 의미한다. 전(1994)에 따르면, 신뢰도를 나타내는 Cronbach's alpha 값은 .88이다.

(2) 출 처

Chun, S. K. 1994. A study on the effectiveness of social skills training program for rehabilitation of the schizophrenic patients. PhD Diss., Soongsil University, Seoul.

(3) 본 척도를 사용한 국내 원예치료 연구

김정희. 2005. 원예치료가 폐쇄병동 정신분열병 환자들의 사회생활기술과 대인관계변화에 미치는 영향. 대구가톨릭대학교 대학원 석사학위논문.

조문경. 2003. 원예치료 프로그램의 단계적 적용이 만성정신분열증 환자의 자기주장 및 대인관계 향상에 미치는 영향. 건국대학교 대학원 석사학위논문.

엄수진. 2001. 원예치료가 만성정신분열증 환자의 자아존중감 및 사회성 향상에 미치는 영향. 건국대학교 대학원 석사학위논문.

대인관계 척도

각 문항을 잘 읽고 여러분에게 가장 적합한 것을 한 개 고르시기 바라며 자신의 느낌대로 정확히 그리고 솔직하게 답하여 주시기 바랍니다.

1. 나는 나 자신에 대하여
 1) 매우 불만족스럽다. 2) 약간 불만족스럽다. 3) 그저 그렇다.
 4) 약간 만족스럽다. 5) 매우 만족한다.

2. 나는 다른 사람에 대하여
 1) 매우 불만족스럽다. 2) 약간 불만족스럽다. 3) 그저 그렇다.
 4) 약간 만족스럽다. 5) 매우 만족한다.

3. 다른 사람들은 나를 (   ) 사람으로 볼 것이라고 생각한다.
 1) 매우 불만족스러운 2) 약간 불만족스러운 3) 그저 그런
 4) 약간 만족스러운 5) 매우 만족스러운

4. 다른 사람들은 자기 자신에 댛하여 (   ) 사람으로 본다.
 1) 매우 불만족스러운 2) 약간 불만족스러운 3) 그저 그런
 4) 약간 만족스러운 5) 매우 만족스러운

5. 다른 사람과 나의 관계는
 1) 매우 원만하지 못하다. 2) 약간 원만하지 못하다. 3) 그저 그렇다.
 4) 약간 원만하다. 5) 매우 원만하다.

6. 나는 다른 사람의 바라는 욕구를
 1) 거의 알지 못한다. 2) 약간 알지 못한다. 3) 그저 그렇다.
 4) 약간 아는 편이다. 5) 매우 아는 편이다.

7. 나는 나 자신의 감정을
 1) 거의 이해하지 못한다. 2) 약간 이해하지 못한다. 3) 그저 그렇다.
 4) 약간 이해한다. 5) 매우 이해한다.

8. 나는 다른 사람의 감정을
 1) 거의 ... 해하지 못한다. 3) 그저 그렇다.

17. 나는 인간관계(사람들과 만나는 ...
1) 매우 적다. 2) 약간 적다. ... 그렇다.
4) 약간 많다. 5) 매우 많다.

18. 나는 다른 사람과 의견이 맞지 않을 경우 그것을 건설적으로(좋게)
1) 매우 못 다룬다. 2) 약간 못 다룬다. 3) 그저 그렇다.
4) 약간 잘 다룬다. 5) 매우 잘 다룬다.

19. 나는 다른 사람과 이야기를 할 경우 어려움을
1) 매우 많이 느낀다. 2) 약간 많이 느낀다. 3) 그저 그렇다.
4) 약간 안 느낀다. 5) 거의 안 느낀다.

20. 나는 다른 사람에 대한 긍정적인 느낌을
1) 거의 표현하지 못한다. 2) 약간 표현하지 못한다. 3) 그저 그렇다.
4) 약간 표현한다. 5) 매우 표현한다.

21. 나는 다른 사람에 대한 부정적인 느낌을 (건설적으로)
1) 거의 표현하지 못한다. 2) 약간 표현하지 못한다. 3) 그저 그렇다.
4) 약간 표현한다. 5) 매우 표현한다.

22. 나는 나의 개인적인 관심사에 대하여 다른 사람과
1) 거의 나누지 않는다. 2) 약간 나누지 않는다. 3) 그저 그렇다.
4) 약간 나눈다. 5) 매우 나눈다.

23. 다른 사람이 나에 대한 느낌을 표현할 경우, 그것을 믿고 받아들이는 정도는
1) 매우 적다. 2) 약간 적다. 3) 그저 그렇다.
4) 약간 많다. 5) 매우 많다.

24. 다른 사람이 나에 대한 부정적인 느낌을 표현할 때, 내가 건설적으로 대하는 정도는
1) 매우 적다. 2) 약간 적다. 3) 그저 그렇다.
4) 약간 많다. 5) 매우 많다.

25. 나는 다른 사람과 앞으로 대인관계를 어떻게 해야 할 지를
1) 거의 이해하지 못한다. 2) 약간 이해하지 못한다. 3) 그저 그렇다.
4) 약간 잘 이해한다. 5) 매우 잘 이해한다.

무력감 측정 도구 (Powerlessness Scale)

(1) 척도 내용 및 채점 방법

자신이 자기의 행동 과정, 결과를 스스로 결정할 수 없다고 느끼는 심리 상태, 즉 삶에 영향을 미치고 있는 주요 사건에 대한 감정을 말하는 것으로 Miller(1983)가 개발한 도구를 신(1985)이 번역한 것이다. 이 도구는 총 16문항으로 환자가 표현하는 구두 표현(1문항), 정서적 반응(5문항), 일상 활동 참여(6문항), 학습 참여(4문항) 등 4영역으로 구성된 리커트식 4점 척도이다. 점수가 높을수록 무력감이 높은 것을 나타낸다.

(2) 출 처

Shin, J. S. 1985. Effect of articulus motion on the powerless of the old-adult. PhD Diss., Yunsei University, Seoul.

Miller, J. H. 1983. Powerlessness: coping with chronic illness, philadelphia, J. B. Lippincott Company, p. 284-289.

(3) 본 척도를 사용한 국내 원예치료 연구

김수연. 2001. 원예치료가 뇌졸중 후 편마비 환자의 기능적 재활에 미치는 영향. 건국대학교 대학원 석사학위논문.

무력감 측정 도구

※ 다음 문항들은 내담자의 무력감에 관한 것을 알아보기 위한 것입니다. 다음 각 문항에 대해 해당하는 부분에 ∨표를 해 주시기 바랍니다.

	전혀 그렇지 않다	가끔 그렇다	자주 그렇다	항상 그렇다
1. 주위에서 일어나는 일을 처리할 수 없다고 말로 표현한다.				
2. 체념하는 행동을 보인다.				
3. 삶을 부정적, 비관적으로 생각한다.				
4. 이유 없이 화를 낸다.				
5. 낯선 사람과 대화하기를 꺼린다.				
6. 유순하고				
돌보는 데 관심이 없다.				
9. 음식 먹는 것을 거절한다.				
10. 일상생활활동에 대한 목표를 세울 만한 능력이 없다.				
11. 자기 스스로 의사결정을 할 수 없다.				
12. 일상생활에 다른 사람의 도움이 필요하다.				
13. 자신의 질병에 대해 묻지 않는다.				
14. 질병에 대한 설명을 해도 잘 알지 못한다.				
15. 치료에 대한 지식이 필요하다.				
16. 배우고자 하는 의욕이 부족하다.				

문제행동 사정 도구

(1) 척도 내용 및 채점 방법

김경애(2003)가 시설에 입원 중인 치매 노인을 대상으로 개발한 것으로, 공격성, 초조, 간호에 대한 저항, 신체 증상, 신경 증상, 정신과적 증상을 측정하며, 총 25문항으로 구성되어 있는 4점 척도이다. 점수가 낮을수록 문제행동이 적음을 의미한다.

(2) 출 처

김경애. 2003. 시설 치매노인의 문제행동 사정 도구개발. 서울대학교 대학원 박사학위논문.

(3) 본 척도를 사용한 국내 원예치료 논문

강문희. 2005. 원예요법을 적용한 간호중재프로그램이 알츠하이머형 치매 노인의 인지, 정서, 의사소통 및 문제행동에 미치는 효과. 충남대학교 대학원 박사학위논문.

문제행동 사정 도구

*드물게: 1회/3주 *종종: 2~3회/주 *항상: 2회 이상/일		없음 (0)	드물게 (1)	종종 (2)	항상 (3)
1	타해: 때리기, 차기, 물기, 밀기, 꽉잡기 등				
2	자해: 부딪히거나 긁거나 넘어지는 등				
3	물건을 과격하게 다루거나 던지는 등 물건을 훼손함				
4	간병인이나 다른 사람에게 욕을 하거나 화를 냄				
5	큰 소리를 내거나 고함을 지름				
6	간호제공자나 주위 사람을 무시하거나 얕잡아 보는 말을 함				
7	배회하거나 부적절한 곳에 들어감				
8	반복행동(보따리를 쌌다 풀었다, 옷을 계속 만짐 등)				
9	[illegible]				
	... 불평함				
12	물건을 모아두거나 숨김				
13	약을 뱉거나 안 먹으려 함				
14	옷을 갈아입힐 때 저항(여러 겹 입거나 안 벗음 등)				
15	대변 만지기, 다른 곳에 용변보기, 기저귀 빼기 등				
16	세수나 목욕을 안 하려 하거나 도울 때 저항				
17	간병인의 말을 안 하려 하거나 도울 때 저항				
18	밤에 잠을 자지 않고 소리를 내거나 움직임				
19	음식에 집착하거나 과식 또는 이식(대변제외)				
20	성기를 노출하거나 자위행위, 성적 언어표현				
21	주변에서 일어난 일에 무관심				
22	안절부절 못하거나 긴장하거나 불안해 함				
23	새로운 간병인을 낯설어하거나 혼자 있기 싫어함				
24	환각(환청, 환시 등)				
25	망상(피해망상, 신체망상 등)				

사회·심리·정서적 행동 특성 검사

(1) 척도 내용 및 채점 방법

Miller와 Sullivan(1982)이 정신지체아의 사회·심리·정서를 조사하기 위해 개발한 사회·심리·정서적 행동 특성 검사(psychosocial and emotional behavior test)이다. 사회·심리적 행동특성 20개 항목과 정서적 행동특성 12개 항목으로 구성되어 있으며, 5단계 척도에 의하여 평가된다. 사회·심리적 행동특성 검사는 점수가 높을수록 능력이 좋은 것이고, 정서적 행동검사는 점수가 낮을수록 좋은 것이다.

(2) 출 처

Miller. A. G and J. V. Sulivan. 1982. Teaching phycial activities to impaired youth. p. 210-211. John Wiley Inc., New York.

(3) 본 척도를 사용한 국내 원예치료 논문

강귀녀. 2004. 원예치료가 정신지체장애인의 직업적응능력에 미치는 영향. 고려대학교 인문정보대학원 석사학위논문.

김재현. 2001. 정신지체장애인을 대상으로 한 집단원예치료의 효과성에 관한 연구. 한림대학교 대학원 석사학위논문.

제의숙. 2001. 원예치료가 주간보호 정신지체 청소년의 사회, 심리, 정서적 특성 및 부적응 행동에 미치는 영향. 서울시립대학교 산업대학원 석사학위논문.

조현구. 2001. 원예치료가 정신지체학생의 적응행동에 미치는 영향. 동아대학교 교육대학원 석사학위논문.

사회 · 심리 · 정서적 행동 특성 검사

이 름 : 검사일: . . .

영역	검 사 내 용	평 가 기 준				
		거의 (1)	드물게 (2)	가끔 (3)	자주 (4)	늘 (5)
I 사회심리적 행동특성	1. 긍정적 자아상					
	2. 상냥한 성격을 지니고 있다.					
	3. 동료들을 잘 사귄다.					
	4. 어른들에게 잘 접근한다.					
	5. 학급 친구들에게 사랑을 받는다.					
	6. 지도력이 있다.					
	7. 동조력이 있다.					
	8. 체계적으로 조직적인 놀이상황을 좋아한다.					
	9. 팀과 급우에게 성실하게 대한다.					
	10. 팀과 급우에게 협력한다.					
	11. 팀에서 자신하여 일을 떠맡는다.					
	12. 학교 물건을 아낀다.					
	13. 개인적인 활동에 참여하기를 좋아한다.					
	14. 집단 활동에 참여하기를 좋아한다.					
	15. 말을 잘한다.					
	… 있다.					
	20. 선생님을 잘 돕는다.					
II 정서적 행동특성	1. 기쁨을 나타낸다.					
	2. 흥분을 한다.					
	3. 유머가 있다.					
	4. 무관심 혹은 냉담을 나타낸다.					
	5. 불안을 나타낸다.					
	6. 두려움을 나타낸다.					
	7. 노여움을 나타낸다.					
	8. 우울증세를 보인다.					
	9. 긴장 상황을 견디지 못한다.					
	10. 비판에 대하여 참지 못한다.					
	11. 실망을 한다.					
	12. 좌절을 한다.					

사회적 지지 측정지

(1) 척도 내용 및 채점 방법

황윤경(1995)이 박지원(1985)의 사회적 지지 척도 중 간접적으로 지각한 사회적 지지 척도를 수정하여 표준화한 측정지이다. 부모 지지, 선생님 지지, 친구 지지인 3개의 하위 척도로 이루어져 있으며, 리커트식 5점 척도로 구성되어 있고, 점수가 높을수록 사회적 지지 수준이 높음을 의미한다.

(2) 출 처

황윤경 1996. 청소년 또래집단의 지각된 사회적 지지와 심리사회적 성숙도와의 관계. 이화여자대학교 대학원 석사학위논문.

Park, J. W. 1985. A study to development a scale of social support. PhD Diss., Yonsei Univ., Seoul

(3) 본 척도를 사용한 국내 원예치료 논문

송진수. 2004. 지지적 원예치료와 실내정원이 고등학생의 스트레스 감소에 미치는 영향. 건국대학교 대학원 석사학위논문.

사회적 지지 측정지

※ 다음을 읽어 보시고, 요즘 자신의 상태를 가장 잘 나타낸다고 생각되는 문항에 ∨표를 해 주세요.

문 항	아주 그렇다	그렇다	보통이다	안 그렇다	전혀 안 그렇다
나의 부모님은 나에게 관심을 가지신다.					
나의 부모님은 내가 결정을 못 내리고 망설일 때 결정을 내릴 수 있도록 격려해 주고 용기를 주신다.					
나의 부모님은 내가 사랑과 돌봄을 받고 있다고 느끼게 해 주신다.					
나의 부모님은 내가 어려운 상황에 처했을 때 그 상황을 현명하게 해결할 수 있는 방법을 제시해 주신다.					
나의 부모님은 내가 중요한 선택을 할 때 합리적인 결정을 내릴 수 있도록 조언해 주신다.					
나의 부모님은 내가 필요로 하는 돈이나 물건을 최선을 다해 마련해 주신다.					
나의 부모님은 내가 하고 싶어 하는 일을 할 수 있도록 도와주신다.					
나의 부모님은 내가 부모님에게 필요하고 가치 있는 존재임을 인정해					
나의					
칭찬해 주신다.					
나의 친구들을 내가 기분이 나쁠 때 나의 이해해 주고 기분을 전환시켜 주려고 한다.					
나의 친구들은 나의 일에 관심을 갖고 걱정해 준다.					
다른 사람들이 나를 외면할 때도 나의 친구들은 나의 곁에 있어 준다.					
나의 친구들은 내가 도움이 필요할 때 그들의 생각이나 의견을 말해 준다.					
나의 친구들은 내가 혼란스러워하는 것에 대해 차근차근 설명해 준다.					
나의 친구들은 내가 아플 때 나의 일을 대신해 준다.					
나의 친구들은 그의 것을 나와 함께 사용한다.					
나의 친구들은 나의 의견을 존중해 주고 긍정적으로 받아들여 준다.					
나의 친구들은 내가 어떤 일을 잘했을 때 기분 좋은 말을 해 준다.					

사회행동 척도 (Social Behavior Scale; SBS)

(1) 척도 내용 및 채점 방법

여러 가지 일상생활 속의 사회적 상황에서, 각 개인이 나타내는 언어적 · 비언어적 행동을 측정하기 위한 것이다. Trower 등(1978)이 개발하였으며 전석균(1994)이 수정 · 보완하였다. 총 21개 문항으로 구성되어 있고, 하위 영역으로 6개의 언어적 행동, 7개의 비언어적 행동, 8개의 대화의 내용으로 이루어졌다. 리커트식 5점 척도이며, 점수가 높을수록 각 하위 영역에서 긍정적인 사회행동을 의미한다. 주어진 상황에서 나타난 대상자의 언어적 · 비언어적 행동을 평가자가 측정하도록 제작된 척도이다.

(2) 출 처

Trower. P., B. Bryanrt, and M. Argyle. 1978. Social skill and mental health, London.

Chun, S. K. 1994. A study on the effectiveness of social skills training program for rehabilitation of the schizophrenic patients. PhD Diss., Soongsil Univ., Seoul.

(3) 본 척도를 사용한 국내 원예치료 연구

조문경. 2003. 원예치료 프로그램의 단계적 적용이 만성정신분열증 환자의 자기주장 및 대인관계 향상에 미치는 영향. 건국대학교 대학원 석사학위논문.

엄수진. 2001. 원예치료가 만성정신분열증 환자의 자아존중감 및 사회성 향상에 미치는 영향. 건국대학교 대학원 석사학위논문.

사회행동 척도(Social Behavior Scale; SBS)

이름:

※ 아래의 질문에 대하여 5가지 답 중에서 적당한 답을 해 주시기 바랍니다.

<언어적인 면>

1. 목소리 크기
 1) 극단적으로 지루하고 단조로워서 매우 불쾌감을 준다.
 2) 지나치게 지루하고 단조로워서 불쾌감을 준다.
 3) 약간 지루하고 단조로워서 다소 불쾌감을 준다.
 4) 그저 그런 정도이나 불쾌하지 않다.
 5) 적절하다.

2. 목소리의 질
 1) 극단적으로 지루하고 단조로워서 매우 불쾌감을 준다.
 2) 지나치게 지루하고 단조로워서 불쾌감을 준다.
 3) 너무 높거나 또는 낮거나 단조로워서 약간 불쾌감을 준다.
 4) 너무 높거나 또는 낮거나 단조롭지만 불쾌감을 주지는 않는다.
 5) 높낮이가 적절하다.

3. 음서의 높낮이(고저)
 1) 극단적으로 지루하고 단조로워서 매우 불쾌감을 준다.
 2) 지나치게 지루하고 단조로워서 불쾌감을 준다.
 3) 약간 지루하고 단조로워서 다소 불쾌감을 준다.
 4) 그저 그런 정도이나 불쾌하지 않다.
 5) 적절하다.

4. 소리의 명확성
 1) 극단적으로 또렷하지 않게 발음하거나 극단적으로 마디마디 끊어지는 경향이 있어서 알아듣기가 불가능하거나 매우 불쾌하다.
 2) 지나치게 또렷하지 않게 발음하거나 지나치게 마디마디 끊어지는 경향이 있어서 알아듣기가 거북하거나 불쾌하다.
 3) 너무 또렷하지 않게 발음하거나 마디마디 끊어지는 경향이 있어서 알아듣기가 불가능하거나 불쾌하다.
 4) 또렷하지 않게 [illegible] 마디 끊어지는 경향이 있다.

17. 대화 내용의 다양성

1) 한 가지 종류의 단순한 화제만 있다.
2) 지나치게 다양성이 결여되어 있다.
3) 다소 다양성이 결여되어 있다.
4) 약간 다양성이 결여되어 있다.
5) 적절한 정도의 다양성이 있다.

18. 유머

1) 유머가 극단적으로 적은 편이다.
2) 유머가 지나치게 적은 편이다.
3) 유머가 다소 적은 편이다.
4) 유머가 적은 편이지만 부정적인 인상을 주지는 않는다.
5) 적절한 정도의 다양성이 있다.

19. 반응을 주고받기(피드백)

1) 극단적으로 피드백이 드물거나, 비판적인 피드백을 준다.
2) 지나치게 피드백이 드물거나, 비판적인 피드백을 준다.
3) 다소 피드백이 드물거나, 비판적인 피드백을 준다.
4) 피드백이 드물거나 비판적인 피드백을 주기도 하지만 불쾌감은 없다.
5) 적당하게 피드백을 주고받는다.

20. 발언의 횟수

1) 극단적으로 발언을 하지 않는 편이거나 너무 자주 하는 편이다.
2) 지나치게 발언을 하지 않는 편이거나 또는 너무 자주 하는 편이다.
3) 다소 발언을 하지 않는 편이거나 또는 자주 하는 편이다.
4) 발언을 하지 않는 편이거나 자주 하는 편이지만 부정적인 인상을 주지는 않는다.
5) 적절하게 반응한다.

21. 집단 내에서의 행동

1) 극단적으로 적절한 행동에서 벗어나 있다.
2) 지나치게 적절한 행동에서 벗어나 있다.
3) 다소 적절한 행동에서 벗어나 있다.
4) 적절한 행동에서 약간 벗어나 있으나, 부정적인 인상을 주지는 않는다.
5) 적절하고 일반적인 행동을 한다.

상태-특성 불안 척도

(1) 척도 내용 및 채점 방법

Spielberger(1970)에 의해 제작된 이 검사 도구는 김정택(1978)이 한국 상황에 맞게 번안하였다. 총 40문항으로 상태불안을 측정하는 20문항과 특성불안을 측정하는 20문항으로 구성되어 있는 자기 보고형 4점 척도이다. 개인이 얻을 수 있는 점수의 범위는 각 20~80점까지이며, 합계가 높을수록 불안이 높은 것들로 간주된다. 역문항은 1, 6, 7, 10, 13, 16, 19, 21, 22, 25, 28 30, 31, 35, 36, 39, 40이다. 본 척도가 번역되어 사용된 이영자(1996)의 연구에서는 신뢰도를 나타내는 Cronbach's alpha 값이 .87이다.

(2) 출 처

이영자. 1996. 스트레스, 사회적 지지, 자아존중감과 우울 및 불안과의 관계. 서울여자대학교 박사학위논문.

김정택. 1978. 특성불안과 사회성과의 관계 — Spielberger의 STAI를 중심으로. 고려대학교 대학원 석사학위논문.

Spielberget, C. D., Gorsuch, R. L., & Lusherene, R. E. 1970. Manual for the state Trait Anxiety Inventory. Pal. Alto, CA: Consulting Psychologist Press.

(3) 본 척도를 사용한 국내 원예치료 논문

나경미. 2006. 원예치료 수업이 대안학교 학생의 상태-특성 불안 감소와 자아존중감 향상에 미치는 영향. 건국대학교 농축대학원 석사학위논문.

Spielberger의 상태-특성 불안 척도

※ 다음 문장들은 사람들이 자신을 표현하는 데 사용되고 있는 것들입니다. 각 문장을 잘 읽으시고 각 문장의 오른편에 있는 네 개의 항목 중에서 지금 이 순간에 바로 느끼고 있는 상태를 가장 잘 나타내 주는 문항 하나를 골라 ○표를 하십시오.

문 항	전 혀 그렇지 않 다	조 금 그렇다	보통으로 그렇다	대단히 그렇다
1. 나는 마음이 차분하다.				
2. 나는 마음이 든든하다.				
3. 나는 긴장되어 있다.				
4. 나는 후회스럽고 서운하다.				
5. 나는 마음이 편하다.				
6. 나는 당황해서 어찌할 바를 모르겠다.				
7. 나는 앞으로 불행이 있을까봐 걱정하고 있다.				
8. 나는 마음이 놓인다.				
9. 나는 불안하다.				
10. 나는 편안하게 느낀다.				
11. 나는 자신감이 있다.				
12. 나는 짜증스럽다				
13.				
다른 사람들처럼 행복했으면				
25. 나는 마음을 빨리 정하지 못해서 실패할				
26. 나는 마음이 놓인다.				
27. 나는 차분하고 침착하다.				
28. 나는 너무 많은 어려운 문제가 밀어 닥쳐서 극복할 수 없을 것 같다.				
29. 나는 하찮은 일에 너무 걱정을 한다.				
30. 나는 행복하다.				
31. 나는 무슨 일이건 힘들게 생각한다.				
32. 나는 자신감이 부족하다.				
33. 나는 마음이 든든하다.				
34. 나는 위기나 어려움을 피하려고 애쓴다.				
35. 나는 울적하다.				
36. 나는 만족스럽다.				
37. 사소한 생각이 나를 괴롭힌다.				
38. 나는 실망을 지나치게 예민하게 받아들이기 때문에 머리 속에서 지워버릴 수가 없다.				
39. 나는 착실한 사람이다.				
40. 나는 요즈음의 걱정거리나 관심거리를 생각만 하면 긴장되거나 어찌할 바를 모른다.				

스마일 척도

(1) 척도 내용 및 채점 방법

Betsy(1978)가 American Marketing Association에 실린 'African'계 얼굴 모양을 변형한 것이다. 스티커 형식으로 매 프로그램에 들어올 때와 프로그램이 끝난 후 '지금 나의 마음'에 해당되는 얼굴 모양을 붙이도록 한다. 'very happy'부터 'very unhappy'까지 1점에서부터 5점까지로 점수화하였다.

(2) 출 처

Betsy, G. 1978. American Marketing Association.

(3) 본 척도를 사용한 국내 원예치료 논문

정성애. 2005. 심리적 적응단계에 따른 원예치료 프로그램 적용이 뇌졸중 환자의 심리, 신체적 재활에 미치는 영향. 건국대학교 대학원 석사학위논문.

송진수. 2004. 지지적 원예치료와 실내정원이 고등학생의 스트레스 감소에 미치는 영향. 건국대학교 대학원 석사학위논문.

스마일 척도

■ Betsy(1978)가 만든 'African'계 얼굴 모양을 변형하여 사용.

Very happy 5점	
Happy 4점	
neither happy nor unhappy 3점	
Unhappy 2점	
Very unhappy 1점	

역량 강화적 변화 척도

(1) 척도 내용 및 채점 방법

이윤화(2000)가 역량 강화적 접근의 효과성에 관한 연구를 목적으로 개발한 검사지로 총 35문항의 리커트식 4점 척도이다. 정치사회적 변화 척도, 개인 내적 변화 척도, 대인적 변화 척도로 구성되어 있으며, '전혀 아니다(1점)'부터 '매우 그렇다(4점)'까지 평가 기준을 삼고, 점수가 높을수록 역량이 강화된 상태를 의미한다. 이(2000)에 따르면, 신뢰도를 나타내는 Cronbach's alpha 값은 .9306으로 내적 일관성이 매우 높다.

(2) 출 처

이윤화. 2000. 역량강화적 접근의 효과성에 관한 연구. 연세대학교 대학원 박사학위논문.

(3) 본 척도를 사용한 국내 원예치료 논문

김태현. 2005. 원예치료를 적용한 재가노인 역량강화프로그램의 효과성 연구. 숭실대학교 대학원 석사학위논문.

역량 강화적 변화 척도

문 항	전혀 아니다	그렇지 않은 편이다	그런 편이다	매우 그렇다
1. 프로그램을 이용하면서 내 스스로에 대해 자신감을 갖게 되었다.				
2. 앞으로 뭔가 해낼 수 있을 것 같은 희망을 갖게 되었다.				
3. 노력여하에 따라서는 나도 성공할 수 있을 것이란 생각을 갖게 되었다.				
4. 이전에 생각하지 못했던 나의 잠재능력을 발견하게 되었다.				
5. 일이 잘못되었을 때 나 스스로를 비난하는 경우가 줄었다.				
6. 일이 잘못되더라도 내 실수를 만회할 수 있는 방법이 있을 것이란 생각을 갖게 되었다.				
7. 아무리 능력이 뛰어나도 혼자 힘으로 어쩔 수 없는 상황이 있다는 의식을 갖게 되었다.				
8. 나는 복지관 서비스의 부족한 부분을 지적하거나 개선방안을 제시할 수 있을 것 같다.				
9. 나는 내가 원하면 담당 사회복지사나 전문가의 조언을 받을 수 있다고				
…는 데 내				
…게 되었다.				
27. 내가 필요한 서비스를 받을 수 있는 방법에 알게 되었다.				
28. 내가 몰랐던 여러 가지 정보들을 알게 되었다.				
29. 신문이나 뉴스에서 자주 거론되는 문제들이 나와 무관한 것이 아니라는 생각을 갖게 되었다.				
30. 나는 현재 우리 사회에서 중요하게 거론되는 문제(예: 의료보험통합, 국민기초생활보장법)가 나와 직결된 문제라는 것을 알게 되었다.				
31. 가능하다면 다른 사람을 돕는 활동에 참여해야겠다는 생각을 갖게 되었다.				
32. 내 이웃이나 주변사람들에 대해 더 많은 관심을 갖게 되었다.				
33. 지역사회의 문제해결을 위해서 나도 보탬이 될 수 있을 것이란 생각을 갖게 되었다.				
34. 우리지역의 문제를 해결하기 위해 주민들이 협력하는 것이 중요하다는 생각을 갖게 되었다.				
35. 나는 내 문제를 해결하기 위해 필요하다면 지역의회 의원이나 지역유지를 만날 수 있다고 생각하게 되었다.				

우리성
(We-Ness)

(1) 척도 내용 및 채점 방법

한국인의 집단성인 우리성을 개념화하기 위해 제작된 척도이다(김, 1991). 총 23문항, 7점 척도로 구성되어 있으며, 친밀감・속박감・정・배려의 4개 하위 항목이 있다. 점수가 높을수록 우리성이 높아짐을 의미한다. 김(1991)에 따르면, 신뢰도를 나타내는 Cronbach's alpha 값은 친밀감의 Cronbach's alpha 값은 .7087이고, 속박감의 Cronbach's alpha 값은 .5237이며, 배려의 Cronbach's alpha 값은 .5974, 정의 Cronbach's alpha 값은 .6115이다.

(2) 출 처

김현수. 1991. 직무만족과 작업오인행동에 미치는 스트레스 효과에 대한 집단성 지각과 내외통재성향의 중재. 중앙대학교 대학원 박사학위논문.

(3) 본 척도를 사용한 국내 원예치료 논문

조미경. 2002. 원예치료가 독거노인의 공동체 의식함양과 생활만족에 미치는 영향. 대구가톨릭대학교 대학원 석사학위논문.

우리성

번호	문 항	그렇다 (7)	(6)	(5)	보통이다 (4)	(3)	(2)	전혀 그렇지 않다(1)
1	고민이나 걱정거리를 스스럼없이 말할 수 있다.							
2	사소한 감정변화도 서로 잘 알 수 있다.							
3	상대방에게 개인적으로 중요한 일이 있을 때 바라지 않고 도와준다.							
4	서로 개인적이고 사적인 문제를 잘 알 수 있다.							
5	서로 물질적인 손익을 따지지 않는다.							
6	다투는 일이 있어도 쉽게 화해한다.							
7	나는 상대에게 숨기는 것이 없는데 상대가 내개 그렇지 않다는 것을 알게 되면 섭섭한 생각이 든다.							
8	상대방을 있는 그대로 수용하기 보다는 옳고 그름을 따진다.							
9	사소한 일에도 간섭한다.							
10	상대방의 문제가 곧 나의 문제인 것처럼 생각되고 상대방도 나의 문제를 자신의 문제인 것처럼 생각해							
15	일일이 말하지 않아도 상대방의 감정과 생각을 서로 이해한다.							
16	서로 흉허물 없이 지낸다.							
17	내가 사정이 있어도 함께 행동해야 할 때 부담스럽다.							
18	함께 있으면 외로움이 덜하다.							
19	비난받을 만한 일을 했어도 감싸고 덮어준다.							
20	상대방의 감정을 상하게 하지 않으려 말이나 행동을 조심스럽게 한다(예의 바르게 행동한다.).							
21	일상적인 행동방식이나 습관이 서로 비슷하다.							
22	공식적인 행사를 통해서는 서로 우리임을 느낀다.							
23	정은 들었지만 돌아서면 남이 될 수 있다는 생각이 든다.							

유아 자아존중감 검사

(1) 척도 내용 및 채점 방법

Harter(1984)에 의해 개발된 유아용 자아존중감 검사의 하위 영역을 기초로 김영숙(1997)이 수정 · 보완하였다. 검사지는 총 25문항이며, 유아의 자아존중감 점수가 클수록 하위 변인의 수준이 높은 것으로 보고, 하위 요인은 인지 능력(1, 6, 11, 16, 21번 문항), 동료 수용(2, 7, 12, 17, 22번 문항), 신체적 능력(3, 8, 13, 18, 23번 문항), 어머니 수용(4, 9, 14, 19, 24번 문항)과 자기 수용(5, 10, 15, 20, 25번 문항)으로 구성된다.

평가 방법은 나란히 있는 두 개의 그림과 그 밑에 있는 각각의 크고 작은 동그라미는 오른쪽부터 순서대로, '아주 잘한다(4점), 조금 한다(3점), 전혀 못한다(2점), 조금밖에 할 줄 모른다(1점)'를 의미한다. 검사자는 유아의 모습이 어떤 쪽인지 유아에게 그림과 함께 질문하고 유아가 어느 한쪽을 선택하면, 그 모습의 정도 즉 좀더 잘하는지 못하는지의 여부를 묻는다. 이때 유아가 대답한 내용이 검사자에 의해 점수화된다. Harter(1984)에 따르면, 전체 자아존중감에 대한 신뢰도를 나타내는 Cronbach's alpha 값은 .80이다.

(2) 출 처

김영숙. 1999. 유아의 자아존중감과 가정환경 변인과의 관계. 교육심리연구, 13(1):69-98.

Harter, S. 1984. Developmental perspectives on the self-esteem, hand book of child psychology. NY: John Wiley.

(3) 본 척도를 사용한 국내 원예치료 논문

조남희. 2006. 원예치료가 저소득층 아동의 자아존중감과 사회성 향상에 미치는 영향. 건국대학교 농축대학원 석사학위논문.

유아 자아존중감 검사문항

오늘 선생님이 ○○○ 하고 그림 찾아내기 놀이를 할텐데 ○○○와 가장 비슷한 어린이를 골라내는 놀이예요. 선생님이 이제부터 그림에 나온 어린이들이 각각 무엇을 하고 있는지 설명할 테니까 이 중에서 골라보세요.

문항 1: 이 어린이(오른편)는 그림조각 맞추기를 잘하는데 이 어린이(왼편)는 잘하지 못한대요. ○○○와 비슷한 어린이는 이 둘 중 어느 어린이인가요?
오른편 선택한 경우: ○○○는 그림조각 맞추기를 아주 잘하나요?(큰 원에 표시하게) 아니면 조금은 하는 편인가요?(작은 원에 표시하게) 그림에 있는 ○에서 골라보세요.
왼편 선택한 경우: ○○○는 그림조각 맞추기를 전혀 못하나요?(큰 원에 표시하게) 아니면 조금은 하는 편인가요?(작은 원에 표시하게) 그림에 있는 ○에서 골라보세요.

문항 2: 이 어린이(오른편)는 함께 놀 친구들이 많은데 이 어린이(왼편)는 친구가 많지 않아요. ○○○와 비슷한 어린이는 이 둘 중 어느 어린이인가요?
오른편 선택한 경우: ○○○는 친구들이 아주 많은가요?(큰 원에 표시하게) 아니면 조금 많은 편인가요?(작은 원에 표시하게) 그림에 있는 ○에서 골라보세요.
왼편 선택한 ... 들이 전혀 없나요?(큰 원에 표시하게) 아니면 조금은
...에 있는 ○에서 골라보세요.

...린이(오른편)는 ...

... 선택한 경우: ○○○는 ...
아니면 조금은 타는 편인가요?(작은 ...
오른편 선택한 경우: ○○○는 그네를 전혀 ... 표시하게)
아니면 조금은 타는 편인가요?(작은 원에 표시하게) 그림에 있는 ○에서 골라보세요.

문항 4: 이 어린이(왼편)는 엄마가 집에 친구를 데려오게 하시는데 이 어린이(오른편)는 엄마가 집에 친구를 데려오지 못하게 하신대요. ○○○와 비슷한 어린이는 이 둘 중 어느 어린이인가요?
왼편 선택한 경우: ○○○는 엄마가 아주 반갑게 맞아 주시나요?(큰 원에 표시하게) 아니면 조금 반가워하시는 편인가요?(작은 원에 표시하게) 그림에 있는 ○에서 골라보세요.
오른편 선택한 경우: ○○○ 엄마가 아주 많이 화를 내시나요?(큰 원에 표시하게) 아니면 조금 화를 내시는 편인가요?(작은 원에 표시하게) 그림에 있는 ○에서 골라보세요.

문항 5: 이 어린이(왼편)는 무슨 일이든 하고 싶고 재미있어 하며 자신 있는 어린이예요. 이 어린이(오른편)는 무슨 일이든 하기 싫고 재미없어 하며 자신 없는 어린이예요. ○○○와 비슷한 어린이는 이 둘 중 어느 어린이인가요?
왼편 선택한 경우: ○○○는 언제나 재밌고 자신이 있나요?(큰 원에 표시하게) 아니면 가끔 그런 편인가요?(작은 원에 표시하게) 그림에 있는 ○에서 골라보세요.
오른편 선택한 경우: ○○○는 언제나 재미없고 자신이 없나요?(큰 원에 표시하게) 아니면 가끔 그런 편인가요?(작은 원에 표시하게) 그림에 있는 ○에서 골라보세요.

* 유아 자아존중감에 관한 그림들 중 일부

(3)

(4)

자기주장 척도
(Rathus Assertiveness Scale; RAS)

(1) 척도 내용 및 채점 방법

Rathus(1973)가 개발한 자기주장 척도(Rathus Assertiveness Scale; RAS)를 전석균(1994)이 번안 · 수정하였다. 총 30개의 문항으로 리커트식 5점 척도이며, 17개의 부정 문항이 있다. 부정 문항의 경우 역전환 점수로 평가하며, 높은 점수일수록 자기 주장적이라고 할 수 있다.

이 도구는 사회적 접촉을 피하는 것, 자신의 감정과 의견을 표현하기를 주저하는 것, 사회적 불안과 불편함을 표현하는 것, 상대방에게 합리적으로 요청하거나 비합리적인 요청을 거절하는 것, 자신의 권리를 주장하지 못하는 것, 애정 등을 표현하는 것 등 다양한 영역에서 자기주장의 정도를 평가하도록 구성되어 있다.

(2) 출 처

Chun, S. K. 1994. A study on the effectiveness of social skills training program for rehabilitation of the schizophrenic patients. PhD Diss., Soongsil University, Seoul.

Rathus, S. A. 1973. A 30-item schedule for assessing assertive behavior. Behavior Therapy 4.

(3) 본 척도를 사용한 국내 원예치료 연구

조문경. 2003. 원예치료 프로그램의 단계적 적용이 만성정신분열증 환자의 자기주장 및 대인관계 향상에 미치는 영향. 건국대학교 대학원 석사학위논문.

자기주장 척도(Rathus Assertiveness Scale; RAS)

문 항	매우 그렇다	다소 그런 편이다	그저 그렇다	다소 그렇지 않다	매우 그렇지 않다
1. 대부분의 사람들은 나보다는 더욱 적극적이고 자기주장을 잘하는 것 같다.					
2. 나는 수줍음 때문에 데이트를 신청하거나 받아들이기가 망설여진다.					
3. 음식점에서 주문한 음식이 마음에 들지 않을 때는 종업원에게 음식에 대해서 불만사항을 얘기한다.					
4. 비록 나의 감정이 상하는 일이 있더라도 상대의 감정을 상하게 하지 않으려고 조심한다.					
5. 만약 판매원(점원)이 나에게 여러 가지 물건을 보여주면서 애를 썼다면, 그것이 내가 꼭 원하는 것이 아니더라도 '싫다'라는 말을 하기가 어렵다.					
6. 누군가가 나에게 무엇인가를 하도록 요청할 때, 나는 그 이유를 알고 싶다고 주장한다.					
7. 나는 유익하고 활발한 논쟁을 기대할 때가 많다.					
8. 나는 대부분의 사람들처럼 나의 현 위치에서 더욱 발전하려고 노력한다.					
9. 사람들은 자신이 정당하게 되기 위해서 가끔 나를 이용한다.					
10. 나는 낯선 사람에게 내가 먼저 대화를 시작하기 좋아한다.					
11. 나는 매력적인 이성에게 무슨 말을 해야 할지 모를 때가 가끔 있다.					
12. 나는 공공 기관이나 사무실로 전화걸기가 망설여진다.					
13. 나는 개별면접을 통해서 보다는 편지나 글로 직장이나 학교에 지원하는 것이 편리하다.					
14. 나는 구입한 물건을 바꾸는 것에 난처함을 느낀다.					
15. 만약 내가 [illegible]					

자기평가 우울 척도
(Self-Rating Depression Scale; SDS)

(1) 척도 내용 및 채점 방법

Zung(1965)가 개발한 일상생활에서 경험하는 우울한 증상들을 자기가 평가하는 20문항의 4점 척도로 이중훈(1994)이 번안하였다. 수면장애, 만성적인 피로감, 의기소침, 주의력, 집중력, 사고력의 저하, 정신운동기능의 장애, 식욕 및 성욕 감소, 울음, 심하게는 허무망상 및 주관적 자살의도를 보이는 등 정서 변화의 부정적인 측면을 광범위하게 포함하고 있으며, 아니다(1점)에서 항상 그렇다(4점)로 역문항이 없이 총점을 계산하며, 점수가 높을수록 우울의 정도가 심함을 의미한다.

(2) 출 처

이중훈. 1994. 급성 및 만성 정신분열증 환자의 우울증, 중앙대학교 박사학위논문.

김정희. 1987. 지각된 스트레스, 인지 세트 및 대처방식의 우울에 대한 작용. 서울대학교 대학원 박사학위논문.

Zung. W. W. K. 1965. A self-rating depression scale. Archives of General Psychiatry. 13:508-515.

(3) 본 척도를 사용한 국내 원예치료 연구

김미선. 2003. 쉼터 거주 가정폭력 여성피해자의 자아존중감과 우울에 미치는 원예치료 효과. 단국대학교 원예치료학과 석사학위논문.

자기평가 우울 척도(Self-Rating Depression Scale; SDS)

※ 다음은 당신이 현재 어떻게 느끼고 있는지에 대해 알아보고자 하는 것입니다. 당신의 상태와 일치하는 대답을 하나 골라서 ∨표를 해 주십시오.

문　　　　항	아니다	가끔 그렇다	자주 그렇다	항상 그렇다
1. 나는 매사에 의욕이 없고 우울하거나 슬플 때가 있다.				
2. 나는 하루 중 기분이 가장 좋은 때는 아침이다.				
3. 나는 갑자기 얼마 동안 울음을 터뜨리거나 울고 싶을 때가 있다.				
4. 나는 밤에 잠을 설칠 때가 있다.				
5. 나는 전과 같이 밥맛이 있다.(식욕이 있다.)				
6. 나는 매력적인 여성(혹은 남성)을 보거나 앉아서 이야기하는 것이 좋다.				
7. 나는 요즘 체중이 늘었다.				
8. 나는 변비 때문에 고생한다.				
9. 나[illegible]				
[illegible] 맑다.				
12. 나는 전처럼 어려움 없이 일을 한다.				
13. 나는 안절부절 해서 진정할 수가 없다				
14. 나의 장래는 희망적이라고 생각한다.				
15. 나는 전보다도 더 안절부절못한다.				
16. 나는 결단력이 있다고 생각한다.				
17. 나는 사회에 유용하고 필요한 사람이라고 생각한다.				
18. 내 인생은 즐겁다.				
19. 내가 죽어야 다른 사람들, 특히 가족이 편할 것 같다.				
20. 나는 전과 다름없이 일하는 것이 즐겁다.				

자아역량 지각 척도 (Perceived Competence Scale)

(1) 척도 내용 및 채점 방법

아동의 역량 지각을 측정하기 위하여 Harter(1982)의 역량 지각(the perceived competence scale for children)을 공인숙(1989)과 이주리(1994) 등의 선행연구를 기초로 하여 6세 아동용 그림도구와 질문지를 작성하였다. 하위 영역은 인지역량 지각, 사회역량 지각, 신체역량 지각이 각각 6문항씩 총 18문항으로 구성되고 리커트식 4점 척도로 가능한 점수의 범위는 18점에서 72점이며, 점수가 높을수록 아동이 자신의 역량을 높이 지각하고 있음을 의미한다.

(2) 출 처

이주리. 1994. 유아 및 아동의 가정환경 및 또래환경과 역량지각. 서울대학교 대학원 박사학위논문.

공인숙. 1989. 부모의 온정 및 통제와 아동의 역량에 대한 자기지각. 서울대학교 대학원 석사학위논문.

Harter, S. 1985. Manual for the social support scale for children. Denver Univ. press, Denver.

(3) 본 척도를 사용한 국내 원예치료 논문

조남희. 2006. 원예치료가 저소득층 아동의 자아존중감과 사회성 향상에 미치는 영향. 건국대학교 농축대학원 석사학위논문.

자아역량 지각 척도(Perceived Competence Scale)

아동의 역량 지각 척도

자료번호 ________

※ 다음 문장을 읽고 각 번호마다 먼저 자기와 닮은 문항 쪽을 **선택한 후, 다시** 정말 똑같이 닮았는지, 아니면 약간 닮았는지를 선택하여 각 번호마다 **한 군데만** ○**표** 해 주세요.

보 기

( )	(○)	나는	나는	( )	( )
정말 똑같다	약간 그렇다	아는 것이 많다	아는 것이 없다	약간 그렇다	정말 똑같다

1.

( )	( )	나는 선생님의 질문에 대답하는 것이 쉽다고 생각한다	나는 선생님의 질문에 대답하는 것이 쉽다고 생각한다	( )	( )
정말 똑같다	약간 그렇다			약간 그렇다	정말 똑같다

2.

( )	( )	나는	나는	( )	( )
정말 똑같다	약간 그렇다	읽으면 잘 알아진다	읽어도 무슨 소린지 잘 모를 때가 많다	약간 그렇다	정말 똑같다

3.

( )	( )	나는	나는	( )	( )
정말 똑같다	약간 그렇다	산수 공부를 잘한다	산수 과목을 잘 못한다	약간 그렇다	정말 똑같다

* 자아역량 지각 척도에 관한 문항별 그림들 중 일부

자아정체감 척도
(Ego Identity Scale)

(1) 척도 내용 및 채점 방법

Dignan(1965)의 자아정체감 척도를 서봉연(1975)이 번안하였다. 자아정체감의 구성 개념인 독특성, 자기 수용, 역할 기대, 안정성, 목표 지향성, 자기의식, 대인관계 등을 측정하는 도구이다. 각 문항은 리커드식 4점 척도로 표기되며, 역문항은 2, 4, 6, 7, 8, 9, 10, 12, 14, 16, 18, 20, 21, 22, 24, 26, 28, 30, 34, 36, 38, 40, 42, 44, 45, 46, 48, 49, 50, 52, 56, 58, 60, 62, 64번 문항이다.

8개의 하위 척도 내용은 다음과 같다.

· 안정성: 시간의 경과와 유동적인 대인관계 속에서도 일관된 동질적인 나에 대한 생각과 느낌

· 독특성: 현재의 능력, 신체적, 심리적 특성 면에서 다른 사람과 구별되는 자아상

· 대인 역할 기대: 다른 사람에 대한 자신의 상이한 여러 역할에 따라 기대되는 다소 일시적이고 특정적인 여러 가지 자아상

· 자기 수용: 자신이 속한 사회와 문화의 규준에 비추어 좋게 생각되기 때문에 받아들여지거나 혹은 좋지 못하기 때문에 거부하는 자아상

· 자기주장: 자기가 원하는 바를 분명히 인식하고 타인에 대해 이를 표명할 수 있는 태도와 경향성

· 자기 존재 의식: 자기 존재와 자신의 심리, 신체적 특성들에 대한 분명한 의식

· 대인관계: 대안관계에 있어서 자신이 취하는 일반적인 경향성

(2) 출 처

서봉연. 1975. 자아정체감 형성에 과한 심리학적 연구. 경북대학교 대학원 박사학위 논문.

Dignan, S. M. H. 1965. Ego identity and material identification. Journal of Personality and social Psychology 1(5):476-483.

(3) 본 척도를 사용한 국내 원예치료 논문

남선미. 2003. 중학생을 대상으로 한 원예치료 적용. 서울여자대학교 원예학과 석사학위논문.

자아정체감 척도

번호	문항	그렇지 않다	그렇지 않은 편이다	그런 편이다	그렇다
1	미래의 나는 현재의 나와 별로 다르지 않을 것이다.				
2	하고 싶은 일이 너무 많기 때문에 마음을 정할 수가 없다.				
3	나는 남들이 아무개의 '동생' 혹은 아무개의 '딸'이라고 부르는 것이 싫다.				
4	나에게 여자(남자)들이 하는 일들은 대부분 매우 어리석어 보인다.				
5	나는 지금의 나에 대해서 아무런 유감이 없다.				
6	나는 다른 … 하기가 어렵다.				
7	… 어버린다.				
	… 지				
	… 대학 혹은 고등학교에서는 … 때만큼 많이 변하고 있지는 않는 …				
58	나날이 나는 달라져 간다.				
59	나는 항상 목표를 정해 놓고 행동한다.				
60	사람들은 나와 나의 친한 친구를 서로 혼동한다.				
61	나는 언제나 여대생 또는 여고생(남자 대학생 또는 남고생)으로서의 나를 생각한다.				
62	나는 선생님들 앞에서는 나의 진정한 모습을 보일 수가 없다.				
63	남들이 나에게서 깊은 인상을 받는 것은 나의 강한 소신 때문이다.				
64	이따금 내가 나 자신이 아니라는 생각이 순간적으로 머리를 스친다.				

자아존중감 척도

(1) 척도 내용 및 채점 방법

Coopersmith(1967)의 연구를 참조하여 최보가와 전귀연(1993)이 개발한 우리나라 아동의 자아존중감 측정 도구이다. 전체 32문항이 총체적 자아존중감, 사회적 자아존중감, 가정에서의 자아존중감, 학교에서의 자아존중감 등 네 영역으로 구성되어 있고, 역문항은 4, 8, 12, 16, 20, 24, 27, 30번 문항이다. 최와 전(1993)에 따르면, 신뢰도를 나타내는 Cronbach's alpha 값은 하위 척도별로 보았을 때 총체적 자아존중감 .69, 사회적 자아존중감 .84, 가정에서의 자아존중감 .83, 학교에서의 자아존중감 .72이다.

(2) 출 처

최보가 · 전귀연. 1993. 자아존중감 척도 개발에 관한 연구(1). 대한가정학회지. 31(2):41-54.

Coopersmith, S. 1967. The antecedents of self-esteem. San Francisco W. H. Freeman & Co.

(3) 본 척도를 사용한 국내 원예치료 논문

나경미. 2006. 원예치료 수업이 대안학교 학생의 상태 특성 불안 감소와 자아존중감 향상에 미치는 영향. 건국대학교 농축대학원 석사학위논문.

자아존중감 척도

※ 아래의 문항들은 '여러분이 자신을 어떻게 보느냐' 하는 자신에 대한 생각을 나타내는 문항입니다. 여러분의 생각을 잘 나타내 주는 란에 ∨표를 해 주시기 바랍니다.

문 항	매우 그렇다	조금 그렇다	보통이다	조금 그렇지 않다	전혀 그렇지 않다
1. 나는 결심을 하고 그 결심대로 밀고 나갈 수 있다.					
2. 나는 내 또래의 친구들 사이에 인기가 있다.					
3. 부모님은 내 기분을 잘 맞춰 주신다.					
4. 나는 학교에서 실망하는 일이 가끔 있다.					
5. 나는 나에게 주어진 일에 최선을 다하려 한다.					
6. 나에겐 친구가 많다.					
7. 부모님은 나를 잘 이해해 주신다.					
8. 내가 원하는 만큼 학교생활이 원만치 않다.					
9. 나는 주저하지 않고 결심할 수 있다.					
10. 누구든지 나를 좋아한다.					
11. 나는 집에서 상당히 행복하다.					
12. 나는 학교에서					
님은 나를 착하지 않다고 생각하					
17. 나는 나 자신을 잘 알고 있다.					
18. 나는 남을 재미있게 해 주는 사람이다.					
19. 나는 가족들과 함께 있을 때 기분이 좋다.					
20. 나는 학교 성적에 실망이 든다.					
21. 나는 나 자신에 대해 매우 만족한다.					
22. 나는 남에게 좋은 친구이다.					
23. 우리 가족은 이 세상에서 제일 훌륭하다.					
24. 나는 학교에서 하는 일이 서툴다.					
25. 내 친구들은 내 생각을 귀담아 들어준다.					
26. 나는 좋은 딸이다.					
27. 내가 좀 더 나은 학생이면 좋겠다.					
28. 친구들은 주로 내 생각에 따른다.					
29. 부모님이 나를 자랑스러워하실 만하다.					
30. 선생님이 설명하실 때 내가 좀더 잘 이해할 수 있으면 좋겠다.					
31. 나는 원하면 항상 친구를 사귈 수 있다.					
32. 나는 우리 가족 중 중요한 사람이다.					

자아존중감 측정 도구 (Self-Esteem Scale)

(1) 척도 내용 및 채점 방법

개인의 자아존중감 즉, 자기존중 정도와 자아 승인 양상을 측정하는 검사지로, Rosenberg(1965)가 개발한 검사를 전병재(1974)가 번안하였다.

긍정적 자아존중감 5문항(1, 2, 4, 6, 7번)과 부정적 자아존중감 5문항(3, 5, 8, 9, 10번) 등 모두 10문항으로 구성되어 있는 4점 척도로 긍정적 문항에 대한 응답은 '거의 그렇지 않다' 1점에서 '항상 그렇다' 4점까지 이며, 부정적 문항에 대한 응답도 마찬가지이나 채점할 때 역산한다. 점수 범위는 10점에서 40점까지며, 점수가 높을수록 자아존중감이 높음을 의미한다. 이(1996)에 따르면, 신뢰도를 나타내는 Cronbach's alpha 값은 .79이다.

(2) 출 처

이영자. 1996. 스트레스, 사회적 지지, 자아존중감과 우울 및 불안과의 관계. 서울여자대학교 대학원 박사학위논문.

전병재. 1974. 자아 개념 측정 가능성에 관한 연구. 연세논총, 11(1). 연세대학교 대학원.

Rosenberg. M. 1965. Society and adolescent self-image. princeton. NJ: Princeton University Press.

(3) 본 척도를 사용한 국내 원예치료 연구

김태현. 2005. 원예치료를 적용한 재가노인 역량강화프로그램의 효과성 연구. 숭실대학교 대학원 석사학위논문.

이은숙. 2005. 회상을 도입한 원예치료 프로그램이 노인의 자아통합감 증진에 미치는 영향. 건국대학교 대학원 석사학위논문.

정성애. 2005. 심리적 적응단계에 따른 원예치료 프로그램 적용이 뇌졸중 환자의 심리, 신체적 재활에 미치는 영향. 건국대학교 대학원 석사학위논문.

김기주. 2004. 원예치료가 치매노인의 우울과 자아존중감에 미치는 영향. 호남대학교 대학원 석사학위논문.

김미선. 2003. 쉼터 거주 가정폭력 여성피해자의 자아존중감과 우울에 미치는 원예치료 효과. 단국대학교 대학원 석사학위논문.

김루비. 2002. 원예치료가 시설보호 여성의 삶의 질에 미치는 영향. 대구가톨릭대학교 디자인대학 석사학위논문.

오은경. 2002. 원예치료가 주간보호센터에서 뇌졸중 후 편마비 및 퇴행성관절염 어르신의 우울과 자아존중감에 미치는 영향. 건국대학교 농축대학원 석사학위논문.

황인옥. 2002. 원예치료프로그램 적용을 통한 치매노인의 사회적응력 강화전략에 관한 연구. 부산대학교 대학원 박사학위논문.

김수연. 2001. 원예치료가 뇌졸중 후 편마비 환자의 기능적 재활에 미치는 영향. 건국대학교 대학원 석사학위논문.

엄수진. 2001. 원예치료가 만성정신분열증 환자의 자아존중감 및 사회성 향상에 미치는 영향. 건국대학교 대학원 석사학위논문.

이상훈. 1999. 원예치료가 치매노인의 우울과 자아존중감에 미치는 영향. 건국대학교 농축대학원 석사학위논문.

자아존중감 측정 도구

이름: 나이: 성별: 남 여

※ 다음 문장은 여러분이 자신에 대하여 어떻게 생각하는지에 대한 질문입니다.

	전혀 그렇지 않다	별로 그렇지 않다	대체로 그렇다	항상 그렇다
1. 나는 적어도 내가 다른 사람만큼 가치 있는 사람이라고 생각한다.				
2. 나는 좋은 성품을 많이 갖고 있다고 생각한다.				
3. 나는 대체적으로 실패한 사람이라고 생각한다.				
4. 나는 대부분의 다른 사람들과 같이 일을 잘 할 수가 있다.				
5. 나는 나 자신에 대해 자랑할 것이 별로 없다고 생각한다.				
6. 나는 나 자신으				

자아통합감 척도

(1) 척도 내용 및 채점 방법

김정순(1988)에 의해 개발된 척도로 총 31문항으로 되어 있다. 긍정적인 문항에서는 '매우 그렇다'에서 '전혀 그렇지 않다'까지 5점 평정 척도로 점수화한다. 부정적 문항은 역으로 환산하여 사용하며 점수가 높을수록 자아통합감 정도가 높은 것을 의미한다. 김(1988)에 따르면, 신뢰도를 나타내는 Cronbach's alpha 값은 .93이다.

(2) 출 처

Kim, J. S. 1988. A study of social activities and ego integrity of the aged. PhD Diss., Ewha Woman's Univ., Seoul.

(3) 본 척도를 사용한 국내 원예치료 논문

이은숙. 2005. 회상을 도입한 원예치료 프로그램이 노인의 자아통합감 증진에 미치는 영향. 건국대학교 대학원 석사학위논문.

자아통합감 척도

문항	내 용	전혀 그렇지 않다	그렇지 않다	보통	그렇다	매우 그렇다
1	대체로 나는 지금의 나 자신에 만족한다.					
2	나는 이 세상에서 못 다한 일이 많아 한스럽다					
3	막상 늙고 보니, 모든 것이 젊었을 때 생각했던 것보다 낫다.					
4	요즘 나는 나 자신을 발전시키려는 노력을 포기했다.					
5	인생은 의미 있고 살 [illegible] 있는 것이다					
6	[illegible] 않는다.					

재활 동기 (Motivation of Rehabilitation)

(1) 척도 내용 및 채점 방법

재활 운동 및 치료에 참여하려는 심리적 욕구를 평가하기 위해 Han(2001)이 개발한 척도이다. 자기결정 정도에 따라 과제 지향적 동기, 변화 지향적 동기, 의무적 동기, 외부적 동기, 무동기 동기 등의 5개 동기 유형으로 구성되어 있다. 과제 지향적 동기는 새로운 것을 배우고, 노력하면서 즐거움과 만족을 경험하기 위해 활동에 참여하려는 심리적 욕구와 해낼 수 있다는 집념 등에 관한 8문항으로 구성되어 있고, 의무적 동기는 자기 압박과 같은 의무감 때문에 행동을 하게 되는 4개 문항으로 구성되어 있다. 외부적 동기는 의료진, 가족이나 주변 사람들의 권고나 관심에 의해 행동을 조절하는 4개 문항으로 구성되어 있고, 변화 지향적 동기는 재활치료나 운동이 자신의 행위 변화에 도움이 되며 스스로 꾸준하게 하는 것이 바람직하다는 현실적인 내용의 7문항으로 구성되어 있으며, 무동기는 재활이 문제 해결에 도움이 되지 않는다는 부정적인 생각과 피하고 싶고 의지가 없어 재활에 계속 참여할 수 없는 4개의 문항으로 구성되어 있다. 총 27문항으로 이루어진 리커트식 4점 척도로서 점수가 높을수록 재활 동기가 높음을 의미한다. Han(2001)의 연구에 따르면, 신뢰도를 나타내는 Cronbach's alpha 값은 .86이다

(2) 출 처

Han, H. S. 2001. Development of an instrument to measure motivation for rehabilitation in disabled. PhD Diss., Hanyang University, Seoul, Korea.

(3) 본 척도를 사용한 국내 원예치료 연구

정성애. 2005. 심리적 적응단계에 따른 원예치료 프로그램 적용이 뇌졸중 환자의 심리, 신체적 재활에 미치는 영향. 건국대학교 대학원 석사학위논문.

재활 동기(Motivation of Rehabilitation)

※ 다음은 재활 참여 동기에 대하여 귀하의 의견을 묻는 질문입니다. 다음 질문에 대해 귀하의 생각과 일치하는 곳에 ∨표를 해 주십시오. "귀하는 재활치료 혹은 재활을 위한 운동에 참여하거나 참여하지 않은 이유가 무엇입니까?"

문 항	매우 그렇다	그렇다	그렇지 않다	전혀 그렇지 않다
1. 재활치료나 운동이 내 생활을 변화시킬 수 있다고 생각하기 때문이다.				
2. 의료진으로부터 재활치료나 운동을 권고 받았기 때문이다.				
3. 나는 지금보다 더 나은 상태로 변화되기를 원하기 때문이다.				
4. 나 자신을 관리하는 새로운 방법과 전략을 알게 될 때 기쁨과 만족감을 경험하기 때문이다.				
5. 나는 어려운 일이 닥치면 피하고자 하는 면이 있기 때문이다.				
6. 재활치료나 운동에 참여하는 것이 나 자신을 다시 일으키는 최상의 방법이기 때문이다.				
7. 재활치료를 받거나 운동을 하면 더 나빠지지 않을 것이라고 생각하기 때문이다.				
8. 재활을 포기하기에는 나 자신이 너무 초라해지는 것을 느끼기 때문이다.				
9. 재활에 참여하 … 움이 될 것 같지				
… 존을				
… 때문이다.				
… 문제에 대한 해결책을 발견하는 … 생각하기 때문이다.				
14. 재활치료를 받지 않으면 내 마음이 괴로울 것 같기 때문이다.				
15. 해낼 수 있다는 희망을 잃지 않고 있기 때문이다.				
16. 재활에 참여하는 것이 좋다고는 생각하나 나 스스로 그것을 계속 할 수 없을 것 같기 때문이다.				
17. 나의 능력 범위 내에서 더 나은 기능을 배우고 싶기 때문이다.				
18. 내가 재활치료에 참여하지 않으면 죄의식을 느낄 것이기 때문이다.				
19. 무엇보다도 내가 스스로 참여하는 것이 중요하기 때문이다.				
20. 나의 능력에 맞는 재활목표를 설정하였기 때문이다.				
21. 재활치료에 참여하지 않으면 나의 기능이 더 나빠질 수 있다는 불안감 때문이다.				
22. 재활에 대한 나의 의지가 부족하기 때문이다.				
23. 내 주변 사람들이 재활참여가 중요하다고 생각하기 때문이다.				
24. 재활은 꾸준히 계속하는 것이 중요하기 때문이다.				
25. 꼭 완쾌돼야 한다는 강한 집념을 가지고 있기 때문이다.				
26. 치료자가 인간적인 대우와 관심을 보이기 때문이다.				
27. 나는 장애로 인해 힘든 도전을 받았고 그 도전을 스스로 관리할 수 있는 능력이 있기 때문이다.				

정서 지능 검사
(Emotional Intelligence Test)

(1) 척도 내용 및 채점 방법

아동의 정서 기능을 측정하기 위하여 문용린(1996)이 제작한 초등학교 고학년용 정서 지능 검사 도구이다. 총 47항목이며, 정서인식 · 정서표현 · 감정이입 · 정서조절 · 정서활용 등 5개의 하위 항목으로 구성되어 있으며, 1～37번까지는 '항상 그렇다', '가끔 그런 편이다', '그렇지 않다'로 구성되어 각각 3, 2, 1점을 주어 채점하고(9～15번 사이는 역채점), 38～47번까지의 정서활용 문항은 2점으로 구성되어 2, 0점으로 채점한다. 이 검사는 점수가 높을수록 정서 지능이 높다는 것을 의미한다.

(2) 출 처

문용린. 1996. 한국에서의 정서 지능 측정 연구. 세종문화회관. 서울.

(3) 본 척도를 사용한 국내 원예치료 논문

구자율. 2003. 초등학교 교실 내 실내정원의 도입이 집단 괴롭힘과 주의 집중에 미치는 영향. 건국대학교 대학원 석사학위논문.

정서 지능 검사

학년　반　이름

※ 다음 중 자신과 더 가깝다고 생각하는 번호에 표시하세요.

1. 나는 내 기분이나 감정을 정확하게 알 수 있다.
   ① 항상 그렇다　② 가끔 그런 편이다　③ 그렇지 않다

2. 나는 내가 화가 났는지, 짜증이 났는지 잘 구별할 수 있다.
   ① 항상 그렇　③ 그렇지 않다

② 잃어버린 숙제가 자꾸 생각나서

39. 시험공부를 해야 하는데, 어머니 친구 분들이 집에서 큰소리로 이야기하고 계실 때, 나는
① 시끄러워도 할 수 있는 공부를 해야겠다고 생각한다.
② 어머니 친구들 때문에 시험을 망칠 것 같아서 짜증이 난다.

40. 나에게 화를 내거나 괴롭히는 친구들에게, 나는
① 더 친절하게 대해 주는 편이다.
② 똑같이 화를 내거나 괴롭힌다.

41. 어머니께서 야단을 치실 경우, 나는
① 어머니께 감사한 마음이 든다.
② 어머니가 미워지고 짜증이 난다.

42. 친구와 내가 똑같이 잘못했는데도 선생님께서 나만 야단치실 때, 나는
① 나도 잘못을 했으므로, 선생님이 야단을 기꺼이 받아들인다.
② 나만 야단치시는 선생님이 밉고 화가 난다.

43. 시험을 망쳐서 기분이 나쁠 때, 나는
① 오늘 시험을 빨리 잊고 내일 볼 시험공부에 집중할 수 있다.
② 오늘 본 시험이 자꾸 떠올라서 공부가 잘 안 된다.

44. 내가 싫어하는 친구와 짝이 되면, 나는
① 그 친구의 좋은 점을 찾아보려고 노력한다.
② 그 친구와는 놀지 않고 다른 친구와 친하게 지낸다.

45. 나에 대해 나쁜 이야기(욕이나 험담)를 하는 사람이 있어서 기분이 나쁠 때, 나는
① 기분을 바꿀 수 있는 다른 생각을 하려고 노력한다.
② 그 사람을 찾아가서 화를 내거나 따진다.

46. 악기나 운동을 배우는데 잘 되지 않아서 속상할 때, 나는
① 잘하는 내 모습을 상상하며 화를 참고 더 열심히 연습한다.
② 내게 맞지 않는 것은 빨리 그만두는 것이 좋다고 생각한다.

47. 내일이 시험인데 너무 덥고 졸려서 짜증이 날 때, 나는
① 열심히 공부하는 친구들을 생각하면서 더 열심히 공부한다.
② 지금 공부해도 잘 안 될 것이므로 그냥 쉬거나 잠을 잔다.

주위 집중 결핍 평정 척도 (Conners' Teacher Rating Scale)

(1) 척도 내용 및 채점 방법

아동의 주위 집중 결핍 정도를 알아보기 위해 Conners(1969)가 제작한 것을 Goyette 등(1978)이 수정한 것이다. 교사 평정 척도로 전체 28문항 중 행동 문제 8문항과 과잉행동 문제 7문항, 주의 산만-수동적 문제 8문항, 기타 5문항으로 구성되어 있으며, '전혀 없다', '약간 있다', '조금 많다', '아주 많다'로 구성되어 각각 0, 1, 2, 3점으로 채점한다. 이 검사에서의 점수가 45～55점일 때는 표준이고, 65점 이상이면 임상적으로 중요성을 지니게 된다.

(2) 출 처

Conners, C. K. 1969. Artificial colors in the diet and disruptive behavior. University park press, Baltimore.

Goyatte, C. H., Conners, C. K., and Ulrich, R. F. 1978. Normative data on revised Conners parents and teacher rating scale. Journal of abnormal child Psychology 6:221-236.

(3) 본 척도를 사용한 국내 원예치료 논문

구자율. 2003. 초등학교 교실 내 실내정원의 도입이 집단 괴롭힘과 주의 집중에 미치는 영향. 건국대학교 대학원 석사학위논문.

주위 집중 결핍 평정 척도(Conners' Teacher Rating Scale)

교사용

초등학교　　학년　　반　　이름

※ 위 아동에 대해서 평소 학급에서 관찰할 때 다음과 같은 행동들이 어느 정도 나타나는지 해당 숫자에 ○표해 주십시오.

문　　항	전혀 없다	약간 있다	조금 많다	아주 많다
1. 잠시도 가만있지 못하고 불편한 듯 움직인다.				
2. 분위기에 적절치 못한 소리를 낸다.				
3. 자기가 요구하는 것은 당장 들어 달라고 졸라댄다.				
4. 조심성이 없고 뻔뻔스럽다.				
5. 쉽게 화를 내고 기분 나는 대로 행동을 바꾼다.				
6. 비판을 받으면 과도하게 민감한 반응을 나타낸다.				
7. 주위 산만하여 집중시간에 문제가 있다.				
8. 다른 아이들을 방해한다.				
9. 혼자 꿈을 꾸는 듯이 멍청하게 있을 때가 많다.				
10. 쉽게 [illegible]				
잠시도 가만 앉아 있지 못한다.				
15. 쉽게 흥분하고 충동적이다.				
16. 선생님의 주의를 지나치게 요구한다.				
17. 반 아이들에게 인기가 없다.				
18. 다른 아이들이 하자는 대로 잘 이끌어낸다.				
19. 놀이를 할 때 정직에 대한 개념이 없다.				
20. 리더십이 없다.				
21. 시작한 과제를 끝내지 못한다.				
22. 유치하고 덜 성숙하다.				
23. 잘못했을 때 우기고 남에게 덮어씌운다.				
24. 다른 학생들과 어울리지 못한다.				
25. 다른 학생들에게 협조하지 않는다.				
26. 별 노력 없이 쉽게 실망한다.				
27. 선생님의 말을 잘 따르지 않는다.				
28. 공부를 잘 못한다.				

집단 괴롭힘 가해-피해 질문지 (Bully-Victim Questionnaire)

(1) 척도 내용 및 채점 방법

Olweus(1993)의 가해-피해 설문지를 번안한 것으로, 집단 괴롭힘 가해 질문지는 집단 괴롭힘 가해 성향의 유형을 언어적, 신체적 폭력 행사 유무와 적극성을 기준으로 소극적 · 비폭력적 괴롭힘 가해 성향(무시 · 소외, 조롱 · 놀림)과 적극적 · 폭력적 괴롭힘 가해 성향(욕설 · 협박, 강탈 · 구타)으로 구분한다. 각 문항별 측정 내용을 보면, 무시 · 소외는 4문항(1～4), 조롱 · 놀림은 6문항(5～10), 욕설 · 협박은 6문항(11～16)이며, 강탈 · 구타는 4문항(17～20)으로 구성된 자기 보고형 4점 척도이며, 점수가 낮을수록 집단 괴롭힘 가해 성향이 낮음을 나타낸다.

집단 괴롭힘 피해 질문지는 이춘재와 곽금주(2000)가 번안하였다. 총 28문항으로 5점 척도이며, 점수가 높을수록 집단 괴롭힘을 많이 받음을 나타낸다.

(2) 출 처

이춘재 · 곽금주. 2000. 학교에서의 집단 따돌림: 실태와 특성. 집문당. 서울.

Olweus. D. 1994. Annotaion: Bullying at school: Basic facts and effects of a school based intervention program. Journal of Child Psychology and Psychiatry, 35:1171-1190.

(3) 본 척도를 사용한 국내 원예치료 논문

구자율. 2003. 초등학교 교실 내 실내정원의 도입이 집단 괴롭힘과 주의 집중에 미치는 영향. 건국대학교 대학원 석사학위논문.

집단 괴롭힘 가해 성향 측정 도구

내 용	그런 적 없다	어쩌다 한두 번	일주일에 1~2번	일주일에 3번 이상
1. 친구가 인사해도 노골적으로 무시했다.				
2. 일부러 노는 데 끼워 주지 않았다.				
3. 묻는 말에 들은 척도 안 했다.				
4. 등·하교 때 일부로 같이 가지 않았다.				
5. 친구의 별명을 나쁜 의미로 부르면서 놀렸다.				
6. 한사람을 가리켜 “재수 없다.”는 말을 해보았다.				
7. 친구를 비난하는 내용의 쪽지를 돌린 적이 있다.				
8. 신체적 장애나 체형(키, 몸무게)과 관련하여 심하게 놀린 적이 있다.				
9. 공부를 못하거나 머리가 나쁘다고 심하게 놀린 적이 있다.				
10. 소심한 성격을 가진 아이를 심하게 놀린 적이 있다.				
11. 아무 잘못이 없는데도 시비를 건 적이 있다.				
12. “××놈(년)”, “××새끼”등의 욕설을 한 적이 있다.				
13. 친구에게 “못된 놈(년)”, “멍청이”등의 심한 말을 한 적이 있다				

집단 괴롭힘 피해 질문지

내 용	한번도 없다	한두번	한달에 두세번	일주일에 한번정도	일주일에 여러번
1. 당신은 이번 학기에 학교에서 얼마나 자주 따돌림을 당했습니까?					
2. 나를 욕하거나 심하게 집적거리거나 놀렸다					
3. 다른 학생들이 고의로 어떤 일에 끼워주지 않거나 친구 사이에서 나를 완전히 무시했다.					
4. 나를 때리거나 발로 차거나 밀거나 괴롭히거나 위협했다.					
5. 나에 대한 거짓 소문을 퍼뜨려 친구들이 나를 싫어하게 만들었다.					
6. 나의 돈이나 물건을 뺏거나 망가뜨렸다.					
7. 나의 신체 특징이나 외모에 대하여 험한 욕을 했다.					

청소년 간이 정신건강 진단지

(1) 척도 내용 및 채점 방법

Derogatis(1977) 등이 개발하고, 김광일(1984) 등이 표준화한 간이 정신건강 진단지의 90문항을 김봉은(1988)이 청소년에 맞게 요인 분석하여 54문항으로 제작한 도구이다. 각 문항은 4점 척도로 평가하게 되어 있으며, 각 척도는 6점에서 24점까지의 범위를 갖고 점수가 낮을수록 건강하다고 본다.

(2) 출 처

김봉은. 1988. 아동의 정신건강에 관한 연구. 고려대학교 석사학위논문.

김광일 · 김재환 · 원호택. 1984. 간이정신진단검사 실시요강. 중앙적성출판부. 서울.

Derogatis. L. R. 1977. SCL-90(Revised) manual I. Clinical Psychometrics Research Unit, Baltimore, Johns Hopkins University School of Medicine.

(3) 본 척도를 사용한 국내 원예치료 논문

김영옥. 2001. 원예치료가 청소년의 정신건강과 스트레스에 미치는 영향. 건국대학교 농축대학원 석사학위논문.

청소년 간이 정신건강 진단지

이름 :　　　　성별 : (남 · 여)　　　생일 :　　　년　　월　　일　　　나이 :

※ 다음은 정신건강에 관한 문항입니다. 본인이 느끼고 있는 것과 가장 잘 맞는다고 생각되는 곳에 O표 해 주시기 바랍니다. 특히 이번 문항은 여러분들이 느끼는 정도에 따라 그렇지 않다, 가끔 그렇다, 자주 그렇다, 항상 그렇다 중 4가지 중 하나를 선택하여서 답해 주십시오.

문　　　항	그렇지 않다	가끔 그렇다	자주 그렇다	항상 그렇다
1. 나는 머리가 자주 아프다.				
2. 나는 쓸데없는 생각이 머리에서 떠나지 않는다.				
3. 자주 어지럽거나 현기증이 난다.				
4. 나는 다른 사람들이 못마땅하게 보인다.				
5. 다른 사람들이 나를 비난하는 것 같다.				
6. 나는 기억력이 좋지 않은 편이다.				
7. 나는 조심성이 없어서 실수를 많이 한다.				
8. 나는 작은 일에도 짜증이 난다.				
9. 나는 요즈음 가슴이나 심장이 아프다.				
10. 넓은 장소나 길거리에 나가면 두렵다.				
11. 요즈음 다른 사람들이 … 소리가 들린다.				
12. … 든다.				
… 께 있을 때는 … 게 된다.				
41. 시장이나 극장처럼 사람이 많이 모인 곳에 가면 …				
42. 나는 모든 일이 힘들다.				
43. 나는 잘 다툰다.				
44. 나는 혼자 있으면 마음이 안 놓이거나 두렵다.				
45. 다른 사람들이 내 공로를 인정하지 않는다.				
46. 사람들과 함께 있을 때도 고독을 느낀다.				
47. 나는 안절부절못해서 가만히 앉아 있을 수 없다.				
48. 고함을 지르거나 물건을 내던지고 싶다.				
49. 나는 사람들 앞에서 쓰러질까봐 걱정한다.				
50. 가만히 있으면 남들에게 내가 이용당할 것 같다.				
51. 내 죄 때문에 벌을 받아야 한다.				
52. 무슨 일이든지 급히 서두른다.				
53. 내 몸 어딘가 병들은 것 같다.				
54. 내 마음 어딘가 이상하다고 생각한다.				

ADL
(Activities Daily of Living, Katz Index)

(1) 내 용

일상생활동작 수행 능력을 측정하는 도구로는 Katz Index(Katz, S. et al. 1963)를 사용하였으며, 이것은 6가지의 일상생활동작으로 구분, 각 동작마다 4단계의 점수가 주어진다. 1단계는 독립적으로 동작을 수행할 수 있는 경우, 2단계는 보조를 필요로 하여 동작을 수행할 수 있는 경우, 3단계는 의존적으로 혼자서는 동작을 수행할 수 없는 경우, 4단계는 움직임이 불가능한 경우로 점수화하여 사용한다.

(2) 출 처

Katz, S. et al. 1963. Studies of illness in the aged. The index of ADL: A standardized measure of biological and psychological function. J. Am Med Assoc., 185:914-919.

(3) 본 척도를 사용한 국내 원예치료 논문

한경희. 2004. 짝 지워 수행한 치료적 원예활동이 치매 노인의 일상생활 수행능력 및 대인관계, 의사소통에 미치는 영향. 단국대학교 원예치료학과 석사학위 논문.

일상생활동작 평가 척도

		항　　　　목	평　가	동작별 평가
일상동작	1	자다가 몸을 뒤척임(좌·우 엇갈림이나 한 방향도 좋다)		
	2	반듯이 눕는 정도로 인해 오래 앉아 있게 된다.		
	3	앉아 있는 것을 유지할 수 있다.		
	4	자리에서 일어날 수 있다.		
	5	서서 있을 수 있다.		
	6	침대에서 의자로 이동한다.		
이동동작	7	신체를 당기는 등의 방법으로 이동한다.		
	8	평지를 이동한다.		
	9	계단을 내려가거나 올라간다(약 20㎝ 계단·승강1회).		
	10	문턱을 넘는다(높이 3㎝, 폭 10㎝).		
	11	문이 있는 방에 출입한다.		
	12	물건을 운반한다(4㎏의 모래주머니 10m).		
식	13	젓가락이[illegible]으로 식사한다.		
	17	주전자의 물을 컵에 넣는다.		
편의동작	18	셔츠를 입고 벗는다.		
	19	바지를 입고 벗는다.		
	20	벨트를 찬다.		
	21	와이셔츠의 단추를 끼운다.		
	22	운동화를 신는다.		
씻기동작	23	이빨을 닦는다(칫솔을 사용해서).		
	24	얼굴을 씻는다.		
	25	머리를 감는다.		
화장실동작	26	배뇨 동작		
	27	마무리를 한다.		
	28	실금의 유무(배뇨의 시작과 끝)		
목욕동작	29	수건의 물기를 짠다.		
	30	등을 씻는다.		
대화	31	전화를 건다.		
	32	단어를 이야기할 수 있다.		

평가 기준:

3 정상

2 가능한 시간이 보통보다 더 걸리거나 또는 하는 방법이 보통이 아니다. 그러나 실용성은 있다. (자립)

1 무엇인가 가능한 시간이 지나치게 걸린다. 또는 생기는 오름이 불완전해서 실용성이 없다. (반개조)

0 불능, 가능하지 않다. (전개조)

Barthel Index

(1) 내 용

환자의 일상생활동작 상태의 독립 정도를 정량적으로 점수화하여 알려 주기 위하여 Mahoney와 Barthel(1965)에 의해 개발된 것으로 환자의 재활이 이루어지고 있는 과정을 보여주는 데 도움이 되며 최하 점수 1점, 최고 점수는 100점으로 1~19점은 완전의존, 20~59점은 중증의존, 60~89점은 의존, 90~100점은 독립으로 구분한다.

(2) 출 처

Mahoney, F. L. and D. W. Barthel. 1965. Functional evaluation: Barthel index. Md state of Medical Journal 14:61-65.

(3) 본 척도를 사용한 국내 원예치료 논문

이상미. 2002. 뇌질환 환자의 원예치료지시이행에 영향을 미치는 요인에 관한 연구. 단국대학교 원예치료학과 석사학위논문.

Barthel index

	With Help	Independent
1. Feeding (If food needs to be cut up = help)	5	10
2. Moving from wheelchair to bed and return (includes sitting up in bed)	5–10	15
3. Personal toilet (wash face, comb hair, shave, clean teeth)	0	5
4. Getting on and off toilet (handling clothes, wipe, flush)	5	10
5. Bathing self	0	5
6. Walking on level surface (or, if unable to walk, propel wheelchair)	10	15
(*score only if unable to walk)	0*	5*
7. Ascend and descend stairs	5	10
8. Dressing (includes tying shoes, fastening fasteners)	5	10
9. Controlling bowels	5	10
10. Controlling bladder	5	10

A patient scoring 100 BI is continent, feeds himself, dresses himself, gets up out of bed and chairs, bathes himself, walks at least a block, and can ascend and descend stairs. This does not mean that he is able to live alone: he may not be able to cook, keep house, and meet the public, but he is able to get along without attendant care.

Beck Depression Inventory(BDI)

(1) 척도 내용 및 채점 방법

Beck(1976)에 의해 우울의 심도를 측정하기 위하여 고안된 것으로 원 문항을 이영호(1993)가 우리말로 번역하였다. 정서적 · 인지적 · 동기적 · 생리적 증후군 등 총 21문항으로 이루어진 자기 보고형 척도로 비신체적 우울이 13문항, 신체적 우울이 8문항으로 구성되어 각 문항마다 0~3점이 주어지고, 총점은 0~63점까지이다. 9점 이하는 우울하지 않은 것으로 보고, 경우울증은 10~15점, 우울증은 16~23점, 중우울증은 24~63점으로 분류한다.

(2) 출 처

Beck, A. T. 1976. Cognitive therapy and emotional disorders. International university press, New York.

이영호. 1993. 귀인양식, 생활사건, 사건귀인 및 무망감과 우울의 관계: 공변량 구조모형을 통한 분석. 서울대학교 박사학위논문.

(3) 본 척도를 사용한 국내 원예치료 연구

정성애. 2005. 심리적 적응단계에 따른 원예치료 프로그램 적용이 뇌졸중 환자의 심리, 신체적 재활에 미치는 영향. 건국대학교 대학원 석사학위논문.

송진수. 2004. 지지적 원예치료와 실내정원이 고등학생의 스트레스 감소에 미치는 영향. 건국대학교 대학원 석사학위논문.

김수연. 2001. 원예치료가 뇌졸중 후 편마비 환자의 기능적 재활에 미치는 영향. 건국대학교 대학원 석사학위논문.

김은경. 2000. 뇌졸중 환자의 재활에 미치는 원예치료의 효과. 건국대학교 농축대학원 석사학위논문.

Beck Depression Inventory(BDI)

이름 : (　　　　　)　　나이 : 만 (　　) 세　　성별 : (남 / 여)
학력 : (　　　　　)　　결혼여부 : (미혼/기혼)　　검사일 : 200 년 월 일 요일

※ 다음 글을 읽고 각 번호의 4가지 항목 중 지난주부터 오늘까지 자신의 상태를 가장 잘 나타냈다고 생각되는 항목 하나를 골라 ○표 하십시오.

1. 0) (　) 나는 슬프지 않다.
   1) (　) 가끔 슬플 때가 있다.
   2) (　) 항상 슬픔에 젖어 헤어날 수가 없다.
   3) (　) 대단히 슬프고 불행해서 견딜 수 없다.

2. 0) (　) 장래에 대해 별로 걱정하지 않는다.
   1) (　) 장래에 대해 가끔 걱정한다.
   2) (　) 장래에 대한 기대는 아무것도 없다.
   3) (　) 장래는 절망적이고 더 나아질 수도 없다.

3. 0) (　) 실패라는 것은 생각지도 않는다.
   1) (　) 다른 사람보다 실패를 많이 한 것 같다.
   2) (　) 과거 내 생활은 실패를 많이 한 것 같다.
   3) (　) 나는 완전히 실패한 인생이다.

4. 0) (　) 내가 하는 일에 여전히 만족하고 있다.
   1) (　) 예전과 같은 만족을 느끼지 못한다.
   2) … 족스럽지 않다.
   … 이 난다.

   0) (　) 별로 …
   1) (　) 잠못 이룰 때가 …
   2) (　) 평소보다 새벽에 일찍 깨고 다시 잠들기가 어렵다.
   3) (　) 너무 피로해서 아무 일도 할 수가 없다.

18. 1) (　) 입맛은 평소와 같다.입맛이 전과 같이 좋지는 않다.
    2) (　) 요사이 입맛은 매우 나빠졌다.
    3) (　) 전혀 입맛이 없다.

19. 0) (　) 체중의 변화는 없다.
    1) (　) 요근래 3kg 가량 줄었다.
    2) (　) 요근래 5kg 가량 줄었다.
    3) (　) 요근래 7kg 가량 줄었다.

20. 0) (　) 건강에 대한 걱정은 별로 안한다.
    1) (　) 신체적 건강에 대해 걱정한다.
    2) (　) 신체적 건강에 대한 걱정 때문에 다른 생각하기가 힘들다.
    3) (　) 신체적 건강에 대한 걱정 때문에 아무 일도 할 수가 없다.

21. 0) (　) 정력(또는 성욕)이 전보다 떨어진 것 같지 않다.
    1) (　) 정력이 전보다 약간 떨어진다.
    2) (　) 확실히 정력이 떨어졌다.
    3) (　) 전혀 정력이 일어나지 않는다.

CCSE
(Cognitive Capacity Screening Examination)

(1) 내 용

인지능력의 손상 정도를 평가하는 것으로 지남력, 통찰력, 분류력, 순서 개념, 집중력, 기억력, 문제 해결 능력 등의 항목으로 구성되어 있다. 총 30문항으로 이루어져 있으며 정답일 경우, 1점이, 오답일 경우 0점이 주어진다.

(2) 본 척도를 사용한 국내 원예치료 논문

김은경. 2000. 뇌졸중 환자의 재활에 미치는 원예치료의 효과. 건국대학교 농축대학원 석사학위논문.

간이 인지기능 선별검사(Cognitive Capacity Screening Examinaton)

1. 오늘은 무슨 요일이지요?
2. 지금이 며칠이지요?
3. 오늘이 며칠이지요?
4. 지금은 몇 년도인가요?
5. 지금 계시는 곳이 어디지요? 또는 (여기는 어딘가요?)
6. 제가 숫자를 불러 드릴 테니 잘 들으시고 따라해 보세요. 8 7 2 (또박또박 천천히 말한다.)
7. 이 숫자(8 7 2)를 뒤에서부터 거꾸로 말해 보세요.
8. 제가 다시 숫자를 불러 드릴 테니 따라해 보세요. 6 3 7 1
9. 이번에는 제가 숫자를 [illegible] 테니 바로 따라하시지 말고 하나에서 열까지 큰소리로 [illegible] 6 9 4 (만약 환자가 지시문을 이해하지 못한 [illegible]불러준다.)

11. 한 주일에는 7개의 요일이 있습니 … 보세요.

12. 9－3은 몇이지요?

13. 거기에 또 6을 더해 보세요. (환자가 말한 답 또는 12에다가)

14. 18에서 5를 빼세요.

자 이번에는 제가 단어를 4개 말씀드리겠습니다. 잘 기억하셨다가 제가 나중에 물어보면 기억하셨던 단어들을 말해 주십시오.: 모자, 자동차, 나무, 26

15. “빠르다의 반대말은 느리다”입니다. 위의 반대말은 무엇이지요?

16. 크다의 반대말은 무엇이지요?

17. 딱딱하다(또는 어렵다)의 반대말은 무엇이지요?

18. 귤, 바나나 이러한 것들은 과일을 말하는 것입니다. 그러면 빨강, 파랑은 무엇을 얘기하는 것이지요?

19. 10원짜리, 100원짜리는 무엇을 말하는 것이지요?

20. 자 이번에는 제가 아까 기억하라고 말씀드렸던 단어들을 생각나는 대로 말씀해 주세요. (모자)

21. (자동차)

22. (나무)

23. (26)

24. 100에서 7을 빼면 얼마이지요?

25. 또 거기서 7을 빼면?

26. 또 거기서 7을 빼면?

27. 또 거기서 7을 빼면?

28. 또 거기서 7을 빼면?

29. 또 거기서 7을 빼면?

30. 또 거기서 7을 빼면?

FIM
(Functional Independence Measure)

(1) 내 용

환자의 일상생활동작 수행 능력을 측정하는 도구로서 1984년 American Congress of Rehabilitation Medicine과 American Academy of Physical Medicine and Rehabilitation 등 두 모임이 만든 Uniform Data System의 일부이다(Granger, 1994). 총 18문항으로 구성되어 있으며, 최저 18점에서 최고 126점까지의 범위를 가진다. Stineman(1996)에 의하면, 운동 영역(Motor Subtotal Score)과 인지 영역(Cognitive Subtotal Score)의 2개 하위 영역으로 분류하는 것이 신체적 장애 정도를 평가하는 데 도움이 된다. 일반적으로 입원시 · 퇴원시 · 퇴원후 평가를 기본으로 하고, 질환별 · 지역별 · 기관별 인종간의 차이를 비교할 수 있는 일원화된 정보체계를 갖고 있다.

(2) 출 처

Granger, C. V. 1994. handbook of UDSmr/FIM Workshop, Uniform data system for medical rehabilitation. UB foundation Activities, Inc. p. 1-23.

Stineman, M. G., J. A. Shea, A. Jette, C. J. Tassoni, K. Ottenbaccher, R. Fiedler, and C. V. Granger. 1996. The functional independence measure: tests of scaling assumptions, structure and reliability across 20 diverse impairment categories. Arch Phys Med Rehabil, 77:1101-1108.

(3) 본 척도를 사용한 국내 원예치료 논문

정성애. 2005. 심리적 적응단계에 따른 원예치료 프로그램 적용이 뇌졸중 환자의 심리, 신체적 재활에 미치는 영향. 건국대학교 대학원 석사학위논문.

이상미. 2002. 뇌질환 환자의 원예치료지시이행에 영향을 미치는 요인에 관한 연구. 단국대학교 원예치료학과 석사학위논문.

김수연. 2001. 원예치료가 뇌졸중 후 편마비 환자의 기능적 재활에 미치는 영향. 건국대학교 대학원 석사학위논문.

Functional Independence Measure(FIM)

LEVELS		
L E V E L S	7 Complete Independence (Timely, Safely) 6 Modified Independence (Device)	NO HELPER
	Modified Dependence 5 Supervision 4 Minimal Assist (Subject = 75% +) 3 Moderate Assist (Subject = 50% +) Complete Dependence 2 Maximal Assist (Subject = 25% +) 1 Total Assist (Subject = 0% +)	HELPER

	ADMIT	DISCHG	FOL-UP
Self-Care			
A. Eating			
B. Grooming			
C. Bathing			
D. Dressing - Upper Body			
E. Dressing - Lower Body			
F. Toileting			
Sphincter Contr			
G. Bl			
...ir, Wheelchair			
J. Toilet			
K. Tub, Shower			
Locomotion			
L. Walk/Wheelchair	Walk / Wheelchair / Both	Walk / Wheelchair / Both	Walk / Wheelchair / Both
M. Stairs			
Motor Subtotal Score			
Communication			
N. Comprehension	Auditory / Visual / Both	Auditory / Visual / Both	Auditory / Visual / Both
O. Expression	Vocal / Non-vocal / Both	Vocal / Non-vocal / Both	Vocal / Non-vocal / Both
Social Cognition			
P. Social Interaction			
Q. Problem Solving			
R. Memory			
Cognitive Subtotal Score			
Total FIM			

NOTE: Leave no blanks; enter 1 if patient not testable due to risk

MMSE-K
(Korean-Version Mini-Mental State Examination)

(1) 내 용

Folstein 등(1975)이 인지능력을 측정하기 위해 개발한 MMSE를 권용철과 박종한(1989)이 한국 실정에 적합하도록 MMSE-K로 번안하였다. 지남력, 기억등록, 기억회상, 주의집중 및 계산, 언어기능, 이해 및 판단 등 6개 영역으로 12문항으로 구성되어 있다. 총 30점 만점으로 정상 인지점수의 범위는 24~30점이며, 24점 이하는 치매를 의심할 수 있다.

(2) 출 처

권용철 · 박종한. 1989. 노인용 한국판 Mini-Mental State Examination(MMSE)의 표준화 연구. 제1편: MMSE-K의 개발. 신경정신의학회지. 28:125-135.

Folstein, M. F., P. R. Folstein and McHugh, P. R. 1975. Mini-Mental State: A practical method for grading the cognitive state of patients for the clinition. Journal of psychiatric research 12:189-198.

(3) 본 척도를 사용한 국내 원예치료 논문

강문희. 2005. 원예요법을 적용한 간호중재프로그램이 알츠하이머형 치매 노인의 인지, 정서, 의사소통 및 문제행동에 미치는 효과. 충남대학교 대학원 박사학위논문.

정성애. 2005. 심리적 적응단계에 따른 원예치료 프로그램 적용이 뇌졸중 환자의 심리, 신체적 재활에 미치는 영향. 건국대학교 대학원 석사학위논문.

윤숙영. 2002. 원예치료가 치매노인의 인지능력 향상과 우울감소에 미치는 영향. 대구가톨릭대학교 디자인대학원 석사학위논문.

이상미. 2002. 뇌질환 환자의 원예치료지시이행에 영향을 미치는 요인에 관한 연구. 단국대학교 대학원 석사학위논문.

황인옥. 2002. 원예치료프로그램 적용을 통한 치매노인의 사회적응력 강화전략에 관한 연구. 부산대학교 대학원 박사학위논문.

이혜진. 2001. 원예치료가 치매치유에 미치는 영향. 고려대학교 대학원 석사학위논문.

MMSE-K(Korean-Version Mini-Mental State Examination)

항 목	질 문
1. 시간 지남력	1) 오늘은 년 월 일 요일 계절 2) 당신의 주소는 (특별시 혹은 광역시, 직할시)군(구) 면(동) 동 3) 여기는 어떤 곳입니까? (예: 학교, 시장, 가정집 등) 여기는 무엇을 하는 곳입니까? (예: 마당, 안방, 화장실 등)
2. [illegible]	[illegible] 자동차, 모자)
[illegible]	5) 3분 내지 5분 [illegible]
4. 주의집중 및 계산	6) 100 − 7 = −7 = −7 = −7 = −7 = (또는 삼천리강산을 거꾸로 말하기)
5. 언어 기능	7) 물건 이름 말하기 (예: 연필, 시계) 8) 오른손으로 종이를 집어서 반으로 접고 무릎 위에 놓기 (3단계 명령) 9) 오각형 2개를 겹쳐 그리기 10) "간장 공장 공장장"을 따라하기
6. 이해 및 판단	11) "옷을 왜 빨아(세탁)서 입습니까?"라고 질문 12) "길에서 남의 주민등록증을 주웠을 때 어떻게 하면 쉽게 주인에게 되돌려 수 있겠습니까?"라고 질문
전체 점수	
의식 수준	Alert, Drowsy, Stupor, Coma

NCSE
(Neurobehavioral Cognitive Status Examination)

(1) 내 용

김 등(1994)이 표준화한 것으로 일반적인 인지 상태를 반영하는 지남력(orientation), 집중력(attention) 항목과 언어 능력을 반영하는 이해력(comprehension), 복창력(repetition), 명명력(naming) 항목, 구성 능력(construction), 기억력(memory), 계산력(calculation) 항목, 논리력을 반영하는 유사성(similarity), 판단력(judgement) 항목으로 총 10개의 인지 항목으로 구성되어 있다.

(2) 출 처

Kim, C. Y., K. W. Lee, and I. H. Park. 1993. a study for clinical application of neurobehavioral cognitive status examination (NCSE) — for the subjects under ago of 60 —. J. Kor. Neuropsychiatr. Assoc. 33:1329-1341.

(3) 본 척도를 사용한 국내 원예치료 논문

김수연. 2001. 원예치료가 뇌졸중 후 편마비 환자의 기능적 재활에 미치는 영향. 건국대학교 대학원 석사학위논문.

Neurobehavioral Cognitive Status Examination

Pre/Post/Fup/

이름 :	성별(남/여)	검사일자 . . .
학력 : 직업 :	우세손(우/좌)	생년월일 . . . (만 세)

뇌손상 정보	병명( ) 원인( ) 시기( ) 부위( )
특 이 사 항	
검 사 태 도 및 행동관찰	
검사수행시 방해요인 (시.청.언어장애 등)	

Cognitive Status Profile

	LOC	ORI	ATT	LANGUAGE			CONST	MEM	CALC	REASONING	
				COMP	REP	NAM				SIM	JUD
							- 6 -			- 8 -	- 6 -
AVG. RANGE	-ALERT-	- 12 -	-(S)8-	-(S)6-	-(S)-	-(S)-	-(S)5	- 12 -	-(S)4-	-(S)6-	-(S)5-
					- 12 -	- 8 -					
		- 10 -	- 6 -	- 5 -	- 11 -	- 7 -	- 4 -	- 10 -	- 3 -	- 5 -	- 4 -
MILD	- IMP -	- 8 -	- 4 -	- 4 -	- 9 -	- 5 -	- 3 -	- 8 -	- 2 -	- 4 -	- 3 -
MODERATE		- 6 -	- 2 -	- 3 -	- 7 -	- 3 -	- 2 -	- 6 -	- 1 -	- 3 -	- 2 -
SEVERE		- 4 -	- 0 -	- 2 -	- 5 -	- 2 -	- 0 -	- 4 -	- 0 -	- 2 -	- 1 -
이하 점수 기 록											

신경학적 증상	
정신과적 증상	
결과 해석 및 임 상 소 견	
진 단	

Ⅰ. 의식수준 : (alert, drowsy, stupor, coma)

환자 상태 : ____________________

Ⅱ. 지남력 (점수 2, 1, 0)

		반 응	점 수
가. 사람	1) 이름(0점)	______	______
	2) 나이(2점)	______	______
나. 장소	1) 주소(2점)	______	______
	2) 도시(2점)	______	______
다. 시간	1) 오늘날짜(년:2점/월:1점/일:1점)	______	______
	2) 요일(1점)	______	______
	3) 한시간내에서의 시간(1점)	______	______
		총점:	______

Ⅲ. 주의력

가. 숫자 따라외우기

1. 선별 : 8-3-5-2-9-1　　성공 ______ 실패 ______
2. 측정:단계적 숫자 따라외우기(점수1, 또는0: 두번 연속하여 실패하면 그만 둔다)

3-7-2 ______	5-1-4-9 ______	3-3-5-2-9 ______	2-8-5-1-6-4 ______
4-9-5 ______	9-2-7-4 ______	6-1-7-3-8 ______	9-1-7-5-8-2 ______

총점 ______

나. 네 단어 기억 과제

Ⅵ항의 관련없는 4개 단어를 반복하게 한다(제비, 배추, 고양이, 노랑색) 또는 (책상, 사자, 복숭아, 바지). 4개 단어를 2회 정확히 따라 하도록 하고, 정확히 따라하게 되는 시행 수를 기록한다.

____

Ⅳ. 언 어

가. 언어 표본

1. 그림(환자의 반응/연상내용을 그대로 적는다.)

____

____

나. 언어 이해(이 검사를 위해 적어도 3개 이상의 물건을 든다.)

(1), (2), (3)이 성공적으로 되면 이 과제에 대한 실행은 정상으로 간주될 수 있다.

1. 선별 : 3단계 지시

"종이을 뒤집으시고,
저에게 볼펜을 주신 다음,
코를 가리키세요."

성 공 ______ 실 패 ______

2. 측정:(점수1, 또는 0)(행동이 틀릴 때에는 그 행동을 기술하라)

	반 응	점 수
(1)볼펜을 잡으세요.	______	______
(2)바닥을 가리키세요.	______	______
(3)열쇠를 저에게 주세요.	______	______
(4)볼펜을 가리키고 열쇠를 집으세요.	______	______
(5)종이를 [illegible] 키세요.	______	______
[illegible] 동전을 집으세요	______	______
	총점 :	______

다. 반복(따라 말하기)

1. 선별 : 일요일에는 등산을 갈 계획이다 (______) 성공 ______ 실패 ______
2. 측정 (첫 시도가 정확하면 2점, 두 번째 시도에서 정확하면 1점, 틀리면 0점)

	반 응	점 수
(1) 여보세요.		
(2) 아무 것도 아닙니다.		
(3) 영수증을 받았다.		
(4) 집에서 전화가 왔습니다.		
(5) 변호사의 변론이 훌륭했다.		
(6) 조만간에 한번 찾아 뵙겠습니다.		
	총점 :	

라. 이름 말하기

1. 선별 : a) 꽃 b) 줄기 c) 잎 d) 뿌리 성공 ______ 실패 ______
2. 측정(점수 1 또는 0)

	반응	점수		반응	점수
(1) 고무신			(5) 모자		
(2) 비행기			(6) 주사위		
(3) 공			(7) 태극기		
(4) 칼			(8) 말		
			총점 :		

Ⅴ. 구성능력

1. 선별 : 시각 기억 테스트
(10초간 보여주고 기억나는 대로 그림을 2장 그리게 한다. 통과하려면 완벽해야 한다.
그림 복사에 실패한 환자에게 2장의 그림을 복사하게 시킨다.) 성공 ______ 실패 ______
2. 측정: 디자인 구성(0~30초내 맞으면 2점/30~60초내 맞으면 1점/60초 이상이거나 틀리면 0점)

아래와 같이 환자에게 사각형을 제시

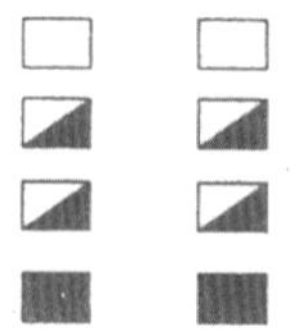

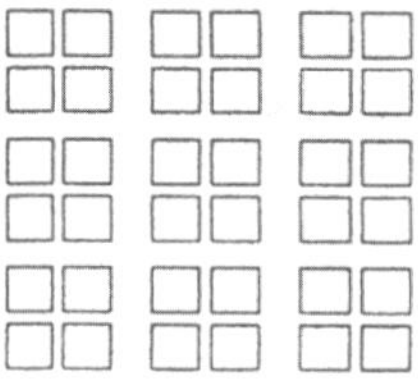

	시간	점수
(1)디자인 1		
(2)디자인 2		
(3)디자인 3		
총점		

Ⅵ. 기억 (힌트 없이 맞추면 3점, 범주 힌트로 맞추면 2점, 보기 내에서 맞추면 1점, 기억 못하면 0점)

단어	표시	범주	반응표시	보기(표시)	반응표시	점수
제비		새		참새, 제비, 까치		
배추		야채		배추, 감자, 양파		
고양이		동물		송아지, 개, 고양이		
노랑색		색깔		빨강, 파랑 노랑		
책상		가구		옷장, 책상, 걸상		
사자		동물		사자, 호랑이, 표범		
복숭아				사과, 배 복숭아		
바지				저고리, 양말, 바지		

총점 : ______

Ⅶ. 계산력

1. 선별 : 5×13　　반응 : ____________________　시간 : ______ 초
　(20초내 맞추어야 한다)　　성공________　실패________

2. 측정(20초내 맞추면 1점으로 계산)
　문제를 반복하여 가르쳐 줄 수 있으나, 시간은 처음 문제를 가르쳐 줄 때부터 계산한다.

	반응	시간	점수
(1) 5+3 =	________	________ 초	________
(2) 15+7 =	________	________ 초	________
(3) 39+3 =	________	________ 초	________
(4) 31-8 =	________	________ 초	________

총점 : ____________

Ⅷ. 논리적 사고력

가. 유사성
(설명 : "사과와 바나나는 둘 다 과일이기 때문에 비슷하다." 반응이 없을 때 대답을 격려한다)

1. 선별 : 미술 - 음악 ____________________ 성공 ________ 실패________
2. 측정(만약 추상적이라면 2점을, 부정확하게 추상적이거나 구체적이라면 1점을 준다. 추상적이라면 표시하라.)

	표시	추상적 개념	다른 반응	점수
(1) 장미·백합	________	꽃	________	________
(2) 자전거·기차	________	수송	________	________
(3) 시계·저울	________	측정	________	________
(4) 톱·망치	________	연장	________	________

총점: ____________

나. 판단력

1. 선별 : 만일 길에서 겉봉에 주소가 적히고 새 우표가 붙어있는 봉한 편지를 발견했다면 어떻게 하시 겠 습니까? (　　　　　　　　) 성공 ________ 실패________
2. 측정 : (맞으면 2점, 부분적으로 맞으면 1점, 틀리면 0점
　(1) 도시의 땅값은 왜 시골의 땅값보다 비쌉니까?(________________) 점수 :________
　(2) 우리들은 왜 세금을 내야 합니까?(________________) 점수 :________
　(3) 편지에는 겉봉에 받을 사람의 이름과 주소뿐만 아니라 왜 보내는 사람의 이름과 주소도 써야합니까?
　(　　　　　　　　　　　　　　) 점수 : ________

총점: ____________

---

1. 선별 : 만일 당신이 혼자서 고속버스 터미널에서 내렸는데 가지고 있는 돈이 100원밖에 없다면 꽤 먼 거리에 있는 집까지 어떻게 가시겠습니까? (________________) 성공______실패______
2. 측정 :(맞으면 2점, 부분적으로 맞으면 1점, 틀리면 0점)
　(1)마당에 빨래가 널려 있는데 비가 내리기 시작한다면 어떻게 하시겠습니까?
　(________________________________) 점수 ________
　(2)갑자기 밤에 전기가 나가서 어두운 방안에서 잃어버린 물건을 찾으려면 어떻게 하시겠습니까?
　(________________________________) 점수 ________
　(3)외출을 하고 ... 였었을 때 연탄가스 냄새가 집에서 심하게 난다면 어떻게 하
　... ________________) 점수 ________

PANSS (Positive and Negative Syndrome Scale)

(1) 척도 내용 및 채점 방법

정신분열증 환자의 양성 증후군과 음성 증후군을 분류하는 검사로 Kay 등(1987)이 고안한 것을 한국에서는 민성길(1991)이 감수하였다.

PANSS, 즉 양성 · 음성 증후군 척도는 전체 30개 항목이며, 양성 척도는 환각 · 과대성 · 적개심 등과 같이 정상의 정신상태 이상으로 과다하게 올라간 임상 증상을 측정하는 7개 항목으로 구성되어 있다. 음성 척도는 추상적 사고장애, 감정의 둔마와 같은 임상 증상을 측정하는 7개 항목으로 구성되어 있다. 그리고 일반 정신병리 척도는 불안, 죄책감, 우울, 운동지체, 비협조성, 병식과 판단력 결여 등과 같이 전반적인 병리적 증상을 측정하는 16개 항목으로 구성되어 있다. 높은 점수일수록 증상이나 정신병리가 심한 상태이며, 낮은 점수일수록 그 반대의 상태이다. 종합 척도는 양성 점수에서 음성 점수를 뺀 값으로 채점되며, 이를 통해 양극성 지표를 만들어 내는데, 이것은 한 증후군에 비해 다른 증후군이 얼마나 우세한가의 정도를 반영하는 차이 점수이다. 또한 PANSS는 정신분열증 환자들이 양성 증후군이 우세한 환자군인지, 또는 음성 증후군이 우세한 환자군인지를 구분해야 할 필요가 있을 때 사용되기도 한다.

PANSS에서 적절한 신뢰도를 얻기 위해서는 가능한 한 두 사람 이상의 훈련된 평가자가 실시한 면담 내용을 기초로 하여, 독립적으로 PANSS를 수행한다.

(2) 출 처

Kay, S. R., Fiszbein, A., & Operler, L. A. 1987. The positive and Negative Syndrome Scale (PANSS) for schizoprenia. Schizoprenia Bulletin, 13:261-276.

Min, S. G. 1991. Evaluation manual of positive and negative syndrome scale. Janssenkorea, Seoul.

(3) 본 척도를 사용한 국내 원예치료 연구

조문경. 2003. 원예치료 프로그램의 단계적 적용이 만성정신분열증 환자의 자기주장 및 대인관계 향상에 미치는 영향. 건국대학교 대학원 석사학위논문.

PANSS(Positive and Negative Syndrome Scale)

1. 판단과 병식(judgement and insight)
- 무엇 때문에 병원에 왔습니까?
- 치료받을 (약을 먹을, 입원할) 필요가 있습니까?
- 단시의 현재 계획은 무엇입니까?

2. 환각(hallucinations)
- 이상한 경험을 한 적이 있습니까? 당신의 머리 속에서 이상한 소리를 들은 적이 있습니까?

3. 망상(delusions)
- 혼자 있을 때 무슨 생각합니까?
- 인생에 대한 당신의 확신 또는 신념은 무엇입니까?
- 당신이 추구하는 특별한 철학이 있습니까?

4. 의심 및 피해에 대한 망상(ideas of suspicion and persecution)
- 다른 사람들과 어떻게 지냅니까?
- 당신이 아는 대부분의 사람들을 믿습니까? 당신이 믿지 못하는 사람이 있습니까?
- 사람들이 당신 모르게 당신에 관해 수군대는 말을 한 적이 있습니까? 그들이 무엇이라고 합니까? 왜 그렇습니까?
- 누군가가 당신에게 악의를 품고 있습니까? 당신을 염탐합니까? 당신에 대한 음모를 꾸밉니까? 당신을 해치려 합니까? 당신을 죽이려고 합니까?

5. 과대망상(grandiosity)
- 당신은 다른 사람들이 갖지 못한 자질이나 능력을 갖고 있습니까?
- 인생에 있어 특별한 사명감을 가지고 있습니까?
- 당신은 종교적인 사람입니까? 당신과 신과의 관계는?
- 당신은 다른 ... 가깝습니까?

6. 죄책감(guilty feeling)
- 어떤 면에서 당신이 나쁜 사람이라고 생각합니까?
- 당신이 과거에 했던 일 때문에 죄의식을 느낍니까?
- 당신의 현재 상황(입원, 병 등)이 처벌의 일종입니까?
- 당신은 벌 받을 짓을 한 적이 있습니까?

7. 신체적 관심(somatic concern)
- 신체적 건강에 어떤 문제가 있습니까? 당신의 신체기능은 어떻습니까?
- 당신의 머리나 몸에 이상한 느낌을 가진 적은 없습니까?
- 당신은 어떤 병을 가지고 있습니까? 있다면 그것은 얼마나 심합니까?

8. 우울증(depression)
- 당신은 대부분 행복합니까? 슬픕니까? 왜 그렇습니까?
- 당신은 울기도 합니까? 얼마나 자주 웁니까?
- 당신 기분이 입맛에 영향을 주었습니까? 수면에 영향을 주었습니까? 일하는 능력에 영향을 주었습니까?
- 자기 자신을 해치거나 인생을 끝낼 생각을 조금이라도 한 적이 있습니까? 자살을 시도한 적이 있습니까?

9. 불안(anxiety)
- 당신은 불안을 느껴 왔습니까? 긴장을 느껴 왔습니까?
- 당신은 무엇을 두려워합니까? 누구를 두려워합니까?
- 걱정이나 불안 때문에 입맛을 잃어 본 적이 있습니까? 또 일하는 능력에 영향을 준 적이 있습니까?

10. 지남력(orientation)
- 당신은 어디에 살고 있습니까?
- 오늘이 무슨 요일입니까? 오늘은 몇 월 며칠입니까?
- 이 병원의 이름은 무엇입니까? 당신의 주치의의 이름은?

11. 추상적 사고(abstract thinking)
- 연필과 펜의 공통점은?
- 버스와 기차의 공통점은?
- 해와 달의 공통점은?
- ... 뜻입니까?

...'라는 말은 무슨 뜻입니...

Ⅱ.

측정 도구 및 기기

1. 측정 도구

- 소근육 측정 도구
- MVPT(Motor Free Visual Perception Test)
- Grooved Pegborad
- Jebsen Hand Function Test
- Purdue Pegboard

2. 측정 기기

- 근전도(Electromyography; EMG)
- 뇌파(Electroencephalography; EEG)
- 말초혈류(Peripheral Photoplethysmograph; PPG)
- 3차원 동작분석기(Three-Dimensional Motion Analysis System)
- 심전도(Electrocardiophy; ECG)
- 피부 전기 활동(Galvanic Skin Response; GSR, Electrodrtmal Activity; EDA)
- 혈압(Blood Pressure)

1. 측정 도구

소근육 측정 도구

(1) 내 용

① JAMAR Hydraulic Hand Dynamometer

장악력(grip strength)을 측정하는 기구로 똑바로 앉은 자세에서 어깨를 늘어뜨리고 팔꿈치를 옆구리에 대고 90도로 팔을 올려 L자형을 만든 다음 손 전체로 잡는 힘을 측정한다(그림 참고).

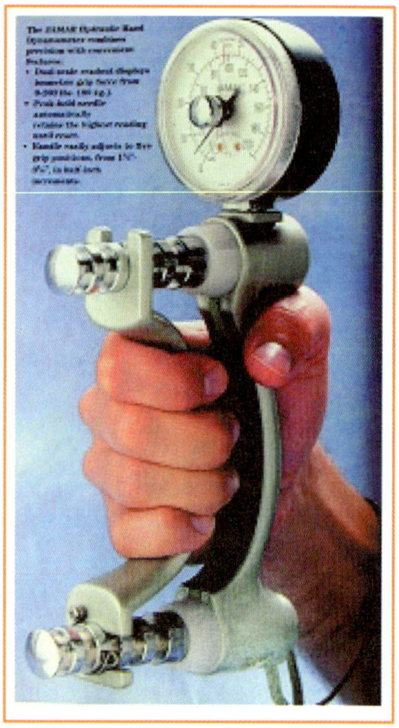

② JAMAR Hydraulic Pinch Gauge

손가락의 근력(pinch strength)을 측정하는 것으로, 엄지와 검지, 엄지와 중지, 엄지와 장지, 그리고 엄지와 약지를 측정하거나 약지를 제외한 검지·중지·장지와 엄지의 힘을 한꺼번에 측정한다.

(2) 본 척도를 사용한 국내 원예치료 논문

라선희. 2001. 여가의 원예활동이 여성노인의 우울과 생활만족도 및 소근육에 미치는 효과. 전북대학교 대학원 원예학과 석사학위논문.

이혜진. 2001. 원예치료가 치매치유에 미치는 영향. 고려대학교 대학원 원예과학과 석사학위논문.

MVPT
(Motor Free Visual Perception Test)

(1) 내 용

피검자의 운동 능력과 상관없이 실시할 수 있는 검사로서 성인용 검사는 뇌손상 환자를 대상으로 하며 시력이 20/80 이하이거나 평가지를 이해하지 못하거나 집중력이 떨어지는 환자는 제외하고, 1분 안에 검사를 시행할 수 있어야 한다. 검사의 내용은 공간 관계, 시간 구분, 전정 배경, 시각적 완성, 시각 기억력에 대한 5개 영역의 36개 항목으로 구성되어 있다. 평가하는 방법은 피검사자가 평가 도구를 보고 A, B, C, D 중 정답이라 생각되는 것을 말로 답하거나 손으로 지적하도록 하고, 금방 답변한 것은 다른 답으로 변경할 수 있지만 이전의 답으로 다시 변경할 수는 없다. 만약 정확한 답을 알 수 없다면 검사자에게 말하도록 한 다음에 다음 문항으로 넘어가도록 한다. 결과는 원점수로 지각연령(PA)과 지각지수(PQ)를 환산하며, 지각지수 25 이하는 검사 해석에 부적절하다.

(2) 본 척도를 사용한 국내 원예치료 논문

김수연. 2001. 원예치료가 뇌졸중 후 편마비 환자의 기능적 재활에 미치는 영향. 건국대학교 대학원 석사학위논문.

김은경. 2000. 뇌졸중 환자의 재활에 미치는 원예치료의 효과. 건국대학교 농축대학원 석사학위논문.

비운동성 시지각 검사
(MOTOR FREE VIAUAL PERCEPTIONTESTFORM)

NAME:__________________ DATE:____.____.____ GENDER: F, M

AGE:__________ EXMININER:____________

	a	b	c	d	Time	Instruction
Example				D		
Item 1	A					예문을 해봅시다. 위의 그림을 보세요. 그것을 아래 그림들에서 찾아보세요. (대답후) 다음 문제들도 이것과 똑 같은 방법으로 하시면 됩니다.
2			C			
3			C			
4				D	No time	
5		B				예문을 해봅시다. 위의 그림을 보세요. 그것을 아래 그림들에서 찾아보세요. (대답후) 다음 문제들도 이것과 똑 같은 방법으로 하시면 됩니다.
6		B				
7				D		
8		B				
Example		B				
Item 9		B				이것은 다른 검사입니다. 위의 그림을 보세요. 그것을 아래 그림들에서 찾아보세요. 그것은 더 작을 수도 있고 더 클 수도 있고 색깔이 검을 수도 있고 옆으로 돌아가 있을 수도 있습니다.(대답후) 다음 문제들도 이것과 똑같은 방법으로 하면 됩니다.
10				D		
11	A					
12	A					
13		B				

	a	b	c	d	Time	Instruction
Example				D		
Item 14		B				이것은 조금 다른 검사입니다. 이것을 보세요. (5초 동안 보여준다.) 이제 그것을 찾으세요..(대답후) 다음 문제들도 이것과 똑같은 방법으로 하시면 됩니다.
15				D		
16	A					
17	A					
18	A					
19			C			
20				D		
21	A					
Example	A					
Item 22		B				이것은 조금 다른 검사입니다. 아래의 그림들을 완성하면 어떤 것이 위의 그림과 똑같을 까요?(대답후) 다음 문제들도 이것과 똑같은 방법으로 하시면 됩니다.
23	A					
24		B				
25				D		
26		B				
27				D		
28	A					
29				D		
30			C			
31				D		
32	A					

	a	b	c	d	Time	Instruction
Example	A					
Item 33		B				이것은 조금 다른 검사입니다. 아래 그림들 중에서 다른 하나를 찾으세요. 또는 다음 그림들 중에서 같지 않은 것을 찾으세요.(대답후) 다음 문제들도 이것과 똑같은 방법으로 하시면 됩니다.
34			C			
35			C			
36		B				

DX: VISUAL DEFICIT: Y, N

Response behavior: Lt- /21; Rt- /15

Raw score: /36 Performance behavior: Lt- /21; Rt- /15

Processing time: sec/item Neglect: No suggest indicate

Grooved Pegboard

(1) 내 용

Trites(1977)에 의해 고안된 신경정신학적 검사의 일부로 복잡한 시각-운동 협응 능력을 필요로 하는 손의 기민성을 검사하는 것이다. 25개의 열쇠 모양의 구멍에 열쇠 모양의 못을 모두 끼워 넣는데 걸리는 시간(초)으로 점수를 측정한다. 각 핀은 방향이 있어 구멍에 맞도록 끼워야 하므로 보다 정확한 소근육 협응을 요하며, 평가를 위한 손만을 사용하고, 손에 반창고를 붙였거나 상처가 있을 경우 평가에 영향을 미칠 수도 있다. 점수가 적을수록 기능이 향상되었음을 의미한다.

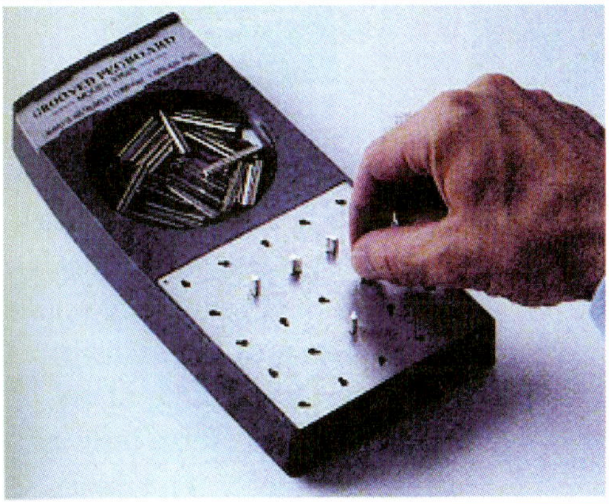

(2) 출 처

Trites, Ronald L. Neuropsychological Test Manual. Ottawa, Ontario, Canada: Royal Ottawa Hospital, 1977.

(3) 본 척도를 사용한 국내 원예치료 논문

유혜숙. 2001. 원예치료가 시설거주노인의 균형감, 민첩성, 손기능에 미치는 영향. 건국대학교 농축대학원 석사학위논문.

Jebsen Hand Function Test

(1) 내 용

이 평가 도구는 기능적인 일상생활에 대표되는 과제를 통해 손의 기능과 협응 능력을 평가하는 도구로 아동(5세 이상) 및 성인에게 모두 적용가능하다(Jebsen et al. 1969). 7개의 간단한 과제인 간단한 문장쓰기, 카드 뒤집기, 작은 물건 집어 올리기, 먹기 흉내내기, 장기 쌓기, 가벼운 물건 들어올리기, 무거운 물건 들어올리기 등으로 구성되어 있다. 평가는 적당한 높이의 테이블과 편안한 의자에 앉아서 알맞은 조명하에 실시한다. 모든 평가는 비우세 손을 먼저 평가하고, 후에 우세손을 평가한다. 각각 항목의 평가를 시작하기 전에 충분히 피검사자에게 평가에 관한 설명을 하고, 각각 항목의 평가마다 수행 시간을 측정한다.

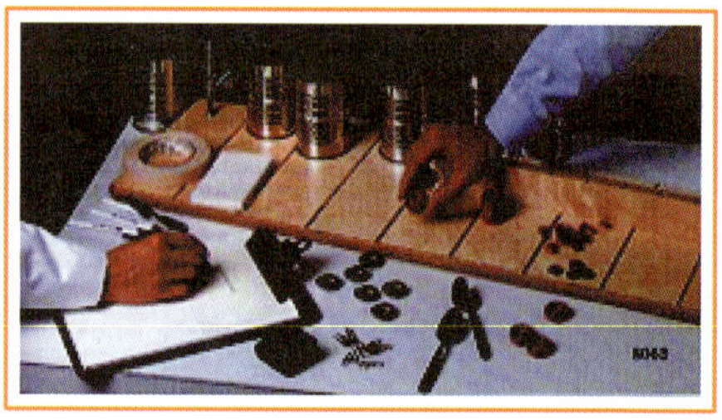

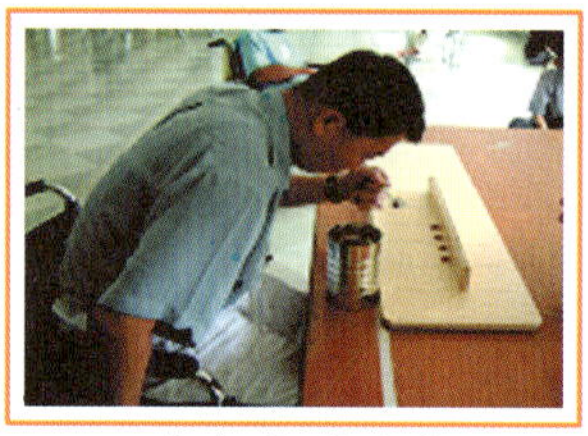

먹기 흉내내기

장기말 쌓기

크고 가벼운 물건 옮기기

크고 무거운 물건 옮기기

실제 평가 모습

(2) 출 처

Jebsen, R. H., N. Taylor, R. B. Trieschmann, M. J. Trotter and Howard, L. A. 1969. An objective and standardized test of hand function. Archives of Physical Medicine and Rehabilitation, 50:311-319.

(3) 본 척도를 사용한 국내 원예치료 논문

아직까지 학위논문에 사용되지는 않았으나 차후 연구에서 대상자의 손 기능과 협응 정도를 평가하는 데 유용할 것으로 생각된다.

Purdue Pegboard

(1) 내 용

성인을 대상으로 간편하게 손의 기민성(민첩성)을 평가하는 도구이다(Leslie et al. 1985). 핀, 와셔(washer)와 기둥(collar)을 끼우는 데 소요되는 시간을 평가한다. 검사 방법은 왼손을 이용하여 30초 동안 꽂은 핀의 개수에 관한 점수, 오른손을 이용하여 30초 동안 꽂은 핀의 개수에 관한 점수, 양손으로 동시에 30초 동안 핀을 끼운 개수에 관한 점수(한쪽만 꽂혀 있는 핀은 점수에서 제외시키고, 반드시 좌우 양쪽이 모두 꽂혀 있어야 한다.)를 기록한 후 오른손, 왼손, 양손 작업의 점수를 합산한다. 그리고 다시(양손 평가가 끝난 후) 1분 동안에 핀, 와셔와 기둥을 조립한 점수를 평가한다.

평가모습

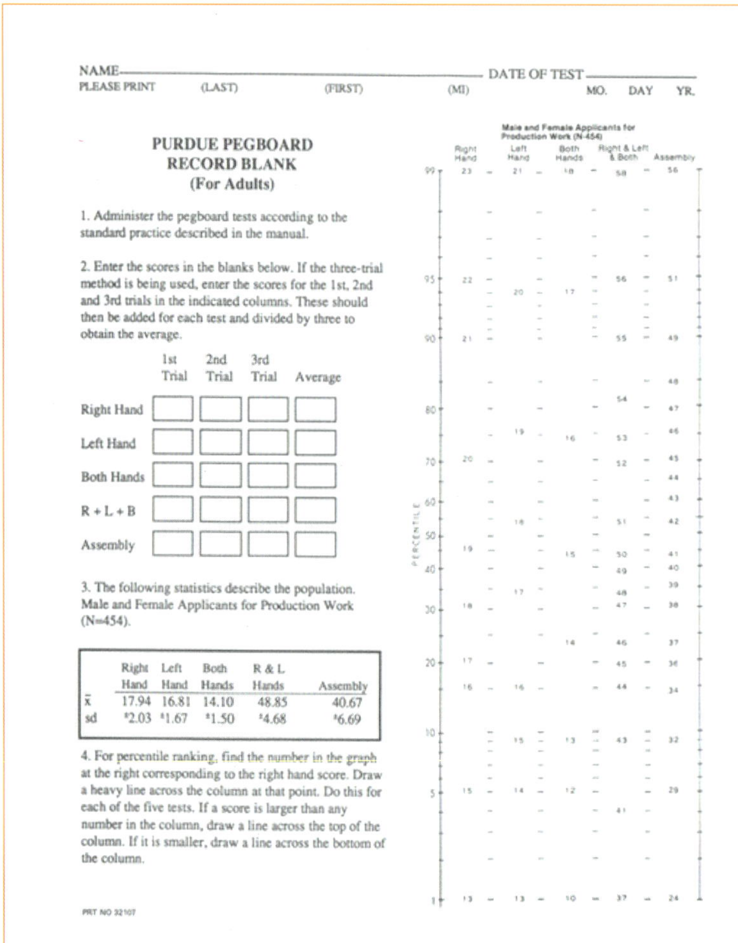

NAME_________________________________ DATE OF TEST ______________
PLEASE PRINT (LAST) (FIRST) (MI) MO. DAY YR.

PURDUE PEGBOARD
RECORD BLANK
(For Adults)

1. Administer the pegboard tests according to the standard practice described in the manual.

2. Enter the scores in the blanks below. If the three-trial method is being used, enter the scores for the 1st, 2nd and 3rd trials in the indicated columns. These should then be added for each test and divided by three to obtain the average.

	1st Trial	2nd Trial	3rd Trial	Average
Right Hand				
Left Hand				
Both Hands				
R + L + B				
Assembly				

3. The following statistics describe the population. Male and Female Applicants for Production Work (N=454).

	Right Hand	Left Hand	Both Hands	R & L Hands	Assembly
$\bar{x}$	17.94	16.81	14.10	48.85	40.67
sd	±2.03	±1.67	±1.50	±4.68	±6.69

4. For percentile ranking, find the number in the graph at the right corresponding to the right hand score. Draw a heavy line across the column at that point. Do this for each of the five tests. If a score is larger than any number in the column, draw a line across the top of the column. If it is smaller, draw a line across the bottom of the column.

PRT NO 32107

평가지

(2) 출 처

Leslie, S. C., R. J. Davison and O. B. Batey. 1985. Perdue Pegboard performance of disabled and normal readers: Unimanual versus bimanual differences. Brain and Language 24:359-369.

(3) 본 척도를 사용한 국내 원예치료 논문

김은경. 2000. 뇌졸중 환자의 재활에 미치는 원예치료의 효과. 건국대학교 농축대학원 석사학위논문.

2. 측정 기기

근전도 (Electromyography; EMG)

(1) 내 용

근전도(EMG)는 근섬유들의 수축에서 발생하는 생체 전위를 기록하는 것이다. 근전도상의 자료는 다양한 근골격계 질환을 찾아내고, 근육 피로도, 근섬유의 운동 및 신경 상태를 파악하는 데 사용된다. 근육의 피로를 확인하는 방법에 있어 가장 널리 이용되는 것 중의 하나로 표면 전극을 이용한 근전도 측정 방법이 있는데, 이 방법은 크게 두 가지 방법으로 나뉜다. 그 하나는 근전도의 신호의 진폭을 반영한 Root Mean Square(RMS) 값을 구하는 방법이고, 다른 하나는 주파수 스펙트럼 분석에 의한 중앙 주파수(median power frequency; MEF)와 평균 주파수(mean power frequency) 값을 구하는 방법이다. 주파수 스펙트럼 분석에서는 중앙 주파수(MEF) 값이 신뢰성이 있고 일관성이 있으며, 원래 성질을 잘 반영하여 가장 많이 이용된다(Han 등, 1996).

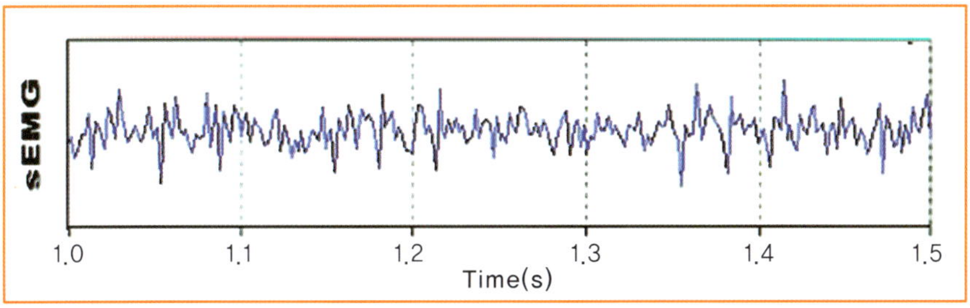

출처: 배병훈. 1999. 주식회사 락싸 홈페이지(http://www.laxtha.com)

근전도 신호

(2) 출 처

Han, J. S., G. S. Min, N. S. Lee, J. Y. Ahn, and Y. E. Kim. 1996. Study of electromyography to measure and quantify the degree of muscle fatigue. Journal of the Korean Institute of Industrial Engineers 22:224-229.

(3) 원예치료 관련연구에 사용된 근전도 측정 논문

Lee, S. S. 2006. Approach to rehabilitative horticultural therapy based on motion analysis of flower arrangement. PhD Diss., Konkuk University, Seoul, Korea.

Lee, J. S., K. C. Son, Y. D. Kim, T. Y. Kim, and J. K. Goh. 2000. Effect of indoor plants on alleviation of symptoms of the worker's visual display terminal syndrome. J. Kor. Soc. Hort. Sci. 41(6):657-661.

Parsons, R., L. G. Tassinary, R. S. Ulrich, M. R. Hebl, and M. Grossman-Alexander. 1998. The view from the road: Implications for stress recovery and immunization. Journal of Environmental Psychology 18:113-139.

Song, J. E. 2004. Effect of interior plantscape in office on psycho-physiological improvement and stress alleviation of indoor Workers. PhD Diss., Konkuk Univ., Seoul, Korea.

뇌파 (Electroencephalography; EEG)

(1) 내 용

뇌파(EEG)는 인간의 정신생리를 나타내 주는 지표로써 중추신경계 대뇌피질의 전기적 활동을 측정하는 것인데(Berger, 1929), 뇌의 활동을 기록 · 관찰함으로써 인간의 뇌의 기능을 알아보는 한 방법이다. 특히, 뇌파는 간질, 뇌종양 등 중요한 임상자료를 제공하고, 자극에 의해 유발된 심리적 상태와 생리적 반응과의 관계를 고찰하는 데 이용된다(Webster, 1975).

인간의 뇌는 대략 1,000억 개의 신경세포로 되어 있으며, 가장 큰 부분이 대뇌이다. 대뇌는 좌우 대칭인 두 개의 반구(hemisphere)로 되어 있는데, 각각 반대쪽의 신체를 조절하지만 그 기능은 대칭이 아니다. 즉, 오른 손잡이인 경우에는 좌반구가 우세 반구로서 언어, 수학, 추상능력, 논리적 인식, 그리고 순차적 인식이 우세한 반면, 우반구는 비우세적 반구로서 비언어적 인식, 통합적 기능, 문양의 인식, 감정적인 기능, 예술적 기능, 사회적인 역할의 인식 등 시각·공간적 인식에 우세하다고 알려져 있다(Witelson, 1983).

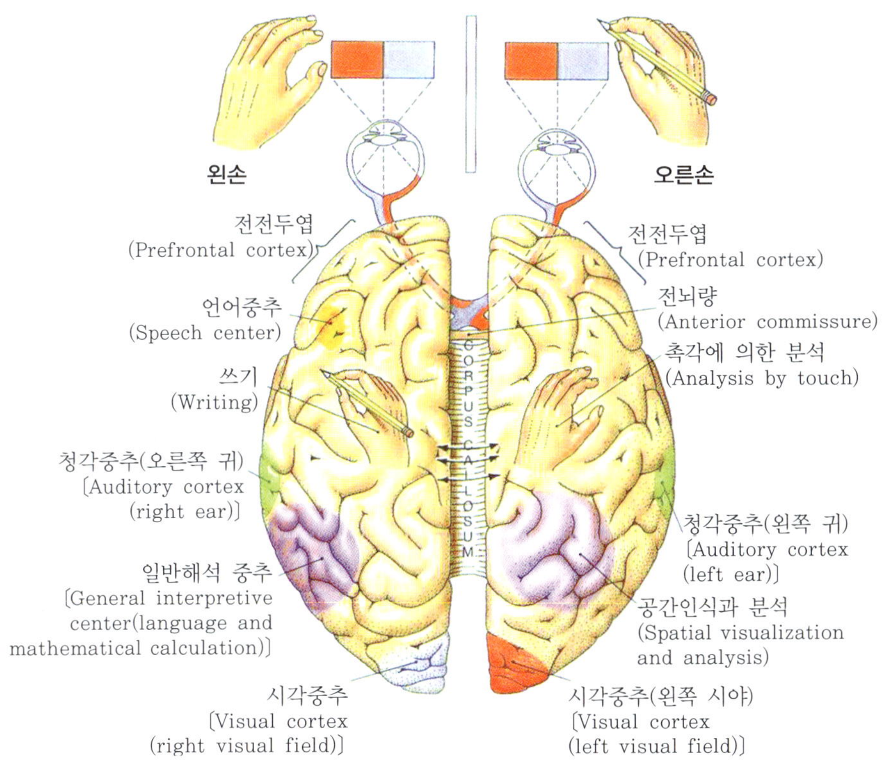

출처: 이원택 · 박경아. 1997. 의학신경해부학. 연세대학교 의과대학 해부학교실. 연세대학교출판부.

위에서 본 대뇌반구의 구조 및 기능

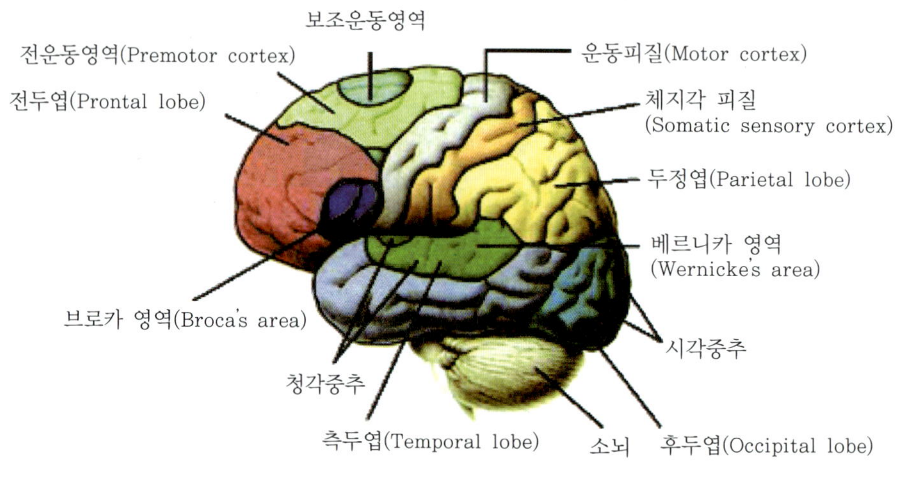

출처: Carlson, N. R. 저(김현택 · 조선영 · 박순권 역). 1998. 생리심리학의 기초. 시그마프레스.

측면에서 본 대뇌 피질의 구조

대뇌피질은 크게 전두엽, 두정엽, 측두엽 및 후두엽으로 나누어져 있다. 전두엽은 대부분 인간고유의 정신기능, 수의운동(의도적 움직임), 인격기능과 언어생성(좌측), 신체적 표현(우측), 주의, 동기, 이성적 사고, 지남력 등을 수행한다고 여겨진다. 두정엽은 시각-공간기능(우측), 읽기, 계산 등 각종 감각정보의 통합과 연상을 주관한다. 측두엽은 언어이해(좌측), 감각언어(우측), 청각, 감정표현 및 기억기능을 한다. 후두엽은 주로 시각기능을 주관한다(Min, 1999).

뇌파는 보통 두피 위에 전극을 놓고 거기에서 뇌신경세포에서 생기는 전기활동을 검출하여 증폭하여 기록한 것이다. 뇌파는 활동, 수면이나 의식상태에 따라 파동이 변화하므로 뇌의 동적 기능을 반영하는 검사로 유용하며, 정신생리학적 뇌기능 연구 방법으로 선호되고 있다(Friedman과 Squires-Wheeler, 1994). 뇌파는 주파수에 따라 4가지 δ, Θ, a, β로 나뉜다.

δ파(delta wave)는 0.2～3.99Hz로 소아, 성인의 수면시 나타나며, 병적으로는 뇌기능저하, 뇌혈관 장애, 뇌종양, 의식장애 등에서 볼 수 있다. 깊은 잠에 빠져 있을 때, 각성상태에서도 두뇌 전체에서 검출되며, 전두부에서 많이 검출된다.

Θ파(theta wave)는 4～7.99Hz로 전두엽, 측두엽에서 두드러지게 나타나며, 정신을 집중하여 두뇌 내부의 정보를 활용할 때, 눈을 감고 심상, 공상을 할 때, 기쁨을

느끼거나 감정변화가 있을 때, 또는 불유쾌할 때나 졸린 경우, 최면상태에서 잘 나타난다.

α파(alpha wave)는 8～12.99Hz로 정상 성인의 각성, 정신적 안정, 폐안 상태에서 잘 보여진다. 10Hz 전후가 많으며, '안정파'라고도 한다. 기분이 편안하고 느긋할 때, 조용한 명상음악을 듣거나 명상상태에 있을 때, 외부자극에 습관화되었을 때 잘 나타난다. 특히 알파파는 신경생리학적으로 두뇌의 안정상태를 반영하는 기본파이며, 잡파의 영향을 적게 받으므로 전통적으로 인간 행동에 대한 기능상태를 판정하는 데 이용되어 왔다. 또한 인간의 정신적 과정은 알파파가 나타날 때 가장 효율적이며, 알파파의 출현은 스트레스와 불안이 감소한 쾌적한 상태를 의미하기 때문에 정서적 안정을 나타내는 척도로 활용되고 있다(Shim, 2004).

β파(beta wave)는 13～30Hz로 정상 성인이 각성시 전두엽, 중심엽, 측두엽에 비교적 많이 나타난다. 불안 · 긴장 · 암산 등의 정신활동 및 눈을 뜨고 있을 때, 자극 · 통증 등의 흥분시에 나타나며 '활동파'라고도 한다. 외부정보에 주의집중시 우세하며, 낮에 활동상태에 있을 때 베타파가 지배적이며, 스트레스 상태에서 많이 나타난다. 이 상태에서는 행동은 민첩하게 할 수 있어도 두뇌력은 저하되어 있어서 좋은 생각이 잘 떠오르지 않는다(Kim과 Chang, 2001).

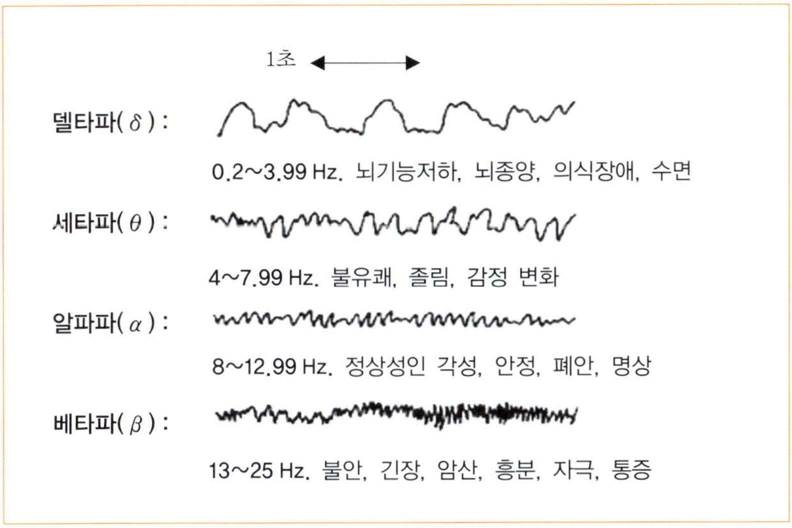

출처: 김대식. 2003. 임상생리학. 고려의학.

뇌파의 종류

(2) 출 처

Berger, H. 1929. Uber das eletrenkephalogram des Menschen. Arch. Psychiatir Nervenk. 87:527-570.

Friedman, D. and E. Squires-Wheeler. 1994. Event-relate potentials (ERPs) as indicators of risk for schizophrenia. Schizophr. Bull. 20:63-74.

Kim Y. J. and N. K. Chang. 2001. Changes of the prefrontal EEG activity according to the repetition of audio visual learning. Journal of Korean Society for Science Education 21(3):516-528.

Min S. G. 1999. Modern psychiatry. Iljogak. Seoul, Korea.

Shim, J. Y. 2004. Comparison of activity by brain areas according to stress relaxation training and Stimulation. Korean Journal of Sport Psychology 15(1):129-146.

Webster, W. G. 1975. Principals of research methodology in physiological psychology. p. 224-227. Harper and Row Publishers.

Witelson, S. F. 1983. Bumps on the brain: Right-left anatomic asymmetry as a key to functional lateralization. In Segalowitz, S. J. Eds., Language functions and brain organization. p. 117-144. Orlando, FL, Academic Press.

(3) 원예치료 관련연구에 사용된 뇌파 측정 논문

Kim, E. I. 1998. A study of sight-psychological effects by a color area of greenspace. J. KILA. 26:36-43.

Kim, E. I. and E. Fujii. 1996. A fundamental study of physio-psychological effects of the colour of plant. J. Jpn. Inst. Landscape Architect 58:141-144.

Lee, J. S. and K. C. Son. 1999. Effects of indoor plant and various colors stimuli on the changes of brain activity and emotional responses. J. Kor. Soi. Hort. Sci. 40(6):772-776.

Nakamura, R. and E. Fujii. 1992. A comparative study on the characteristics of electroencephalogram inspecting a hedge and a concrete block fence. J. Jap. Soc. Land. Archit. 55(5):139-144.

Nishina, H. and Y. Nakamoto. 1998. Analysis of amenity effect of plant and fragrance on human physiology and psychology by means of brain waves and semantic differential technique. J. Archit. Plann. Environ. Eng. AIJ. 509:71-75.

Park S. H. 2002. Pain tolerance and recovery effects of ornamental indoor plants in a simulated hospital patient room. MS. Thesis. Kansas State Univ. USA.

Park, J. E. 2005. Effect of inhalation of the essence of hinoki cypress on the improvement of short-term memory and concentration, and the reduction of stress in students. MS. Diss., Konkuk Univ., Seoul, Korea.

Son, K. C., J. S. Lee, and J. E. Song, 1999. Effect of visual recognition of ficus benjamina and its photograph on changes of human brain electroencephalography and brain blood flow. J. Kor. Sor. Hort. Sci. 40(1)134-138.

Son, K. C., J. S. Lee, and J. E. Song. 1998. Effect of visual recognition of indoor plants on changes of human brain electroencephalography. J. Kor. Sor. Hort. Sci. 39(6):858-862.

Son, K. C. S. S. Lee, and J. S. Lee, 1999. Effect of visual appreciation of oriental or western style flower arrangement on the changes of human brain electroencephalograpy. J. Kor. Soc. Hort. Sci. 40(4):511-514.

Son K. C., J. E. Song, S. J. Um, K. Y. Paek, H. K. Oh, J. S. Lee, and J. H Kim. 2001. Effect of absorption of essential oils on the changes of arousal and antistress. J. Kor. Soc. Hort. Sci. 42(5):614-620.

Son, K. C., J. E. Song, S. Y. Kim, S. J. Um, H. R. Kwak. 2004. Effects of visual recognition of green plants on the changes of EEG in patients with schizophrenia. Acta Horticulture 639:193-199.

Song, J. E. 2004. Effect of interior plantscape in office on psycho-physiological improvement and stress alleviation of indoor Workers. PhD Diss., Konkuk Univ., Seoul, Korea.

말초혈류 (Peripheral Photoplethysmograph; PPG)

(1) 내 용

광혈류량(photoplethysmogram)은 말초혈류를 측정하는 유용한 방법 중의 하나이다. 이것은 각 심장 박동에 대한 혈류 흐름에서 발생하는 펄스량(pulse volume) 또는 펄스 진폭(pulse amplitude) 그리고 혈류량(blood volume)을 측정한다.

펄스 진폭의 증가는 말초혈관 확장의 지표이며, 교감신경계의 억제에 의해 일어난다. 반대로 펄스 진폭의 감소는 교감신경계의 활성화로 인한 말초혈관의 수축을 의미한다.

혈류량의 증가는 혈관 팽창과 관련되고, 혈류량의 감소는 혈관 수축과 관련되므로 말초혈류량은 진폭을 이용하여, positive peak envelope(Max)에서 negative peak envelope(Min)의 값을 빼주어 진폭의 평균을 구한다.

진폭의 증가는 스트레스 감소 반응이며, 진폭의 감소는 스트레스 증가 반응을 나타낸다(Bortolotto 등, 2000).

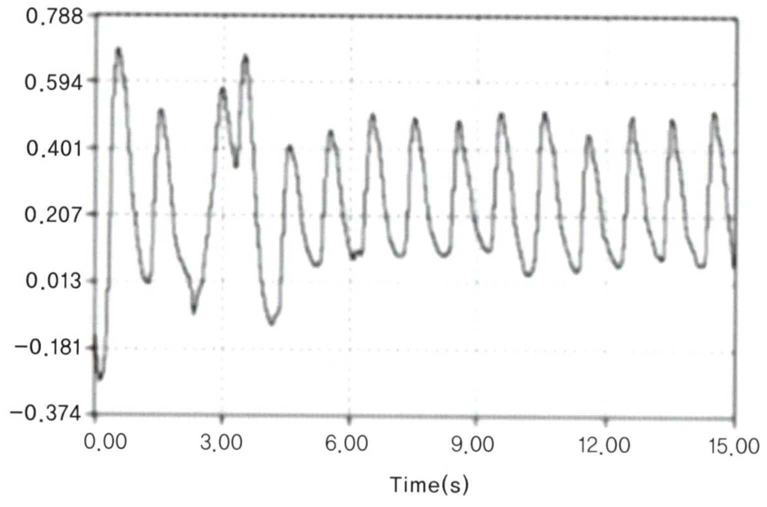

말초혈류의 활동 전위 파형

(2) 출 처

Bortolotto, L. A., J. Blacher, T. Kondo, K. Takazawa, and M. E. Safar. 2000. Assessment of vascular aging atheroschlersosis in hypertensive sbjects; second derivative of photoplethysmogram versus pulse wave veloecity. American Journal of Hypertention 13:165-171.

(3) 원예치료 관련연구에 사용된 말초혈류량 측정 논문

Song, J. E. 2004. Effect of interior plantscape in office on psycho-physiological improvement and stress alleviation of indoor Workers. PhD Diss., Konkuk Univ., Seoul, Korea.

3차원 동작분석기 (Three-Dimensional Motion Analysis System)

(1) 내 용

일상생활동작과 관련된 상지관절의 움직임을 객관적으로 측정하기 위해 3차원 동작분석기를 사용하고 있다. 실제로, 3차원 동작분석 도구는 피험자가 움직이는 동안 관절 각도와 회전운동 측정, 그리고 여러 관절을 동시에 볼 수 있다는 점에서 기존의 관절 움직임 측정 도구의 단점을 보완한 정량화된 도구이다(Kim, 2002).

Matira 등(2003)은 정상 성인 대상자의 작업 수행 중 팔굽관절의 움직임을 측정하였고, 이후 편마비 환자의 팔굽관절의 움직임에 미치는 영향을 3차원 동작분석 시스템을 사용하여 측정함으로써 상지 움직임의 신경학적 연관성을 밝혀냈다.

3차원 동작분석기를 이용하면, 일상생활에서의 상지 움직임에 따른 기능적인 작업 수행시 정량적 동작 분석이 가능하다. 이는 재활 치료시 상지의 정상적인 관절의 움직임을 정확하게 파악할 수 있으며, 손상된 움직임에 대한 대처 전략(alternative strategy)을 세우는 데 도움이 될 수 있다(Cooper 등, 1993).

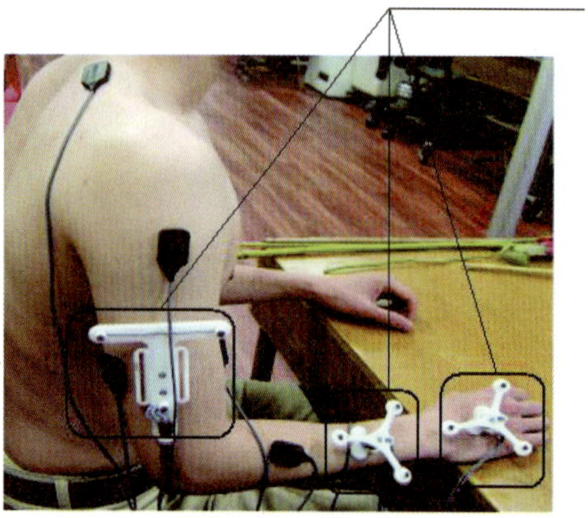

상지관절의 움직임을 측정하기 위해 3차원 동작분석기를 장착한 모습

(2) 출 처

Kim, J. K., O. Y. Kwon, D. H. Ahn, and E. Y. Yoo. 2002. The Analysis of Feeding Motion With and Without a Universal Cuff. The Journal of Korean Society of Occupational Therapy 10(2):27-36.

Maitra, K., D. Curry, C. Gamble, M. Martin, J. Phelps, M. Santisteban, E. Slattery, J. Thomas, and K. Telage. 2003. Using speech sounds to enhance occupational performance in young and older adults. Occup. Ther. J. Res. 23(1):35-44.

Cooper, J. E., E. Shwedyk, and AO. Quanbury. 1993. Elbow joint restruction: effect on functional upper limb motion during performance of three feeding activities. Arch Phys. Med. Rehabil. 74(8):305-309.

(3) 원예치료 연구에 사용된 동작분석 측정 논문

Lee, S. S. 2006. Approach to rehabilitative horticultural therapy based on motion analysis of flower arrangement. PhD Diss., Konkuk University, Seoul, Korea.

심전도
(Electrocardiophy; ECG)

(1) 내 용

심전도(ECG)는 심근이 활동할 때는 전기적 흥분이 일어나고, 소위 활동 전위가 생긴다. 이것이 신체의 표면에 전달된 것을 전류에 의해 파형으로 기록한 것이 심전도이다. Heart rate variability(HRV)는 심박동수의 변화 현상을 정량화한 것을 의미한다. 이는 ECG 신호에서 나타나는 최대 및 최소의 분당 심박동수의 변화를 말하는 것이 아니라 하나의 심장 주기로부터 다음 심장 주기 사이의 변이를 측정하여 일련의 변이 현상을 그래프로 나타낸 것이다.

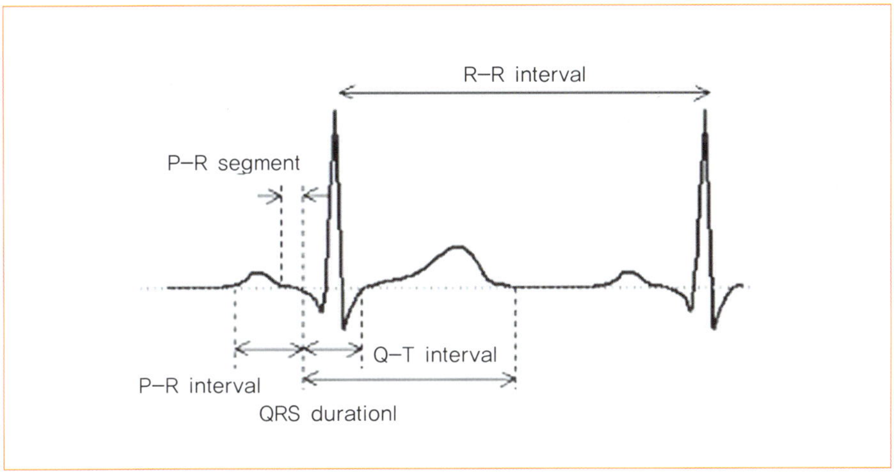

심전도 파형

HRV 신호는 스트레스에 대한 자율신경계의 조절 형태의 관한 정보를 제공한다(Kim, 2001). HRV 주파수는 크게 두 주파수 대역으로 구분된다. 낮은 주파수 대역(low Frequency; LF)은 0.04～0.15Hz를 포함하며 주로 교감신경계의 활동에 의해 나타난다. 0.16～0.4Hz는 높은 주파수(high Frequency; HF)으로 분류되며 부교감신경계(미주신경계)의 활성화를 의미한다. LF HRV는 주로 동방결절(sinoatrial

HRV 신호의 주파수 성분과 자율신경계와의 관계

저주파수(LF): 0.04Hz~0.15Hz : 체온조절, 혈관운동(교감신경계 영향),
압수용체반사, 혈압조절계(교감 & 부교감 영향)
고주파수(HF): 0.16Hz~0.4Hz : 호흡계, 미주신경(부교감신경계 영향)
TP(total power): HRV의 전체 주파수 파워

node; SA node)에 의한 교감신경계의 영향이 커졌음을 의미하며, HF HRV는 부교감신경계의 영향이 커졌음을 의미하므로 LF/HF의 상대비(ratio)는 부교감신경계와 교감신경계의 상대적 균형 상태를 보여준다. HRV 신호를 분석하는 주된 목적은 관찰된 일련의 심박동열(cardiac event series)로부터 얻어진 신호에서 내재된 특징을 찾아냄으로써 자율신경계와 호르몬의 역할을 규명하는 것이다(Kim, 2001).

(2) 출 처

Kim, B. S. 2001. Study for development PVC detection algorithm using HRV signal. Pusan National Univ., MS. Diss., Pusan, Korea.

(3) 원예치료 관련연구에 사용된 심전도 측정 논문

Parsons, R., L. G. Tassinary, R. S. Ulrich, M. R. Hebl, and M. Grossman-Alexander. 1998. The view from the road: Implications for stress recovery and immunization. Journal of Environmental Psychology 18:113-139.

Song, J. E. 2004. Effect of interior plantscape in office on psycho-physiological improvement and stress alleviation of indoor Workers. PhD Diss., Konkuk Univ., Seoul, Korea.

피부 전기 활동(Galvanic Skin Response; GSR, Electrodermal Activity; EDA)

(1) 내 용

피부에서 두 피부 영역 사이의 전기적 전위 차이를 기록한 것이다. GSR은 정신·생리적 반응 지표로서 심리적 자극에 대한 생리적 반응을 측정하고, 그 관계를 분석하여 각성 수준을 예민하게 반영해 준다는 것이 인정되고 있다(Kak, 1987).

피험자에게 새로운 자극을 제시하여 얻어진 GSR 반응, 특히 초기 반응에는 심리적으로 의미 있는 자극에 대해 반응이 증가한다(Wingard & Maltzman, 1980).

즉 심리적으로 쾌·불쾌와 관련된 반응을 조사할 수 있으며, 스트레스 상황에 따른 생리적 반응 연구에 많이 이용되고 있다. 피부 전기 활동은 손가락과 손바닥에 집중적으로 분포되어 있는 땀선(sweet glands)의 활동에 의한 것으로 교감신경계 활동, 기저핵, 변연계, 피질 통제 뇌회로가 관여한다. 땀선 분비 기관에는 교감신경계의 콜린성 섬유들을 공급하는 신경들이 풍부하므로 교감신경계와 밀접한 관계가 있다(Sohn, 2001).

GSR의 변화는 위상성 반응인 피부 전도 반응(phasic response, skin conductance response; SCR)이나 강직성 수준인 피부 전도 수준(tonic level, skin conductance level; SCL)으로 나타낼 수 있다(Sohn, 2001).

SCR은 피부 전기 반응의 일시적인 변화를 나타내는 것으로 통상 자극에 의해 유발된 전도도 위상에서 식별할 수 있는 변화(episodes)를 일컫는다. 이 수치는

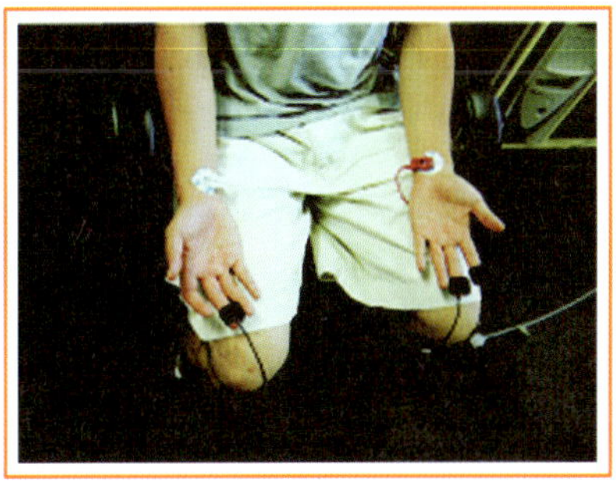

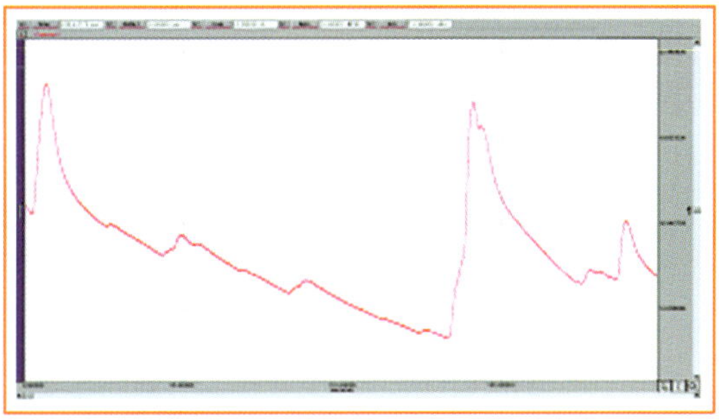

피부 전기 활동 측정 모습과 자극 후 피부 활동 전위 파형

기저 수준으로부터의 이탈 정도로 계산된다. 이러한 순간적인 변화의 크기는 어떤 자극에 의해 유발된 흥분의 정도를 나타낸다. SCL은 피부 전기 반응의 전반적인 추세를 나타내는 것으로 교감신경계의 흥분 수준을 나타내는 지표로 사용된다 (Yoon 등, 1997).

(2) 출 처

Kak, A. V. 1987. Stress: an analysis of physiological assessment device. In G. Salvendy and M. J. Smith (EDs.), Machine pacing and occupational stress, London: Taylor and Francis.

Sohn, J. H. 2001. Measurment of emotion and sensibility using physiological signals. Journal of Korean Society precision Engineering 18(2):14-25.

Wingard, J. A. and I. Maltzman. 1980. Interest as a prederterminer of GSR index of the orienting reflex. Acta Psychologica 40:153-160.

Yoon, Y. H., S. H. Kim, H. J. Lee, J. H. Lee, and H. T. Kim. 1997. The effects of task stressor, noise stimulus, conifer needle odor and soudguard on SCR, HR, PPG and behavioral performance. Korean Journal of Clinical Psychology 16(2):435-445.

(3) 원예치료 관련연구에 사용된 피부전기활동 측정 논문

Lee, J. S. and K. C. Son. 1999. Effects of indoor plant and various colors stimuli on the changes of brain activity and emotional responses. J. Kor. Soi. Hort. Sci. 40(6):772-776.

Park S. H. 2002. Pain tolerance and recovery effects of ornamental indoor plants in a simulated hospital patient room. MS. Thesis. Kansas State Univ. USA.

Song, J. E. 2004. Effect of interior plantscape in office on psycho-physiological improvement and stress alleviation of indoor Workers. PhD Diss., Konkuk Univ., Seoul, Korea.

Ulrich, R. S., R. F. Simons, B. D. Losito, E. Fiorito, M. A. Miles, and M. Zelson. 1991. Stress recovery during exposure to natural urban environments. Journal of Environmental Psychology 11:201-230.

혈 압
(Blood Pressure)

(1) 내 용

혈압은 심장에서 박출된 혈액이 혈관벽에 닿았을 때 형성되는 압력을 말하며, 좌심실의 수축시 형성되는 압력이 가장 높은데 이점을 수축기 혈압(systolic blood pressure)이라 하고, 심장의 이완기에 생기는 압력을 이완기 혈압(diastolic blood pressure)이라 한다. 이러한 혈압은 심혈관계 기능을 나타내는 중요한 변수로 뚜렷한 일주기를 가지는 것이 특징이다.

혈압 변동은 연령 · 식습관 · 신체활동 · 스트레스 · 분노 · 감정표현 · 혈중지질 · 흡연 · 비만 등의 요인에 영향을 받으며, 심혈관계 질병 인식 과정에 중요한 지표로 알려져 있다(Suter 등, 1997).

(2) 출 처

Suter, P. M., R. Marie, D. Holtz, and W. Vetter. 1997. Relationship between self-perceived stress and blood pressure. J. Human Hypertension 11:171-176.

(3) 원예치료 관련연구에 사용된 혈압 측정 논문

황진희. 2003. 향기흡입법이 본태성고혈압 환자의 혈압 및 스트레스반응에 미치는 효과 부산대학교 대학원 석사학위논문.

안영석. 2004. 숲 속 산책로 산책이 혈압에 미치는 영향: 실버타운 거주 경증 고혈압 노인여성을 중심으로. 경희대학교 대학원 석사학위논문.

Kim, E. I. 1998. A study of sight-psychological effects by a color area of greenspace. J. KILA. 26:36-43.

Kim, E. I., S. H. Hwang, W. S. Shin, and K. W. Ahn. 2002b. Physiological effect of forest types: Focused on brain wave and pulsation. Journal of Forest Recreation 6(2):43-48.

Lee, E. S. 2005. Effect of horticultural therapy program based on reminiscence on the improvement of self-integration of the aged. MS Diss., Konkuk University, Seoul, Korea.

Park, J. E. 2005. Effect of inhalation of the essence of hinoki cypress on the improvement of short-term memory and concentration, and the reduction of stress in students. MS. Diss., Konkuk Univ., Seoul, Korea.

Son, K. C., J. S. Lee, and J. E. Song. 1999. Effect of visual recognition of ficus benjamina and its photograph on changes of human brain electroenphalography and brain blood flow. J. Kor. Soc. Hort. Sci. 40(1):134-138.

Son, K. C., J. S. Lee, and J. E. Song. 1998. Effect of visual recognition of indoor plants on changes of human brain electroencephalography. J. Kor. Soc. Hort. Sci. 39(6):858-862.

Son K. C., J. E. Song, S. J. Um, K. Y. Paek, H. K. Oh, J. S. Lee, and J. H Kim. 2001. Effect of absorption of essential oils on the changes of arousal and antistress. J. Kor. Soc. Hort. Sci. 42(5):614-620.

Son, K. C., J. E. Song, S. Y. Kim, S. J. Um, H. R. Kwak. 2004. Effects of visual recognition of green plants on the changes of EEG in patients with schizophrenia. Acta Horticulture 639:193-199.

Song, J. E., S. J. Um, S. Y. Kim, J. S. Lee, and K. C. Son. 2000. A case study on the development of horticultural therapy programs for the mantal disorder; Effect of visual recognition of indoor plants on the changes of human brain EEG and image assessment. p. 118-132. Proceedings of the 3rd Symposium of Korean horticultural therapy association.

Song, J. E. 2004. Effect of interior plantscape in office on psycho-physiological improvement and stress alleviation of indoor Workers. PhD Diss., Konkuk Univ., Seoul, Korea.

Ulrich, R. S., R. F. Simons, B. D. Losito, E. Fiorito, M. A. Miles, and M. Zelson. 1991. Stress recovery during exposure to natural urban environments. Journal of Environmental Psychology 11:201-230.

Ⅲ.

원예치료 프로그램

재활치료에 해당되는 원예치료의 예

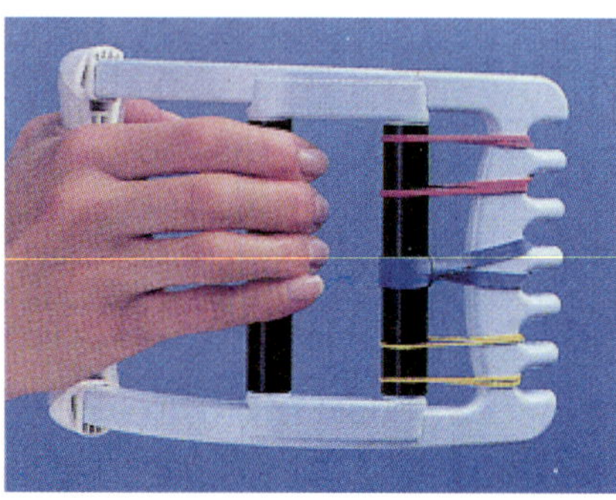

Gross grasp exercise strength

식물에 분무하기

Pot에서 식물 꺼내기 및 준비

꽃을 자르거나 식물을 전지, 전정하기

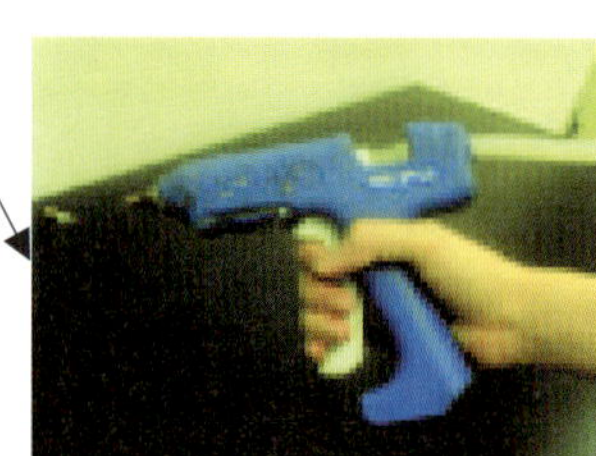

글루건 사용

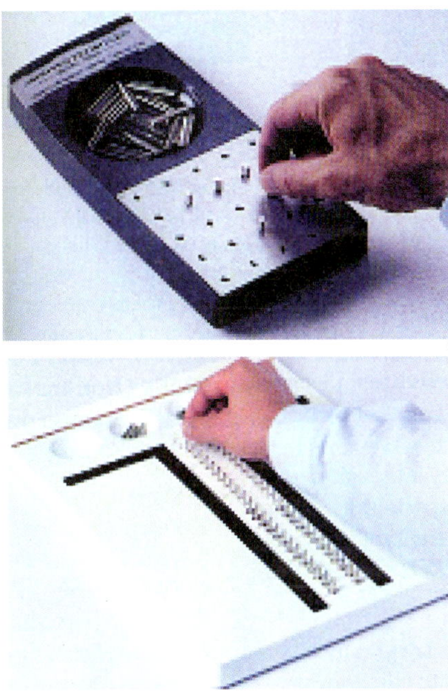

Pegbord

삽목

꽃꽂이

콩 액자 만들기

종자 파종

원예치료 프로그램 과정 분석지 활용법

<table>
<tr><td rowspan="2">원예치료 프로그램 제목</td><td>대 상</td><td colspan="5">□ 정신 □ 재활 □ 정신지체 ■ 노인 □ 치매 □ 청소년 □ 어린이</td></tr>
<tr><td>장 소</td><td>□ 실내 □ 실외 ■ 실내외</td><td>계 절</td><td>■ 봄 ■ 여름 ■ 가을 □ 겨울</td><td>난이도</td><td>□ 상 ■ 중 □ 하</td></tr>
</table>

- 대 상: 정신(정신분열증, 기분장애, 불안장애 등),
  재활(뇌손상, 뇌졸중, 척수손상),
  치매(알츠하이머형 치매, 혈관성 치매 등),
  그 밖에 정신지체, 청소년, 어린이로 구분하였다.
- 장 소: 프로그램이 진행되는 장소를 구분하여 표시하였다.
- 계 절: 프로그램 수행이 적합한 계절을 구분하여 표시하였다.
- 난이도: 대상자에 따른 본 프로그램의 수준을 표시하였다.

<table>
<tr><td>일 시</td><td colspan="2">년 월 일</td><td>담당치료사</td><td></td></tr>
<tr><td>목 표</td><td colspan="4">본 프로그램이 대상자에 따라서 어떠한 목표하에 진행될 것인지를 기록하였다.</td></tr>
<tr><td>준비물</td><td colspan="4">프로그램에 필요한 것들을 기록하였다.</td></tr>
<tr><td>활 동</td><td colspan="2">치료 과정</td><td>기대효과 및 Tip</td><td>대상자별 적용</td></tr>
<tr><td>도 입</td><td colspan="2">· 프로그램을 시작하기 전에 프로그램과 관련된 이야기나 프로그램시 사용할 재료 등을 이용하여 나눌 수 있는 간단한 내용을 기록하였다.</td><td>· 도입 과정을 통해 치료사가 대상자에게 기대하는 부분 및 알아두면 좋은 것들을 기록하였다.</td><td rowspan="3">위의 '대상'란에 있는 대상자들 중 검은 마크 표시가 없는 대상자들을 대상으로 본 프로그램을 수행할 경우, 특히 주의해야 할 사항이나, 대상자별로 세울 수 있는 목표를 소개하였다.</td></tr>
<tr><td>전 개</td><td colspan="2">· 프로그램을 위한 작업 진행 순서를 과정 분석을 통하여 기록하였다.</td><td>· 전개 과정을 통해 치료사가 대상자에게 기대할 수 있는 효과 및 사전에 숙지해야 할 사항 등을 기록하였다.</td></tr>
<tr><td>정 리</td><td colspan="2">· 프로그램을 마치면서 대상자들이 주의해야 할 점이나, 목표를 달성하기 위해 대상자의 행동을 유도하는 것에 대해 기록하였다.</td><td>· 정리 과정을 통해 치료사가 대상자에게 기대하는 효과 및 대상자의 행동에 따른 치료사의 대처법에 대해 간략히 기록하였다.</td></tr>
<tr><td>활동의 다양성</td><td colspan="4">· 본 프로그램과 비슷한 수준의 프로그램들을 소개하였다.</td></tr>
<tr><td rowspan="2">활동의 난이도</td><td>어려운 활동</td><td colspan="3">· 본 프로그램을 능숙하게 소화하는 대상자의 경우, 대상자의 작업량을 늘이거나 치료사나 다른 대상자를 돕도록 하거나 난이도가 높은 작업을 수행하도록 하는 것에 관하여 소개하였다.</td></tr>
<tr><td>쉬운 활동</td><td colspan="3">· 본 프로그램의 수행이 어려운 대상자의 경우, 한 과정이라도 참여할 수 있도록 프로그램을 크게 세분화하여 소개하였다.</td></tr>
</table>

1. 식물 심기 및 관리

걸이화분
늘어지는 식물을 이용한 하트 만들기
디시가든
무순 기르기
분화식물 심기
삽목하기
선인장/다육식물 기르기
수경재배 I (하이드로볼)
수경재배 II (마정토)
수경재배 III (분재용 철사 이용)
수생식물(석창포) 심기
숯 분경
이식하기(채소)
종자 파종
쪽파 심기
콩나물 기르기
테라리움
포인세티아 심기
허브 미니가든

걸이화분

대 상	□정신 □재활 □정신지체 □노인 □치매 □청소년 ■어린이				
장 소	■실내 □실외 □실내외	계 절	■봄 ■여름 □가을 □겨울	난이도	□상 ■중 □ 하

일 시	년 월 일	담당치료사	
목 표	식물의 생태특징을 이용한 다양한 식재 방법을 익힌다.		
준비물	화분, 상토, 송곳, 끈, 아이비, 반엽 아이비, 대야, PET병		
활 동	치료 과정	기대효과 및 Tip	대상자별 적용
도 입	· 자신이 좋아하는 식물의 이름을 5가지 정도 나열해 본다.	· 알고 있는 식물의 이름을 친구들에게 이야기함으로써 자신감 향상 · 다른 사람의 말을 경청	<정신> · 송곳으로 구멍을 내는 부분은 치료사와 보조사가 대신하여 대상자가 직접 송곳을 잡지 않도록 한다. <재활> · 손의 장악력이 약한 대상자의 경우 송곳으로 구멍을 만드는 부분은 대신하도록 한다.
전 개	① PET병을 반으로 자른다. ② 송곳으로 PET병의 좌우 양 끝에 구멍을 만든다. ③ 상토를 적절한 비율로 섞어 혼합한다. ④ 배수층으로 펄라이트를 깐 후 혼합된 상토를 PET병에 담는다. ⑤ 식물을 식재하고 상토를 덮어 뿌리가 보이지 않도록 한다. ⑥ PET병 구멍에 끈을 매달아 공중의 벽에 걸 수 있도록 한다.	· 촉감 자극 · 송곳 사용시 다치지 않도록 주의 · 문제해결 능력 증대 · 공간감각 증가 · 물건의 재활용 학습	
정 리	· 주변을 정리하고 직접 관리하는 법을 설명한다.	· 자신이 만든 식물에 책임감을 갖도록 함	
활동의 다양성	· PET병에 다른 장식물을 붙이거나 여러 개의 PET병을 연결하여 식물을 모아 심는다.		

활동의 난이도		
	어려운 활동	· 다른 대상자들이 구멍을 뚫는 작업을 도와준다.
	쉬운 활동	· 식물을 심는 작업을 한다. · 상토를 배합하고 담는 작업을 한다. · 참관만 한다.

걸이화분[1)]

걸이화분은 잎 모양과 색이 특이하거나 줄기가 아래로 내려오면서 화분을 감싸는 덩굴성 식물을 공중에 걸어 입체적으로 식물을 감상하는 방법으로, 잎에 무늬가 있는 식물 등을 이용하면 아름다움을 더욱 즐길 수 있다.

걸이화분으로 적합한 식물로는 임파치엔스, 제라늄, 팬지, 스킨답서스, 아이비, 제브리나 등이 있다.

걸이화분 완성 모습

<관리>

공중에 매달려 있는 식물은 건조해지기 쉬우므로 관수를 자주 해야 하는데, 특히 빛이 많이 드는 창가에 위치한 식물은 주위의 온도가 높아 뿌리보다 잎이 빨리 마르게 되므로 분무기로 물을 자주 뿌려 준다. 화분에 물이 고인 경우에는 물을 제거하여 뿌리가 썩지 않도록 주의한다.

1) 서정남 · 정윤정 · 박천호. 2002. 원예와 함께하는 생활. 부민문화사. 서울. p. 80-81.

늘어지는 식물을 이용한 하트 만들기

대 상	□정신 □재활 □정신지체 □노인 □치매 ■청소년 □어린이				
장 소	■실내 □실외 □실내외	계 절	■봄 □여름 □가을 □겨울	난이도	■상 □중 □하

일 시	년 월 일	담당치료사	
목 표	섬세한 운동능력과 시공간적 지각 및 구성 능력을 향상시킨다.		
준비물	덩굴식물(아이비), 하이드로볼(소립과 중립), 분재용 철사, 토분, 배양토(펄라이트와 피트모스), 대야, 분무기, 수태		
활 동	치료 과정	기대효과 및 Tip	대상자별 적용
도 입	· 늘어지는 식물의 종류를 알아본다.	· 동기 부여와 학습 능력 향상	<정신> · 프로그램 적용은 신중히 해야 하므로 담당의사와 상의하고, 적용시 분재용 철사의 길이는 짧게 한다. <재활> · 근육의 톤 조절이 자유롭지 못한 사람은 분재용 철사의 휘기를 도와준다. <노인> · 생명을 양육하고 기력을 회복할 수 있도록 한다. <어린이> · 부모님께 감사하는 마음으로 사랑을 표시하여 전달하게 한다.
전 개	① 대야를 나눠 주고 펄라이트와 피트모스를 3:1 비율로 배합하여 물과 함께 골고루 섞는다. ② 토분에 중립 하이드로볼과 소립 하이드로볼을 한 줌씩 넣어 배수층을 만든다. ③ 포트에 들어 있는 식물을 꺼내어 흙을 약간 털어 낸다. ④ 혼합한 배양토를 ②에 조금 넣고 ③을 넣은 후 나머지 부분을 배양토로 채운다. ⑤ ④에 수태를 약간 깔아 준다. ⑥ 분재용 철사로 하트 모양을 만든다. ⑦ 식물을 심어 놓은 토분에 하트 모양의 분재용 철사를 양옆으로 끼워 넣는다. ⑧ 늘어지는 식물을 양쪽으로 나눠 하트 모양으로 유인하도록 한다.	· 인내심 증가 · 집중력 향상 · 판단력과 표현력 향상 · 관찰력 증진 · 관절운동범위 향상 · 작업 수행력 증가 · 사회성 증대 · 2인 1조로 작업 · 분재용 철사 사용시 주의	
정 리	· 분무기로 물을 충분히 준다. · 라벨지에 식물이름과 날짜를 적게 하고 관리 요령을 말해 준다. · 식물이 새로운 방향에 적응하며 자라서 자리 잡듯이 대상자들이 미래에 어떠한 사람으로 성장할지는 각자 노력하기에 달려 있다는 것을 느끼도록 한다.	· 장악력 향상 · 기민성과 지남력 향상 · 미래에 대한 계획 수립	
활동의 다양성	· 늘어지는 식물을 분재용 철사로 여러 가지의 동물 모양이나 토끼 또는 물고기 모양이 되도록 유인한다.		

활동의 난이도		
	어려운 활동	· 분재용 철사를 휘는 정도와 모양에 따라 관절운동을 조절할 수 있다.
	쉬운 활동	· 용기에 하이드로볼을 넣는다. · 이끼만 깔아 준다. · 참관만 한다.

<<<<<<<<<<<<< 늘어지는 식물을 이용한 하트 만들기[2]

늘어지는 식물을 하트모양으로 유인하는 과정

아이비(헤데라)

학명: *Hedera. helix L.*

영명: English ivy

상록성 덩굴식물로, 인기 있는 관엽식물이다. 조경용으로는 자생아이비인 송악을 이용하고, 잎에 무늬가 들어가 있는 무늬종 또는 반엽종도 있으며, 연중 이용이 가능하다.

꽃말: 행운이 함께하는 사랑

호야

학명: *Hoya Carnosa R. Br. var. 'Exotica' Hort.*

영명: Variegated wax plant

덩굴성 다년생 초본으로, 속명 Hoya는 영국의 정원사인 Thomas Hoy의 이름을 붙인 것이다. 덩굴이 2~3m까지 자라며, 다육질이어서 건조에 강하다. 실내 관엽식물로 관리가 쉽고, 잎이 두껍고 광택이 있어 보기에도 좋다. 여름 생장기에는 다습한 상태를 좋아하므로 분무를 자주해 준다.

러브체인

학명: *Ceropegia woodii Schelechter*

영명: String of hearts, Heart vine, Rosary vine

덩굴성 다년생 초본이며, 속명 Ceropegia는 그리스어로 '납'이라는 뜻의 keros와 '샘'이라는 뜻의 paege의 합성어이다. 원산지는 열대 지방으로 약 160종이 있다. 하트 모양의 잎이 계속 연이어서 달리는 덩굴식물이어서 러브체인이라고 한다. 다육질이어서 건조에 매우 강한 편이므로 자주 물을 주지 않아도 된다. 묵주덩굴로도 불려진다.

꽃말: 끈끈한 사랑

그 밖에 가능한 덩굴식물

트리안, 푸밀라(왕모람), 스킨답서스 등

2) 김형미 외. 2006. 플로리스트와 화훼식물. 진솔. 서울. p. 141. 162-163.
윤평섭. 1998. 환경원예식물도감. 문운당. 서울. p. 70, 71.
Hessayon, D. G. 2002. The house plant expert. Sterling publishing Co. Inc., New york. p. 158.
김기신 외. 1999. 신제 생활원예. 향문사. 서울. p. 300.

디시가든

대 상	□정신 □재활 □정신지체 ■노인 □치매 □청소년 □어린이				
장 소	■실내 □실외 □실내외	계 절	■봄 ■여름 ■가을 □겨울	난이도	□상 ■중 □ 하

일 시	년 월 일	담당치료사	
목 표	어린 시절에 놀던 마을의 동산을 떠올리며 나의 작은 정원을 만들어 본다.		
준비물	식물(산호수, 호야, 칼랑코에), 상토(펄라이트, 버미큘라이트, 피트모스), 라벨, 네임펜, 대야, 계량컵, 이끼, 구멍이 없는 용기		
활 동	치료 과정	기대효과 및 Tip	대상자별 적용
도 입	· 어린 시절 마을의 동산에 있던 식물들을 생각해 본다.	· 과거의 기억 회상	<정신> · 협동작품을 통해 고립감을 감소시키고, 사회적응 훈련이 되도록 한다. <재활> · 편마비 환자의 경우, 2명이 한 조가 되어 합동작품을 만들도록 하여, 서로 도움을 주고받도록 한다. <치매> · 어린 시절 흙으로 했던 놀이를 생각하면서 과거의 기억을 자극한다. <청소년, 어린이> · 모형 곤충이나 새를 장식하여 디시가든에 재미를 더할 수 있다.
전 개	① 준비된 식물의 특징에 대해 관찰하고 이야기 나눈다. ② 상토는 피트모스 : 펄라이트 : 버미큘라이트 = 3 : 1 : 1이 되도록 컵으로 개량한다. ③ 계량한 상토를 대야에 담고 물을 넣어 배합한다. ④ 식물을 어떻게 배치할 것인지 생각해 본다. ⑤ 준비된 용기에 펄라이트를 얇게 깐다(배수층). ⑥ 식물을 포트에서 꺼내 미리 생각했던 위치에 놓는다. ⑦ 식물의 뿌리가 보이지 않도록 배합한 상토를 덮는다. ⑧ 이끼를 덮고, 색자갈 등을 이용하여 장식한다.	· 입체인지감각 · 작업수행력(청지각/시지각) · 촉각·온랭감각 자극 · 판단력, 의사결정력 · 서로 도와가면서 작업을 수행하도록 함으로써 타인에 대한 인식 증대 · 손의 기민성 향상 · 미세근육 운동	
정 리	· 정원의 이름을 지어 보고, 그 이유를 이야기해 본다.	· 자신의 생각을 표현하고 발표하도록 하여 자신감을 향상시킴	
활동의 다양성	· 화분받침을 이용하여 디시가든을 만들어 본다. · 다양한 식물을 이용하여 디시가든을 만들어 본다(푸밀라, 테이블야자, 단정화 등 이용).		

활동의 난이도		
	어려운 활동	· 보다 큰 용기에 여러 가지 식물을 이용하여 만들어 본다.
	쉬운 활동	· 이끼를 덮는 과정만 한다. · 식물을 배치하는 과정만 한다. · 상토를 배합하는 과정만 한다. · 참관만 한다.

디시가든[3]

디시가든 완성 모습

의의

용어 그대로 접시에 작은 정원을 만드는 것이다. 즉 접시처럼 얕고 구멍이 없는 작은 용기에 식물을 식재하여 작은 정원이나 풍경을 꾸미는 것으로 동양에서는 이와 유사한 것을 분경이라고 불러 왔다.

역사

정확한 기록은 없으나 1923년 영국에서 있었던 플라워쇼에 소개된 이후 크게 유행되기 시작하였고, 우리나라의 경우 삼국시대부터 이용된 것으로 추측된다.

식물의 선택

성격에 따라 초본류, 목본류 등의 식물이 필요하다. 식물 선택시에는 디시가든의 특성상 한 용기에 여러 식물이 조화를 이뤄 배치되어야 하기 때문에 생육 습성이 비슷한 것을 선택하는 것이 바람직하다. 따라서 광, 습도, 배양토, 비료 등을 고려하고 용기와 어울리는지도 고려해야 한다.

〈유지 및 관리〉

디시가든에 심겨진 식물은 공기에 노출되는 부분이 많아 수분의 증발이 활발하므로 자주 관수해야 하지만, 배수 구멍이 없기 때문에 지나친 관수는 뿌리가 썩는 원인이 된다. 관수시에는 분무기를 이용하여 잎에 수분을 제공한다.

3) 김기선 외. 1999. 신제 생활원예. 향문사. 서울. p. 161-166.

무순 기르기

<table>
<tr><td>대 상</td><td colspan="5">□ 정신 □ 재활 ■ 정신지체 □ 노인 □ 치매 □ 청소년 □ 어린이</td></tr>
<tr><td>장 소</td><td>■ 실내 □ 실외 □ 실내외</td><td>계 절</td><td>■ 봄 ■ 여름 ■ 가을 □ 겨울</td><td>난이도</td><td>□ 상 □ 중 ■ 하</td></tr>
</table>

<table>
<tr><td>일 시</td><td colspan="2">년 월 일</td><td>담당치료사</td><td></td></tr>
<tr><td>목 표</td><td colspan="4">채소 기르기를 통해 식물 기르기에 관심을 갖도록 유도한다.</td></tr>
<tr><td>준비물</td><td colspan="4">무 종자, 감자 큰 것, 접시, 과도, 숟가락, 글루건, 눈, 솜모루, 부직포</td></tr>
<tr><td>활 동</td><td>치료 과정</td><td colspan="2">기대효과 및 Tip</td><td>대상자별 적용</td></tr>
<tr><td>도 입</td><td>· 무순으로 할 수 있는 요리에 관하여 이야기해 본다.
· 좋아하는 채소에 관하여 말한다.</td><td colspan="2">· 사고력
· 대화가 부자연스러운 대상자의 경우, 옆에서 단어의 발음을 도와서 자신이 하고자 하는 이야기를 마칠 수 있도록 함</td><td rowspan="3"><정신>
· 표현력과 창의력을 키울 수 있다.
<재활>
· 본 프로그램은 식물 기르기에 공예적인 요소를 가미하고자 할 때 이용할 수 있으며, 대상자의 신체적 조건에 맞추어 간단한 프로그램으로 적용할 수도 있다.
<치매>
· 글루건의 사용이 어려운 경우, 감자를 이용하지 않고, 용기에 담아 간단히 재배하는 방법을 택하도록 한다(관련사진 참고).
<청소년, 어린이>
· 채소를 먹는 것에 대해 거부감이 있는 대상자의 경우, 본 프로그램을 통하여 채소와 익숙해지도록 한다.</td></tr>
<tr><td>전 개</td><td>① 감자의 양끝을 살짝 잘라낸다(세울 수 있도록).
② 한쪽 끝을 칼로 도려낸 후 나머지를 숟가락으로 파서 구멍을 만든다.
③ 글루건을 이용하여 눈, 코, 입을 장식한다.
④ ②번 공간에 무 종자를 놓는다(숫자를 세며 한다).
⑤ 종자가 촉촉이 잠길 정도로 물을 붓는다.
⑥ 창가에 둔다.</td><td colspan="2">· 촉각 자극
· 표현력
· 서로 도와가면서 작업을 수행하도록 함으로써 타인에 대한 인식 증대
· 손의 기민성 향상
· 수 개념 학습
· 미세근육 운동
· Eye-hand coordination 훈련</td></tr>
<tr><td>정 리</td><td>· 종자가 마르지 않도록 물주기를 강조하고, 언제 싹이 날지 내기해 보도록 한다.</td><td colspan="2">· 자신의 작품을 통하여 만족감과 성취감 부여</td></tr>
<tr><td>활동의 다양성</td><td colspan="4">· 다양한 싹채소 기르기(콩나물 기르기, 녹두 기르기)를 한다.</td></tr>
<tr><td rowspan="2">활동의 난이도</td><td>어려운 활동</td><td colspan="3">· 다른 대상자들을 돕는다.
· 감자 속을 파는 단면을 여러 형태로 만들어 본다.</td></tr>
<tr><td>쉬운 활동</td><td colspan="3">· 감자 속을 파내는 작업으로 근력운동을 한다.
· 무 종자를 하나씩 잡아서 감자 속에 놓는 작업을 한다.
· 참관만 한다.</td></tr>
</table>

무[4)]

학명: *Raphanus sativus*

영명: Radish

무의 뿌리 부분에 전분 분해효소 등의 소화효소가 있어 음식의 소화흡수를 촉진한다. 트림, 가슴앓이, 위가 거북할 때, 숙취 등 여러 증상에 효과적이다. 위가 약한 사람은 식사할 때 무 간 것을 곁들이면 소화가 잘되며, 식물성 섬유는 장을 정리하고 장내의 노폐물을 청소하므로 대장암을 예방할 수 있고, 부스럼 등의 치료에도 도움이 된다.

용기에 기르는 모습

4) 임재욱 외. 2002. 행복한 우리집 건강한 식탁을 위한 뒷뜰채소 가꾸기. 허브월드. 서울. p. 187.

분화식물 심기

대 상	□정신 □재활 □정신지체 □노인 □치매 ■청소년 □어린이				
장 소	□실내 □실외 ■실내외	계 절	■봄 ■여름 ■가을 □겨울	난이도	□상 □중 ■ 하

<table>
<tr><td>일 시</td><td colspan="2">년 월 일</td><td>담당치료사</td><td colspan="2"></td></tr>
<tr><td>목 표</td><td colspan="5">분화식물의 이름과 재배법에 관하여 학습한다.</td></tr>
<tr><td>준비물</td><td colspan="5">분화식물(칼랑코에, 시클라멘 등), 상토(펄라이트, 버미큘라이트, 피트모스), 대야, 계량컵, 바구니 또는 화분용기</td></tr>
<tr><td>활 동</td><td colspan="2">치료 과정</td><td colspan="2">기대효과 및 Tip</td><td>대상자별 적용</td></tr>
<tr><td>도 입</td><td colspan="2">· 좋아하는 꽃의 이름을 이야기해 본다.
· 대상자의 생일에 맞는 탄생화를 소개한다.</td><td colspan="2">· 꽃에 관한 호기심을 유도하여 프로그램에 집중할 수 있도록 함
· 대상자 중 두세 명의 탄생화를 소개(소요시간이 너무 길면 지루함)</td><td rowspan="3"><정신>
· 다른 사람에게 선물하도록 하여 사회적응 훈련을 한다.

<재활>
· 상토를 배합하는 과정에서 손의 기민성을 향상시키고 촉감을 자극한다.

<정신지체>
· 부모님께 선물하도록 하여 자신감과 성취감을 느끼도록 한다.

<치매>
· 상토를 입에 넣지 않도록 주의한다.</td></tr>
<tr><td>전 개</td><td colspan="2">① 준비된 분화식물을 관찰한다.
② 상토는 피트모스 : 펄라이트 : 버미큘라이트 = 3 : 1 : 1이 되도록 컵으로 개량한다.
③ 계량한 상토를 대야에 담고 물을 넣어 배합한다.
④ 용기에 상토를 1/3 정도 채운다.
⑤ 포트에서 식물을 뽑아 용기에 담는다.
⑥ 나머지 부분에 상토를 채우고 마무리한다.</td><td colspan="2">· 상토가 어느 정도 필요하고 물과 어떻게 배합되어야 하는지 결정하도록 함
· 판단력
· 포트에 담겨 있는 식물들을 독자적으로 용기에 모아 심도록 유도
· 문제해결 능력
· 관심의 다양화
· 온랭감각 자극</td></tr>
<tr><td>정 리</td><td colspan="2">· 다른 친구들의 화분과 자신의 화분이 어떻게 다른지 살펴보고 이야기 나누어 본다.
· 주변을 깨끗이 정리하도록 한다.</td><td colspan="2">· 주변 환경의 변화를 경험
· 모두 함께 뒷정리를 하도록 함</td></tr>
<tr><td>활동의 다양성</td><td colspan="5">· 다른 분화식물이나 관엽식물들도 심어 재배해 본다(장미, 스파티필름, 아디안텀).</td></tr>
<tr><td rowspan="2">활동의 난이도</td><td>어려운 활동</td><td colspan="4">· 모듬 정원을 만들어 본다.</td></tr>
<tr><td>쉬운 활동</td><td colspan="4">· 식물을 심는 작업만 한다.
· 상토를 배합하는 과정만 한다.
· 참관만 한다.</td></tr>
</table>

시클라멘[5)]

학명: *Cyclamen L.*

영명: Cyclamen

쌍떡잎식물 앵초목 앵초과의 한 속으로 잎자루는 길며 잎은 심장 모양이고 겉면은 짙은 녹색 바탕에 은빛을 띤 흰색 무늬가 있고 뒷면은 붉은빛을 띤다. 11월부터 이듬해 3월까지 흰색, 분홍색, 빨간색의 꽃이 피며, 꽃은 아래를 향하여 달리는데 꽃잎이 위로 젖혀지는 게 특이하다.

직사광선을 피하고 항상 배지가 촉촉한 상태를 유지하도록 하며, 개화 후에는 배지를 약간 건조한 상태가 되도록 서늘한 곳에 배치한다.

너무 뜨겁고 건조한 환경하에서는 잎이 노랗게 될 수 있다.

분화식물 모아심기

시클라멘 심기

칼랑코에 심기

칼랑코에[6)]

학명: *Kalanchoe blossfeldiana Poelln. var. scarlet crown Hort.*

영명: Flaming katy

돌나물과에 속하며 네 장의 화려한 꽃잎을 가진 꽃들이 풍성하게 피는 다육식물로, 분화로 이용한다. 개화기간이 길어 두 달 동안 꽃을 관상할 수 있다. 튼튼하고 병충해가 적으며 잎이 두꺼워 마르지 않고, 음지에서도 오래간다. 표면이 건조할 때 관수하고, 봄에 휴면기 이후에 매년 분갈이하며, 삽목이 가능하다.

그 밖에 가능한 분화식물

국화, 카네이션, 임파첸스, 페튜니아, 푸밀라, 장미, 매리골드, 아프리칸 바이올렛, 데이지, 마가렛, 빈카 등

5), 6) Hessayon, D. G. 2002. The house plant expert. Sterling publishing Co. Inc., New york. p. 124, 166.

삽목하기

대 상	■정신 □재활 □정신지체 □노인 □치매 □청소년 □어린이				
장 소	■실내 □실외 □실내외	계 절	■봄 ■여름 □가을 □겨울	난이도	□상 ■중 □ 하

일 시	년 월 일	담당치료사	
목 표	식물의 다양한 번식 방법을 익히고, 식물의 일부분이 따로 떨어져 하나의 개체로 자라는 과정을 보며 미래에 대한 새로운 기대를 갖는다.		
준비물	삽목이 가능한 식물(스킨답서스), 트레이, 상토(펄라이트, 버미큘라이트, 피트모스), 라벨, 네임펜, 투명비닐, 칼라타이, 대야, 계량컵, 발근제(루톤), 가위		
활 동	치료 과정	기대효과 및 Tip	대상자별 적용
도 입	· 생물과 무생물을 비교해 본다. · 사람과 식물이 살아가는 데 필요한 환경에 대해 이야기한다.	· 모든 대상자가 자유롭게 생각을 나누도록 한다. · 식물과 친숙해지기 위한 동기 부여	· 상토를 만지는 것에 거부감이 있는 대상자의 경우, 비닐장갑을 착용하도록 하여 흙에 대한 촉감을 간접적으로라도 느낄 수 있도록 한다. · 산세베리아, 알로에 등은 발근이 늦으므로 기다리기 지루할 수 있으므로 발근이 비교적 빠른 아이비나 스킨답서스, 페페로미아 등을 이용한다. · 모주에서 분리되어 새로 태어나기 위해 심겨지는 삽수처럼 대상자들도 병원에서 치료받고 건강히 새로 태어날 수 있음을 이야기하여, 긍정적인 자아상을 가질 수 있도록 유도한다.
전 개	① 준비된 식물의 특징에 대해 관찰하고 이야기를 나눈다. ② 트레이를 설명하고 나누어준다. ③ 상토는 피트모스 : 펄라이트 : 버미큘라이트 = 3 : 1 : 1이 되도록 컵으로 개량한다. ④ 계량한 상토를 대야에 담고 물을 넣어 배합한다. ⑤ 트레이에 배합한 상토를 골고루 담는다. ⑥ 준비된 식물을 적당한 크기로 자르고, 자른 부분에 발근제를 바른다. ⑦ ⑤번 과정이 끝난 트레이에 삽수를 꽂는다. ⑧ 라벨에 자신의 이름과 날짜, 심은 종자의 이름을 적는다.	· 판단력 · 작업수행력(청지각/시지각) · 촉각·온랭감각 자극 · 프로그램을 통하여 다른 대상자와의 상호교류가 자연스럽게 이루어지도록 분위기 조성 · 뿌리가 나오면 새로운 생명으로 태어남을 강조하며, 미래에 대한 기대감 부여 · 상토를 배합하는 대신에 버미큘라이트 단독 이용 가능	
정 리	· 관리하는 방법을 알려 주고, 언제쯤 뿌리가 나올지 기대해 본다.	· 인내심을 기르도록 하고, 뿌리가 나오게 하기 위해 해야 할 일들을 지도	
활동의 다양성	· 다양한 식물을 이용하여 삽수를 만들어 본다(페페로미아, 제라늄, 로즈마리, 라벤더, 민트, 싱고늄 등).		

활동의 난이도	어려운 활동	· 삽수의 양을 늘려 작업한다.
	쉬운 활동	· 삽수를 트레이에 심는 작업만 한다. · 트레이에 상토를 담는 작업만 한다. · 상토를 배합하는 과정만 한다. · 참관만 한다.

영양번식[7)]

식물체의 잎이나 줄기, 뿌리 등 일부분을 분리하여 그 조직을 완전한 식물체로 길러내는 것을 영양번식이라 하며, 삽목(꺾꽂이), 접목(접붙이기), 분주(포기나누기), 분구(알뿌리나누기), 취목(휘묻이) 등이 있다.

삽목[8)]

식물의 모든 세포는 동물과는 달리 전체형성능(하나의 기관이나 조직 또는 세포 하나로도 완전한 식물체로 발달할 수 있는 능력)이 있으므로 가능한 번식 방법이다.

삽목에는 경삽(줄기꽂이), 엽삽(잎꽂이), 근삽(뿌리꽂이)가 있으며, 이 중 경삽이 널리 이용된다.

삽목시 온도는 낮 기온이 15~25℃, 밤 기온이 15~20℃을 유지하는 것이 좋고, 늦봄 이후부터 9월까지 삽목하는 것이 적합하다. 또한 잘려진 식물체의 건조를 막기 위해 빛을 차단하여 반음지 상태를 유지하며, 뿌리가 내린 뒤에는 양분을 만들기 위해 햇빛을 충분히 받도록 하고, 그 전까지지는 공중습도를 80~90%로 높게 유지하는 것이 바람직하다.

삽목하는 모습 및 삽목판

삽수를 발근제에 묻히는 모습

트레이에 삽수를 심은 모습

발근한 삽수

발근촉진제[9)]

루톤(Rootone)이라고도 불리는 발근제는 뿌리를 보다 잘 내리게 하는 식물 호르몬인 옥신과 살균제가 혼합되어 있어, 절단면에 묻힌 뒤 토양에 꽂으면 뿌리내림이 촉진된다.

7)~9) 서성남 · 성윤정 · 박천호. 2002. 원예와 함께하는 생활. 부민문화사. 서울. p. 48-50.

스킨답서스[10)]

학명: *Scindapsus aureus Engl.*

영명: Pothos, Scindapsus

천남성과에 속하며, 잎은 심장형으로 광택이 나고, 줄기는 아래로 늘어지는 덩굴성 상록 다년초이다. 건조에 잘 견디며 적응력이 높고 생장력도 강하며, 이산화질소와 암모니아제거 능력이 있다. 연중 온난한 기후에서 잘 자라며, 관수는 토양표면이 약간 마른 상태에서 봄에서 가을까지는 충분히 하고, 잎에 자주 분무해 주어, 공중습도를 높여 주는 것이 좋다. 분갈이는 봄에 한다.

선인장/다육식물 모아심기 > > > > > > > > > > > > > > > >

선인장 모아심기 과정

다육식물 모아심기

10) Hessayon, D. G. 2002. The house plant expert. Sterling publishing Co. Inc., New york. p. 206.

선인장/다육식물 모아심기

대 상	□정신 □재활 □정신지체 ■노인 □치매 □청소년 □어린이				
장 소	■실내 □실외 □실내외	계 절	□봄 □여름 ■가을 ■겨울	난이도	□상 ■중 □ 하

일 시	년 월 일	담당치료사	
목 표	식물의 생장습성을 이해하고 작업 수행을 통하여 근육의 발달을 촉진시킨다.		
준비물	선인장, 마사토, 토분, 배수판, 일회용 숟가락, 라벨, 네임펜, 색돌		
활 동	치료 과정	기대효과 및 Tip	대상자별 적용
도 입	· 선인장과 연관되어 떠오르는 사물이나 인물을 이야기해 본다.	· 발표를 통하여 자신을 다른 사람에게 드러낼 수 있도록 유도	
전 개	① 마음에 드는 선인장을 선택한다. ② 토분을 물에 담가두어 충분히 수분이 흡수되도록 한다. ③ 토분 바닥에 배수판을 놓는다. ④ 마사토를 1/2 정도 채운다. ⑤ 선택해 두었던 선인장을 어떤 구도로 배치할 것인지 위치를 생각해 본다. ⑥ 생각했던 위치에 선인장을 배치하고, 마사토로 선인장이 쓰러지지 않도록 심는다. ⑦ 색돌을 이용하여 사막의 분위기를 표현한다. ⑧ 라벨에 자신이 만든 작품의 이름을 적는다.	· 가시에 손이 찔리지 않도록 주의(고무장갑이나 목장갑 착용) · 작업수행력(청지각/시지각) · 가벼운 촉각 자극 · 가시에 찔리지 않기 위해 근육의 톤 조절 훈련 · 판단력 · 성취감, 만족감	<정신> · 필요한 양만큼 관수하지 않으면, 관수량이 많아도, 적어도 식물이 죽게 된다. <재활> · 선인장의 가시가 활동을 더욱 불편하게 할 우려가 있으므로 사전에 대상자에 대한 정확한 정보와 주의가 요구된다. <청소년, 어린이> · 선인장과 관련된 단어들을 나열해 보고, 다육식물과의 차이를 비교하여 학습효과를 높인다.
정 리	· 선인장 관리법을 설명한다. · 수변을 깨끗이 정리하도록 한다.	· 미숙한 관리로 인해 식물이 죽지 않도록 주의 · 독립적인 활동이 가능하도록 스스로 자신의 주변을 정리하도록 함	
활동의 다양성	· 다양한 모양과 색을 가진 선인장 및 다육식물들도 심어 재배해 본다.		
활동의 난이도	어려운 활동	· 토분의 크기를 크게 하여 여러 가지 선인장을 심어 본다. · 테라리움 형식으로 작업해 본다.	
	쉬운 활동	· 마사토를 담는 작업만 한다. · 선인장을 선택하는 작업만 한다. · 참관만 한다.	

선인장[11)]

대부분의 선인장은 잎 대신에 가시를 갖고 있으며, 줄기는 구형, 편원형, 원통형으로 보통 식물과는 다른 독특한 형태를 이루고 있다. 이들은 조직 내에 많은 수분을 오랫동안 보유할 수 있도록 되어 있으며, 오랜 건조에도 견딜 수 있다. 또한 선인장 표면에는 깊은 주름이 있는 것들이 많은데, 이 주름은 복사열로 인해 체온이 올라가지 않도록 체온을 조절하는 라디에이터 역할을 한다.

고대 마야 제국 때는 선인장 가시를 바늘대용으로 하여 의복을 만드는 데 이용하기도 했다고 하며, 페루에서는 선인장 중 가시가 강하고 많은 것을 울타리에 심어 방범용으로 사용한다고 전해진다.

이들 식물의 광합성 특징은 주간에는 기공을 닫으므로 이산화탄소의 이동이 거의 없고, 야간에만 기공을 열어 이산화탄소를 흡수한다. 이러한 패턴이 있는 식물을 CAM 식물이라고 한다. 이러한 식물은 일반식물과 달리 야간에 이산화탄소를 흡수하는 광합성 패턴이 진행되기 때문에 일반 관엽식물과 함께 두면 서로 주,야간에 이산화탄소 상쇄작용을 하여 실내공기를 신선하게 유지하는 데 도움이 된다.

<선인장 관리>

봄에서 가을까지 온난한 기후에서 재배하며, 겨울에는 가장 햇볕이 많이 드는 장소에 둔다. 봄에는 관수량을 줄이고, 늦은 봄부터 늦여름까지는 분 표면이 말랐을 때 실내에서 키우는 다른 식물들과 같은 관수량으로 관수하며, 분무는 하지 않는다. 늦여름 이후부터 관수량을 줄여 거의 건조한 상태로 둔다.

11) 손기철. 2004. 실내식물이 사람을 살린다. 중앙생활사.
임재욱 외. 2000. 선인장과 다육식물 재배. 경기도농업기술원. 중부일보사. p. 7-11.
Hessayon, D. G. 2002. The house plant expert. Sterling publishing Co. Inc., New york. p. 101.

수경재배 I (하이드로볼)

<table>
<tr><td>대 상</td><td colspan="5">□정신 ■재활 □정신지체 □노인 □치매 □청소년 □어린이</td></tr>
<tr><td>장 소</td><td>■실내 □실외 □실내외</td><td>계 절</td><td>■봄 ■여름 ■가을 □겨울</td><td>난이도</td><td>□상 □중 ■ 하</td></tr>
</table>

<table>
<tr><td>일 시</td><td colspan="2">년 월 일</td><td>담당치료사</td><td></td></tr>
<tr><td>목 표</td><td colspan="4">손의 감각을 자극하고, 도구의 사용을 학습한다.</td></tr>
<tr><td>준비물</td><td colspan="4">투명용기, 스파티필름, 싱고늄, 하이드로볼, 대야, 일회용 젓가락, 일회용 숟가락</td></tr>
<tr><td>활 동</td><td>치료 과정</td><td colspan="2">기대효과 및 Tip</td><td>대상자별 적용</td></tr>
<tr><td>도 입</td><td>· 수경재배에 관하여 설명한다.
· 수경재배와 분재배의 차이점을 찾아보도록 한다.</td><td colspan="2">· 관심을 끌어 프로그램에 집중할 수 있도록 함</td><td rowspan="3"><노인, 치매>
하이드로볼을 숟가락을 이용하여 투명용기에 담는 작업을 통하여 수 개념을 익힐 수 있다.

<정신지체>
콩 대신으로 손 운동이 되며, 새로운 재배 방법을 경험할 수 있다.

<청소년, 어린이>
흙을 만지는 것에 거부감이 있는 경우, 식물재배에 흥미를 갖게 할 수 있다.</td></tr>
<tr><td>전 개</td><td>① 두 가지 식물 중 자신이 원하는 식물을 선택하도록 한다.
② 서로 다른 식물을 선택한 사람끼리 조를 이뤄 각각 식물에 대한 이름을 알려 주고 특징들을 관찰해 보도록 한다.
③ 분에서 식물을 꺼내 뿌리가 다치지 않도록 흙을 털어 낸다.
④ 물에 ③을 깨끗이 씻는다.
⑤ 하이드로볼을 깨끗이 씻는다.
⑥ 숟가락을 이용하여 준비된 투명용기의 1/3만큼 하이드로볼을 담는다.
⑦ ④번 과정을 마친 식물을 ⑥번 용기에 담는다.
⑧ 뿌리가 보이지 않도록 하이드로볼을 담고 젓가락을 이용하여 빈 공간이 없는지 확인하고 마무리한다.</td><td colspan="2">· 손의 기민성, 엄지와 집게손가락의 유연성을 향상시켜 고유 감각과 운동감각
· 생물과 무생물을 다루는 과정에서 근육의 톤 조절 훈련
· 하이드로볼을 씻으면서 손바닥 자극 및 청각 자극
· 숟가락을 이용하여 도구의 사용을 훈련, eye-hand coordination 훈련
· 구두로 지시하여 청지각 훈련
· 유리용기를 사용할 경우 안전사고에 주의</td></tr>
<tr><td>정 리</td><td>· 관리하는 방법을 알려 주고, 어디에 두고 관리할 것인지를 이야기하도록 한다.</td><td colspan="2">· 서로 자유롭게 이야기 나눌 수 있도록 유도
· 의견 발표에 어려움이 있는 대상자는 주변에서 도와주거나 다음번에 발표할 수 있도록 함</td></tr>
<tr><td>활동의 다양성</td><td colspan="4">· 다양한 식물(테이블 야자, 스킨답서스 등)을 이용하여 만들어 본다.</td></tr>
<tr><td rowspan="2">활동의 난이도</td><td>어려운 활동</td><td colspan="3">· 수경재배가 가능한 식물들(테이블야자, 스킨답서스)을 모아서 만들어 본다.</td></tr>
<tr><td>쉬운 활동</td><td colspan="3">· 하이드로볼을 씻는 작업을 한다.
· 참관만 한다.</td></tr>
</table>

수경재배 Ⅰ(하이드로볼) >>>>>>>>>>>>>>>>>

하이드로볼 수경재배 완성 모습 (스파티필름)

수경재배는 흙을 사용하지 않고 배수구멍이 없는 용기에 물을 이용해 재배하기 때문에 간편하게, 청결하게 재배할 수 있다. 투명한 용기를 사용하면 뿌리가 자라는 상태를 관찰하면서 뿌리의 아름다움을 관상할 수 있는 장점도 있다.

수경재배가 가능한 식물로는 아디안텀, 푸밀라, 스파티필름, 아이비, 테이블야자, 접란 등이 있다.

하이드로볼

800℃ 전후의 온도에서 진흙점토를 구운 것으로 다공질이다.

<하이드로볼 수경재배의 장점>

- 흙을 사용하는 화분재배와 비교했을 때 식물의 생육이 비슷하다.
- 배수공이 없는 용기를 이용하기 때문에 실내에 어울리는 다양한 용기를 활용할 수 있으며, 관수시 물이 화분 밖으로 나올 염려가 없어 관상장소에 구애가 없다.
- 하이드로볼은 흙과는 달리 건조해도 먼지가 발생하지 않아 실내에 두기에 적합하다.
- 투명용기를 사용할 경우, 분 내의 수분 정도를 육안으로 확인할 수 있어 재배가 쉽다.
- 하이드로볼 표면에 녹조현상이 있을 경우 물에 깨끗이 씻어서 재사용이 가능하다.

스파티필름[12)]

학명: *Spathiphyllum patinii N.E.Br*

영명: Peace lily

빛이 지나치게 부족하면 웃자라거나 초세가 흐트러지기 때문에 어느 정도의 빛이 요구된다. 증산량이 높아 실내 온열환경을 조절하는데 꼭 필요한 식물로 실내오존제거율이 탁월하며, 알코올, 아세톤, 벤젠, 이산화황 등의 제거에도 효과적이다. 광이 부족하면 꽃이 피지 않는다.

싱고늄[13)]

학명: *Syngonium podophyllum Schott 'Albo-virens'*

영명: African evergreen

강한 빛을 싫어해서 여름에 직사광선을 받으면 잎이 갈색으로 되며, 빛이 약한 곳에 오래두면 잎에 있던 무늬가 사라지기도 한다. 줄기를 잘라 물이 담긴 컵에 놓기만 해도 뿌리가 쉽게 나온다. 증산작용이 활발하며, 포름알데히드, 벤젠, 톨루엔, 자일렌과 같은 실내 휘발성 물질도 많이 제거하기 때문에 실내에 두고 재배하기에 적합하다.

수경재배 Ⅱ (마정토)

마정토

무균, 무독 상태로 식물에 필요한 영양소가 첨가되어 흙 대신 사용하는 마정토는 녹색, 청색, 무색 등 투명한 점액질 물질로 산뜻한 느낌을 준다. 사용기간은 6개월에서 1년이고 재배시 식물과 마정토가 마르지 않도록 관리한다.

〈관 리〉

식물의 뿌리는 항상 흰색을 띠어야 건강한 상태이며, 적갈색이거나 서로 엉켜 있는 뿌리는 상처가 나서 부패할 우려가 있으므로 주의한다.

12), 13) 손기철. 2004. 실내식물이 사람을 살린다. 중앙생활사. 서울. p. 126-127, 200-203.

수경재배 II (마정토)

대 상	□ 정신 □ 재활 ■ 정신지체 □ 노인 □ 치매 □ 청소년 □ 어린이				
장 소	■ 실내 □ 실외 □ 실내외	계 절	□ 봄 ■ 여름 □ 가을 □ 겨울	난이도	□ 상 □ 중 ■ 하

일 시	년 월 일	담당치료사	
목 표	다양한 재배법을 통하여 새로운 경험을 한다.		
준비물	투명용기, 아이비, 호야, 마정토(파랑색, 녹색), 대야, 일회용 젓가락, 일회용 숟가락		
활 동	치료 과정	기대효과 및 Tip	대상자별 적용
도 입	· 파랑색과 초록색이 연상되는 것들을 나열해 본다.	· 자신의 생각을 말로 정확하게 표현할 수 있도록 도움 · 긍정적인 표정으로 대상자의 의견에 동의하는 표시를 하여 자신감을 느낄 수 있게 함	<정신> · 완성품에 이름을 정하도록 하고, 매일 관리하도록 하여, 관심과 애착을 갖도록 유도한다. <노인, 치매> · 완성품을 자신에게 선물하도록 하여 스스로의 가치를 높게 인식하도록 돕는다. <청소년, 어린이> · 촉감을 자극하고, 뿌리를 관찰하며 그 역할에 대해 학습한다.
전 개	① 두 가지 식물 중 자신이 원하는 식물을 선택하도록 한다. ② 서로 다른 식물을 선택한 사람끼리 조를 이뤄 각각 식물에 대한 이름을 알려 주고 특징들을 관찰해 보도록 한다. ③ 분에서 식물을 꺼내 뿌리가 다치지 않도록 흙을 털어 낸다. ④ 물에 ③을 깨끗이 씻는다. ⑤ 원하는 색의 마정토를 물이 담긴 대야에 넣어 물에 불을 때까지 기다린다. ⑥ 숟가락을 이용하여 준비된 투명용기의 1/3만큼 마정토를 담는다. ⑦ ④번 과정을 마친 식물을 ⑥번 용기에 담는다. ⑧ 뿌리가 보이지 않도록 마정토를 담고 젓가락을 이용하여 빈 공간이 없는지 확인하고 마무리한다.	· 손의 기민성, 엄지와 집게 손가락의 유연성을 향상시켜 고유 감각과 운동감각 향상시킴 · 생물과 무생물을 다루는 과정에서 근육의 톤 조절 훈련 · 마정토를 만졌을 때의 느낌을 이야기해 봄 · 숟가락을 이용하여 도구 사용법을 훈련하고 eye-hand coordination 훈련 · 유리용기를 사용할 경우 안전사고에 주의한다.	
정 리	· 관리하는 방법을 알려 주고, 어떻게 관리할 것인지를 이야기하도록 한다.	· 서로 자유롭게 이야기 나눌 수 있도록 유도 · 의견 발표에 어려움이 있는 대상자는 주변에서 도와주거나 다음번에 할 수 있도록 도움	
활동의 다양성	· 드라세나, 필레아, 페페로미아, 테이블야자, 무늬산호수 등을 이용하여 만들어 본다.		
활동의 난이도	어려운 활동	· 수경재배가 가능한 식물들(달개비 등)을 모아서 만들어 본다.	
	쉬운 활동	· 마정토를 물에 불리는 작업을 한다. · 참관만 한다.	

아이비[14]

<1. 식물 심기 및 관리>의 '늘어지는 식물을 이용한 하트 만들기' 부분 참고.

달개비[15]

학명: *Zebrina pendula Schnitzlein*

영명: Wandering jew

멕시코가 원산지이며, 잎색은 일사량에 따라 차이가 있다. 반그늘을 좋아하고 일광을 많이 받으면 붉은 색을 띤다. 고온에서는 환기를 시키고 충분히 관수하며 과습하지 않도록 한다. 너무 다습하면 썩기 쉽고 잎색이 흐려진다.

페페로미아[16]

학명: *Peperomia Ruiz. et Pav.*

영명: Peperomia

음지식물로 잎이 두꺼우며, 강광 아래에서는 잎에 있는 윤기가 없어지고 색깔도 흐려지지만, 너무 어두운 곳도 적합하지 않다. 키가 큰 식물과 함께 키우기에 적합하며, 욕실 등의 습한 곳에서도 잘 자란다.

필레아[17]

학명: *Pilea cadierei Gragnep. et Guillaum.*

영명: Watermelon pilea

온실 내에서 작은 관엽 식물로 애용되며, 특히 테라리움에 많이 이용된다. 타원형의 녹색 잎에 뚜렷한 알루미늄 빛의 은색 무늬가 있어 '알루미늄풀'이라고도 한다. 햇빛이 잘 드는 창가가 좋지만, 여름철 한낮의 직사광선으로 인해 잎에 얼룩이 생길 수 있으므로 피하는 것이 좋으며, 겨울철 창문의 찬 유리에 잎이 닿으면 식물이 검게 변하므로 주의한다. 비교적 강건한 편이다.

14)~17) 손기철. 2004. 실내식물이 사람을 살린다. 중앙생활사. 서울. p. 204, 205.
Hessayon, D.G. 2002. The house plant expert. Sterling publishing Co. Inc., New york. p. 191.
김기신 외. 1999. 신제 생활원예. 향문사. 서울. p. 294, 297-299.

수경재배 III (분재용 철사 이용)

<table>
<tr><td>대 상</td><td colspan="5">■ 정신 □ 재활 □ 정신지체 □ 노인 □ 치매 □ 청소년 □ 어린이</td></tr>
<tr><td>장 소</td><td>■ 실내 □ 실외 □ 실내외</td><td>계 절</td><td>□ 봄 ■ 여름 ■ 가을 □ 겨울</td><td>난이도</td><td>□ 상 ■ 중 □ 하</td></tr>
</table>

<table>
<tr><td>일 시</td><td colspan="2">년 월 일</td><td>담당치료사</td><td></td></tr>
<tr><td>목 표</td><td colspan="4">창의적인 표현을 통하여 자존감을 향상시킨다.</td></tr>
<tr><td>준비물</td><td colspan="4">분재용 철사, 시험관, 개운죽, 색돌, 철사용 가위</td></tr>
<tr><td>활 동</td><td>치료 과정</td><td colspan="2">기대효과 및 Tip</td><td>대상자별 적용</td></tr>
<tr><td>도 입</td><td>· 개운죽에 대하여 설명을 한다.</td><td colspan="2">· 정보를 주어 동기 유발</td><td rowspan="3"><재활>
· 편마비 대상자의 경우 본 프로그램보다 하이드로볼 수경재배나 마정토 수경재배를 추천한다.

<정신지체, 어린이>
· 시험관이 깨지지 않도록 주의한다.

<노인>
· 대나무를 이용하여 할 수 있는 것들에 대해 물어 대상자들이 대답하는 과정에서 자기 만족감을 경험하도록 한다.

<치매>
· 손가락 힘이 약하여 분재용 철사를 자유로이 다루기 어려운 대상자의 경우 옆에서 보조한다.</td></tr>
<tr><td>전 개</td><td>① 분재용 철사를 50~60cm 길이로 잘라 나누어 준다.
② 시험관 입구를 분재용 철사로 감고 나머지 부분의 분재용 철사로 좋아하는 모양을 만든다.
③ 분재용 철사의 끝을 동그랗게 말고 시험관이 서도록 고정한다.
④ 시험관에 색돌을 약간 넣고 개운죽을 넣은 후 물을 채운다.
⑤ 분재용 철사가 시험관을 안정감 있게 지탱하도록 한다.</td><td colspan="2">· 손끝잡기 힘
· Eye-hand coordination
· 창의성, 표현력
· 식물에 관한 지식 습득
· 대인관계 형성</td></tr>
<tr><td>정 리</td><td>· 자신의 작품에 대하여 발표하고 칭찬해 준다.</td><td colspan="2">· 성취감을 높여 자존감을 향상시킴</td></tr>
<tr><td>활동의 다양성</td><td colspan="4">· 색돌 대신에 하이드로볼을 넣어 만든다.</td></tr>
<tr><td rowspan="2">활동의 난이도</td><td>어려운 활동</td><td colspan="3">· 시험관 2개를 이용하여 만든다.
· 분재용 철사를 다양한 모양으로 응용한다.</td></tr>
<tr><td>쉬운 활동</td><td colspan="3">· 개운죽을 시험관에 담는다.
· 색돌을 시험관에 담는다.
· 참관만 한다.</td></tr>
</table>

개운죽[18]

학명: *Dracaena sanderiana cv. Virens*

용설란과로 높이가 30~50cm이며, 굵은 땅속줄기 끝에서 잎이 모여 난다. 뿌리에 로데인(rhodein)이라는 물질이 들어 있어 강심제와 이뇨제로 사용한다. 일본 원산의 귀화식물로서 많은 품종을 개발하였으며, 한국에서는 관엽식물로 온실에서 가꾼다. 한국, 일본 난대와 중국에 분포한다.

개운죽은 기르기 쉽고 수명이 길며 잘 노화되지 않을 뿐 아니라 예부터 귀족들 가정에 장식용으로 사용되어 왔으며, 많은 행운을 가져온다 하여 청죽(青竹)·부귀죽(富貴竹) 등 많은 이름들로 불리고 있고, 일반사람이 좋아하는 이유는 만년 동안 늘 푸르름을 간직하는 영원한 식물로서 재물과 사랑·우정 등이 변치 않는다는 의미가 있기 때문이다.

꽃말: 상속, 모성애

<관리 방법>

- 물을 4~5일에 한 번 정도로 보충해 주는데, 개운죽의 첫째마디만 덮을 정도로 채운다(그 이상 높이로 물이 있으면 물 높이까지 실뿌리가 나와 미관상 보기 싫음).
- 직사광선은 피한다.

수경재배가 가능한 채소들

감자, 무, 당근, 고구나, 양파 등의 꼭지 부분을 잘라 물이 있는 접시에 올려 부엌 한 편에 놓기만 해도 새싹이 싹트는 것을 감상할 수 있다.

18) 한국화훼장식교수연합회. 2003. 600가지 꽃도감. 부민문화사. 서울. p. 97.

수생식물 심기 (석창포)

<table>
<tr><td>대 상</td><td colspan="5">□ 정신 □ 재활 □ 정신지체 □ 노인 □ 치매 □ 청소년 ■ 어린이</td></tr>
<tr><td>장 소</td><td>■ 실내 □ 실외 □ 실내외</td><td>계 절</td><td>■ 봄 ■ 여름 □ 가을 □ 겨울</td><td>난이도</td><td>□ 상 ■ 중 □ 하</td></tr>
</table>

<table>
<tr><td>일 시</td><td>년 월 일</td><td>담당치료사</td><td></td></tr>
<tr><td>목 표</td><td colspan="3">석창포를 심는 과정을 통하여 식물에 대한 흥미를 갖도록 한다.</td></tr>
<tr><td>준비물</td><td colspan="3">석창포(수생식물), 마사토 중립과 소립, 용기, 하이드로볼 또는 옥돌, 맥반석, 대야.</td></tr>
<tr><td>활 동</td><td>치료 과정</td><td>기대효과 및 Tip</td><td>대상자별 적용</td></tr>
<tr><td>도 입</td><td>· 수생식물의 종류와 연못이나 개울가 또는 호숫가에 살고 있는 식물들을 이야기한다.
· 석창포의 효능에 대해 알아본다.</td><td>· 지식 확장</td><td rowspan="3"><정신>
· 창포와 석창포의 민간요법으로 사용되는 약효를 알려 주고 서로 의견을 얘기한다.

<재활>
· 마사토와 맥반석을 물에 씻는 과정에서 감각기능과 미세근육을 자극시킨다.

<정신지체>
· 수중식물과 수생식물의 차이점을 알려 주고 흙 대신 물에서도 식물이 자람을 알려 준다.

<노인>
· 창포와 석창포의 효능을 얘기하고, 예전부터 전해져 오는 약용식물과 물가에서 자라는 식물에 대해 이야기 나눈다.
· 민간요법에 관하여 이야기 나눈다.</td></tr>
<tr><td>전 개</td><td>① 마사토를 미리 여러 번 씻는다.
② 물을 담은 대야를 하나씩 나눠준다.
③ 전달 방식으로 맥반석 담긴 대야를 전달하고, 맥반석을 한 줌 덜어 ②에 씻도록 한다.
④ 석창포의 뿌리를 물로 씻는다.
⑤ 맥반석을 용기에 넣고 씻은 마사토를 용기에 한 줌 넣고 석창포를 심는다.
⑥ 석창포를 심은 후 마사토를 용기의 4/5까지 채운다.
⑦ 용기의 4/5까지 채워진 ⑤에 옥돌을 한 층으로 깔아 준다.
⑧ 라벨지에 날짜와 식물이름을 적는다.</td><td>· 미세근육 자극
· 감각운동
· 촉각 자극
· 손가락과 팔의 관절운동
· 지남력
· 수경재배이므로 식물을 깨끗이 물로 씻어서 함
· 지네처럼 생긴 석창포의 약효를 알려 주어 뿌리가 손상되지 않도록 함
· 재료는 손바닥 자극이 되도록 한 줌씩 덜어 쓰게 함</td></tr>
<tr><td>정 리</td><td>· 햇볕을 좋아하는 수생식물의 특성을 말해 준다.
· 자신의 작품을 상대방에게 소개하도록 한다.</td><td>· 의견발표에 거부감이 있다면 강압적으로 하지 말고 다른 사람의 의견을 경청할 수 있도록 하여 프로그램 참석에 대한 부담감이 없도록 한다.</td></tr>
<tr><td>활동의 다양성</td><td colspan="3">· 여러 종류의 수생식물과 용기를 구분하여 활동을 조절할 수 있다.</td></tr>
<tr><td rowspan="2">활동의 난이도</td><td>어려운 활동</td><td colspan="2">· 맥반석과 마사토를 물로 씻고 손으로 덜어 쓰도록 한다.</td></tr>
<tr><td>쉬운 활동</td><td colspan="2">· 재료를 씻는 것을 도와준다.
· 식물은 심어주고 마무리단계의 옥돌만 넣는 작업만 한다.
· 참관만 한다.</td></tr>
</table>

수생식물 심기

수생식물[19]은 잎자루와 뿌리에 토기조직이 발달되어 있다. 수생식물류에는 부레옥잠, 연, 수련, 워터레투스, 빅토리아, 시페러스, 석창포 등이 있으며, 원산지가 열대인지 온대인지에 따라 실내와 실외재배로 그 이용도가 구분된다.

수생식물 심기

석창포[20]

학명: *Acorus gramineus Soland.*

영명: Sweet flag

석창포는 물가에서 잘 자라는 식물로 천남성과이며 개화기는 5월이며 봄과 가을에 뿌리줄기를 채취하여 약용으로 이용한다.

꽃창포는 꽃을 즐기는 식물인 반면 석창포는 독특한 향의 방향성 식물로 마디로 되어 있는 지네처럼 생긴 뿌리는 말려서 약재로 사용한다.

석창포는『신농본초경』,『본초강목』,『향약집성방』,『동의보감』같은 옛 의학책에 그 약효가 실려 있는 약초이다.

<**효능**> 석창포의 방향성분은 눈의 피로를 풀어 주고 눈을 맑게 하며, 건망증을 치료하고 두뇌를 총명하게 하는 약으로 머리를 맑고 명석하게 한다고 전해져 온다. 뿌리의 약효는 두통, 중풍, 위장병, 냉증, 건망증, 정신분열병, 정신쇠약 등에 좋다고 문헌에 소개되어 있다.

『선신은서(仙神隱書)』에는 석창포에 대해 아래의 내용으로 적혀 있다고 한다.

"석창포 화분을 책상에 두고 밤을 새워 책을 읽어도 등잔에서 나오는 연기를 석창포가 다 빨아들이므로 눈이 피로하지 않다. 또 석창포 화분을 별이 잘 보이는 바깥에 두고 아침마다 잎 끝에 맺힌 이슬로 눈을 씻으면 눈이 밝아져서 한낮에도 별을 볼 수 있다."

식물이 잘 생육하는 수분 조건에 따른 분류[21]

- 건생식물: 토양이 건조한 곳에서 잘 자라는 식물
  예) 선인장, 다육식물, 채송화
- 습생식물: 비교적 습한 토양에서 잘 자라는 식물
  예) 꽃망초, 물망초, 식충식물, 양치식물, 칼라
- 수생식물: 수중에서 잘 자라는 식물
  예) 수련, 벗풀, 수생라넌큐러스

19) 손관화. 2004. 아름다운 생활공간을 위한 화훼장식. 중앙생활사. 서울. p. 48.
20) 이성현. 2006. 엄마정원 아이정원. 무공해생활. 서울. p. 136.
최진규. 2003. 약이 되는 우리 풀 · 꽃 · 나무 2. 한문화. 서울. p. 75-86.
21) 임새욱 외. 2002. 아름다운 꽃문화, 활력있는 생활을 위한 꽃기꾸기. 경기도농업기술원. 중부일보사. p. 25.

숯 분경

대 상	□정신 □재활 □정신지체 □노인 □치매 ■청소년 □어린이				
장 소	■실내 □실외 □실내외	계 절	■봄 □여름 ■가을 □겨울	난이도	■상 □중 □하

<table>
<tr><td>일 시</td><td colspan="2">년 월 일</td><td>담당치료사</td><td></td></tr>
<tr><td>목 표</td><td colspan="4">시공간 지각 및 구성능력, 섬세한 손 운동 능력, 창작력을 개발한다.</td></tr>
<tr><td>준비물</td><td colspan="4">실내식물(테이블야자, 접란, 자금우), 숯, 펄라이트, 배양토, 수태, 흑돌, 해민석, 대야</td></tr>
<tr><td>활 동</td><td>치료 과정</td><td>기대효과 및 Tip</td><td colspan="2">대상자별 적용</td></tr>
<tr><td>도 입</td><td>· 숯의 쓰임새에 대해 알아본다.
· 식물의 특징에 대해 설명한다.</td><td>· 호기심을 유발하여 프로그램에 집중하도록 함</td><td colspan="2" rowspan="3">· 연배가 많은 분들에게 호응이 좋은 프로그램이다.
· 실내에서 식물의 역할과 숯의 효능을 알려 주고 계절에 맞는 식물 종류를 선택한다.

<정신>
· 팀을 조성한 공동 작업을 통해 사회성을 향상시킨다.

<노인>
· 배양토는 무균토양을 사용하고 손을 많이 사용하도록 한다.</td></tr>
<tr><td>전 개</td><td>① 용기의 바닥에 숯을 글루건으로 붙인다.
② 대야에 펄라이트와 피트모스를 컵으로 덜어 물과 함께 골고루 섞어 배양토를 만들어 놓는다.
③ 입자가 굵은 펄라이트로 배수층을 만든다.
④ 포트의 식물을 꺼내어 약간의 흙을 털어 낸다.
⑤ ④의 식물을 배치하여 ②의 배양토로 잘 심는다.
⑥ 흙을 손으로 눌러 다지게 하고 그 위에 수태를 엷게 깔아 준다.
⑦ ⑥에 흑돌과 해민석을 장식한다.</td><td>· 섬세한 손의 운동 능력향상
· 동기 부여
· 양육감 증대
· 촉각 자극
· 일상생활 동작 훈련
· 시각·촉각 자극
· 표현력 향상
· 자신감과 자존감 향상
· 글루건 사용으로 인한 화상주의</td></tr>
<tr><td>정 리</td><td>· 라벨에 식물이름과 날짜를 적는다.
· 식물의 생육환경과 재배관리 요령을 말해 준다.</td><td>· 지남력
· 양육의 기쁨과 성취감을 갖게 한다.</td></tr>
<tr><td>활동의 다양성</td><td colspan="4">· 숯 대신에 여러 개의 돌(자연석)을 이용한다.</td></tr>
<tr><td rowspan="2">활동의 난이도</td><td>어려운 활동</td><td colspan="3">· 숯이 만들어지는 과정을 공부하고 발표해 보도록 한다.</td></tr>
<tr><td>쉬운 활동</td><td colspan="3">· 식물을 심는다.
· 수태를 깔고 옥돌을 장식한다.
· 참관만 한다.</td></tr>
</table>

기타 다양한 숲 분경의 완성품

접란[22)]

학명: *Chlorophytum comosum Baker var. vittatum Hort.*

영명: Spider plant

백합과이며, 소형의 열대성 초본 식물로 잎이 뿌리로부터 군생한다. 잎 길이는 20cm, 폭은 1~2cm 정도 되며 녹색바탕에 잎가에는 흰색의 가는 줄무늬가 있다. 반그늘에서 잘 자라고 고온에서는 환기를 요구하며, 너무 건조하면 잎 끝이 마르므로 공중습도는 약간 습하게 관리한다. 분주로 번식한다.

자금우[23)]

학명: *Ardisia japonica Bl.*

영명: Marlberry

6~7월에 흰꽃이 피고 늦가을에서 겨울까지 빨간 열매를 감상할 수 있으며, 열매가 많이 달리는 백량금을 만량금이라 하고, 그보다 열매 수가 적은 자금우를 천냥금이라 한다.

우리나라 남부 지방에 자생하는 상록 소관목으로 실내에 적응성이 강하여 실내에서도 잘 자라며, 연중 구입이 가능하다.

*** 숲 분경의 관수는 분무기로 분무해 준다.**

22) 윤평섭. 1989. 한국원예식물도감. 지식산업사. 서울. p. 538.
23) 김형미 외. 2006. 플로리스트와 화훼식물. 진솔. 서울. p. 154.

이식하기 (채소)

<table>
<tr><td>대 상</td><td colspan="5">□정신 □재활 □정신지체 □노인 ■치매 □청소년 □어린이</td></tr>
<tr><td>장 소</td><td>□실내 □실외 ■실내외</td><td>계 절</td><td>■봄 □여름 □가을 □겨울</td><td>난이도</td><td>□상 ■중 □ 하</td></tr>
</table>

<table>
<tr><td>일 시</td><td colspan="2">년 월 일</td><td>담당치료사</td><td></td></tr>
<tr><td>목 표</td><td colspan="4">과거 경험을 바탕으로 기억을 자극한다.</td></tr>
<tr><td>준비물</td><td colspan="4">모종(토마토, 고추), 플랜박스(노지로 옮겨 심을 경우엔 필요 없음), 상토(펄라이트, 버미큘라이트, 피트모스), 라벨, 네임펜, 대야, 계량컵</td></tr>
<tr><td>활 동</td><td colspan="2">치료 과정</td><td>기대효과 및 Tip</td><td>대상자별 적용</td></tr>
<tr><td>도 입</td><td colspan="2">· 좋아하는 채소가 어떤 것인지 이야기해 본다.
· 채소를 직접 재배해 본 경험이 있는지 이야기해 본다.</td><td>· 자신의 생각을 말로 정확하게 표현할 수 있도록 돕는다.
· 장단기 기억 자극</td><td rowspan="3"><정신>
· 관심을 과거보다 미래로 이끌도록 유도한다.

<재활>
· 상토를 배합하는 과정에서 손의 기민성을 향상시키고 촉감을 자극한다.

<청소년, 어린이>
· 싹이 트고, 꽃이 피고, 열매 맺는 등 식물의 전반적인 생육과정을 학습한다.</td></tr>
<tr><td>전 개</td><td colspan="2">① 가위 바위 보를 하여 이긴 사람 순으로 자신이 원하는 모종을 선택하도록 한다.
② 준비된 채소모종에 관하여 간략히 설명한다.
③ 상토는 피트모스 : 펄라이트 : 버미큘라이트 = 3 : 1 :1 이 되도록 컵으로 개량한다.
④ 계량한 상토를 대야에 담고 물을 넣어 배합한다.
⑤ 플랜박스에 상토를 담는다.
⑥ 모종이 들어갈 공간을 마련하고 포트에서 모종을 꺼내 옮겨 심는다.
⑦ 모종이 올바르게 심겼는지 확인해 본다.
⑧ 라벨에 자신의 이름과 날짜, 이식한 모종의 이름을 적는다.</td><td>· 성취감, 의사 결정력
· 작업수행력(청지각·시지각)
· 촉각·온랭감각 자극
· 책임감 부여
· 방울토마토의 경우 열매를 미리 준비해 보여주며 동기 유발
· 기대감
· 상토를 입에 넣지 않도록 주의</td></tr>
<tr><td>정 리</td><td colspan="2">· 관리하는 방법을 알려 주고, 열매를 수확할 수 있을지 생각해 본다.
· 주변을 깨끗이 정리하도록 한다.</td><td>· 인내심을 기르도록 하고, 열매를 얻기 위해 해야 할 일들을 지도
· 일상생활훈련</td></tr>
<tr><td>활동의 다양성</td><td colspan="4">· 다른 모종들도 심어 재배해 본다(가지, 오이 등).</td></tr>
<tr><td rowspan="2">활동의 난이도</td><td>어려운 활동</td><td colspan="3">· 모종 이식 후 열매 맺는 과정을 일지로 기록해 본다.</td></tr>
<tr><td>쉬운 활동</td><td colspan="3">· 모종을 플랜박스에 이식하는 작업만 한다.
· 플랜박스에 상토를 담는 작업만 한다.
· 상토를 배합하는 과정만 한다.
· 참관만 한다.</td></tr>
</table>

고추[24)]

채소 이식하기

학명: *Capsicum annuum*

영명: Hot pepper

5월 초에 정식하여 7월 중순부터 10월 초까지 수확이 가능하다.

옮겨 심을 때 너무 깊지 않게 모종의 흙이 보일 정도로 심고, 보통 4~5일 간격으로 관수하며, 옮겨 심은 직후 물을 충분히 주고 점차 관수량을 줄여 뿌리가 토양으로 깊게 뻗게 한 후에 다시 충분히 관수한다. 쓰러지지 않도록 지주를 이용하여 식물체를 잡아 묶어 주어야 한다.

<**효능**> 매운맛을 내는 '캡사이신(Capsaicin)'이 체지방을 줄이며, 이 맛은 입안과 위를 자극하여 체액의 분비를 촉진하며 식욕을 증진시키고 혈액순환을 촉진한다.

토마토[25)]

학명: *Lycopersicon esculentum*

영명: Tomato

지역에 따라 다소 차이가 있으나 여름에는 온도가 높아 도장, 낙화, 낙과 등의 발생이 심하므로 여름철 재배를 피해 5월 상순에 정식하고 8월 상순까지 수확한다.

햇볕이 좋고 기온이 높은 날을 택해 이식하며, 상토의 온도가 17℃ 이상 되어야 활착이 잘 되고, 지주를 세워 주면 뿌리가 빨리 내리고 햇볕을 잘 받고 통풍이 잘 되어 생육에 좋다. 곁가지는 빨리 제거하는 것이 바람직하며, 잎이 겹치는 부분이 있으면 잎을 제거한다.

<좋은 모종 선발 요령>

- 모의 전체 모습이 장방형이다.
- 충실한 쌍떡잎이 맨 아래 붙어 있다.
- 하엽이 누렇게 변하지 않았다.
- 병해나 충해가 없다.
- 모가 손바닥에 놓아도 흔들리지 않는다.
- 잎이 두껍고 흐늘거리지 않는다.
- 엽색은 진한 녹색이고 보랏빛이 없다.
- 제1화방에 충실한 꽃과 꽃봉오리가 여러 개 있다.

<**효능**> 위액분비를 촉진하고 단백질의 소화를 도우며, 위벽에 음식이 부착하는 것을 막아 위암을 예방하기도 한다.

24), 25) 임새욱 외. 2002. 행복한 우리집 건강한 식딕을 위한 텃밭채소 가꾸기. 허브월드. 서울. p. 72-77, 181-183.

종자 파종

<table>
<tr><td>대 상</td><td colspan="5">□ 정신 □ 재활 □ 정신지체 □ 노인 ■ 치매 □ 청소년 □ 어린이</td></tr>
<tr><td>장 소</td><td>□ 실내 □ 실외 ■ 실내외</td><td>계 절</td><td>■ 봄 □ 여름 □ 가을 □ 겨울</td><td>난이도</td><td>□ 상 ■ 중 □ 하</td></tr>
</table>

<table>
<tr><td>일 시</td><td colspan="2">년 월 일</td><td>담당치료사</td><td></td></tr>
<tr><td>목 표</td><td colspan="4">집중력을 기르고 eye-hand coordination을 훈련한다.</td></tr>
<tr><td>준비물</td><td colspan="4">종자(쑥갓, 상추 등 채소종자), 트레이, 상토(펄라이트, 버미큘라이트, 피트모스), 라벨, 네임펜, 투명비닐, 칼라타이, 대야, 계량컵</td></tr>
<tr><td>활 동</td><td colspan="2">치료 과정</td><td>기대효과 및 Tip</td><td>대상자별 적용</td></tr>
<tr><td>도 입</td><td colspan="2">· 좋아하는 채소가 어떤 것인지 이야기해 본다.
· 종자의 생김새를 관찰한다.</td><td>· 자신의 생각을 말로 정확하게 표현할 수 있도록 도움
· 관찰력</td><td rowspan="3">· 상토를 만지는 것에 거부감이 있는 대상자의 경우, 비닐장갑을 착용하도록 하여 촉감을 느낄 수 있도록 한다.

<정신>
· 하나하나의 작업을 통하여 집중력을 기른다.

<재활>
· Eye-hand coordination 훈련에 적합하다.
· 손가락 움직임이 유연하지 못한 대상자의 경우 종자의 크기가 큰 것(강낭콩)부터 시작한다.

<정신지체>
· 매일 관수하도록 지도하여 시간의 흐름을 인지하고 책임감을 느끼도록 한다.</td></tr>
<tr><td>전 개</td><td colspan="2">① 자신이 원하는 채소 종자를 정한다.
② 트레이에 대해 설명하고 나누어준다.
③ 상토는 피트모스 : 펄라이트 : 버미큘라이트 = 3 : 1 : 1이 되도록 컵으로 개량한다.
④ 계량한 상토를 대야에 담고 물을 넣어 배합한다.
⑤ 트레이에 배합한 상토를 골고루 담는다.
⑥ 트레이 중앙에 손가락을 이용하여 구멍을 만든다(너무 깊게 파지 않도록 한다.).
⑦ 준비된 종자를 구멍에 담고 복토한다.
⑧ 라벨에 자신의 이름과 날짜, 심은 종자의 이름을 적는다.</td><td>· 의사 결정력
· 작업수행력(청 지각/시 지각)
· 촉각·온랭감각 자극
· 책임감 부여
· 식물의 성장한 모습을 사진, 슬라이드 등의 자료로 준비하여 종자의 모습과 비교
· 기대감</td></tr>
<tr><td>정 리</td><td colspan="2">· 관리하는 방법을 알려 주고, 언제쯤 싹이 날지 기대해 본다.</td><td>· 인내심을 기르도록 하고, 싹을 틔우기 위해 해야 할 일들을 지도</td></tr>
<tr><td>활동의 다양성</td><td colspan="4">· 다른 종자들도 심어 재배해 본다(치커리, 강낭콩, 갓).</td></tr>
<tr><td rowspan="2">활동의 난이도</td><td>어려운 활동</td><td colspan="3">· 종자 파종 후 싹이 나오는 과정을 일지로 기록해 본다.</td></tr>
<tr><td>쉬운 활동</td><td colspan="3">· 종자를 트레이에 심는 작업만 한다.
· 트레이에 상토를 담는 작업만 한다.
· 상토를 배합하는 작업만 한다.
· 참관만 한다.</td></tr>
</table>

종자를 파종하는 모습

피트모스(Peat moss)

온대습지에 수태의 유체가 퇴적분해 하여 형성된 것으로, 산도, 무기물의 함량, 생성지에 따라서 구성이 다양하고, 가볍고 보수력과 보비력이 있다. 피트모스는 한번 건조해지면 다시 수분을 함유하기가 어렵다.

펄라이트(Perlite)

열로 살균되어 무균이며 진주암에 의해 만들어진 가벼운 물질이다. 760～1200℃의 용광로에서 진주암의 물이 압축된 수증기로 바뀌고 팽창된 입자는 부풀어 오른 하얀 알갱이로 바뀌는데 이 입자가 펄라이트이다. 공극이 많아 보수력이 좋으며 통기성과 배수력은 좋으나 영양분을 함유하고 있지 않다.

버미큘라이트(Vermiculite)

운모로부터 생성되며 1100℃의 용광로에서 처리되어 팽창된 층을 형성한다. 무비・무균이며, 압력에 의해 팽창된 층이 압축되는 경우가 있는데 그 경우엔 상품성이 떨어진다. 가볍고, 보수・보비력, 통기성이 좋다.

<종자의 발아에 영향을 미치는 환경요인[26]>

• 수분

종자는 적당한 수분을 흡수한 후 발아 활동을 시작한다. 단단한 종자와 콩과식물의 경우 습한 조건에서 싹이 잘 나므로 씨뿌리기 전 하룻밤 동안 물에 담가 두는 것이 바람직하다.

• 온도

일반적으로 온대 원산 식물의 종자는 20℃, 열대 원산 식물의 종자는 30℃ 전후가 적당하다.

• 빛

대부분의 초본류는 빛을 좋아하는 종자이므로 빛이 있어야 싹이 트는데 일부 종자는 빛이 없는 어두운 조건에서 싹이 트는 특성이 있다.

26) 시정남 외. 2002. 원예와 함께하는 생활. 부민문화사. 서울. p. 47.

쑥갓[27)]

학명: *Chrysanthemum coronarium var. spatiosum*

영명: Crown daisy

4월에 파종하는데 이때 깊게 심지 않으며, 싹이 올라와 본엽이 1~2매일 때 솎아준다. 5월 말부터 6월 중순까지 수확한다.

<효능> 독특한 향기를 내는 방향 정유 성분은 위를 따뜻하게 하고 장을 튼튼하게 하며 식욕을 증진시키는 작용을 한다. 또한 식물성 섬유가 장을 적당히 자극하여 변통을 좋게 하기도 한다. 외용으로는 타박상, 동상, 삔 데 쑥갓 즙을 따뜻한 면포에 묻혀 붙여 주면 효과가 있다.

상추[28)]

학명: *Lactuca sativa*

영명: Lettuce

종자는 파종 전에 3~4시간 정도 물에 담가 놓고 바닥에 가라앉은 종자를 심는다. 깊게 심지 않고 시들지 않도록 물주기에 주력해야 한다.

- 봄 재배 : 4월에 파종하여 5월 초에 정식하고 그달 말부터 7월 초까지 수확한다.
- 여름 재배: 6월 중순에 파종하여 7월 중순에 정식하고 8월 내내 수확한다.
- 가을 재배: 8월 말에 파종하고 9월 중순에 정식하고 10월 중순부터 11월 중순까지 수확한다.

<효능> 상추의 쌉쌀한 쓴맛은 식욕을 돋우어 입맛을 찾아주며 숙면에 도움을 준다. 상추를 많이 먹으면 락투신(Lactucin)이라는 성분 때문에 졸음이 올 수도 있다. 상추는 피를 맑게 해 주며, 변비에 좋다.

27), 28) 임재욱 외. 2002. 행복한 우리집 건강한 식탁을 위한 텃밭채소 가꾸기. 허브월드. 서울. p. 78-87, 184, 185.

쪽파 심기

<table>
<tr><td>대 상</td><td colspan="5">□ 정신 □ 재활 □ 정신지체 ■ 노인 □ 치매 □ 청소년 □ 어린이</td></tr>
<tr><td>장 소</td><td>□ 실내 □ 실외 ■ 실내외</td><td>계 절</td><td>□ 봄 ■ 여름 □ 가을 □ 겨울</td><td>난이도</td><td>□ 상 □ 중 ■ 하</td></tr>
</table>

<table>
<tr><td>일 시</td><td colspan="2">년 월 일</td><td>담당치료사</td><td></td></tr>
<tr><td>목 표</td><td colspan="4">과거의 경험을 회상하며, 장기 기억을 자극한다.</td></tr>
<tr><td>준비물</td><td colspan="4">쪽파종구, 플랜트박스, 상토(피트모스, 펄라이트, 버미큘라이트), 모종삽</td></tr>
<tr><td>활 동</td><td>치료 과정</td><td colspan="2">기대효과 및 Tip</td><td>대상자별 적용</td></tr>
<tr><td>도 입</td><td>· 예전에 직접 재배하던 채소가 어떤 것이었으며, 그에 대한 추억이 있으면 이야기 나눠 본다.</td><td colspan="2">· 소외되는 대상자가 없이 모두 참여할 수 있도록 함</td><td rowspan="3"><정신>
· 쪽파의 성장과정을 통하여 시간의 흐름을 인식하도록 하고, 후에 쪽파로 먹을 수 있는 요리에 관해 생각해 보도록 하여, 흥미를 유도한다.

<청소년, 어린이>
· 재배 후 수확하여 쪽파전을 만들어 먹을 것이라고 공지하면 관심을 높일 수 있다.</td></tr>
<tr><td>전 개</td><td>① 충실한 쪽파 종구를 골라낸다.
② 상토는 피트모스 : 펄라이트 : 버미큘라이트 = 3 : 1 : 1이 되도록 컵으로 개량한다.
③ 계량한 상토를 대야에 담고 물을 넣어 배합한다.
④ 플랜박스에 상토를 3/4 정도 채운다.
⑤ 종구 줄기부분의 끝을 가위로 살짝 잘라낸다.
⑥ 플랜박스에 줄을 맞추어 심는다.
⑦ 심은 쪽파 종구가 보이지 않도록 상토로 살짝 덮어 준다.</td><td colspan="2">· 촉각·온랭감각 자극
· 기억력 자극
· 손의 기민성 향상
· 도구의 적절한 사용(모종삽, 가위 등)
· 옆 사람과의 자연스러운 대화 유도</td></tr>
<tr><td>정 리</td><td>· 재배법에 대하여 이야기 나눈다.</td><td colspan="2">· 서로 알고 있는 지식을 공유함으로써 자신감과 결속감을 느낄 수 있도록 함</td></tr>
<tr><td>활동의 다양성</td><td colspan="4">· 다른 식물들도 심어 재배해 본다(글라디올러스, 아마릴리스 등).</td></tr>
<tr><td rowspan="2">활동의 난이도</td><td>어려운 활동</td><td colspan="3">· 다른 대상자를 돕는다.</td></tr>
<tr><td>쉬운 활동</td><td colspan="3">· 쪽파종구를 자르는 작업만 한다.
· 상토를 배합하는 작업만 한다.
· 참관만 한다.</td></tr>
</table>

쪽파 심기 >>>>>>>>>>>>>>>>>>>>>>>

쪽파[29)]

8월 말에 파종하여 10월 말에서 11월 중순까지 수확한다. 외피에 광택이 나며, 종구가 단단하고 충실하며 병해충의 흔적이 없는 것을 선정하여 파종한다. 줄기부분의 끝을 약간 절단하고 인경을 2~3구씩 쪼개어 심으면 뿌리내림이 빠르다.

<**효능**> 비타민 A와 C, 칼슘, 칼륨 등이 풍부하게 들어 있으므로 몸을 따뜻하게 해 주고 위장의 기능을 활발하게 도와준다. 파 특유의 냄새는 알린 때문인데, 이는 소화액의 분비를 촉진하여 식용을 증진시키고, 발한·해열·소염작용이 있어 감기 예방과 피로 회복에 효과적이다.

인경[30)]

비늘줄기라고도 하며, 단자엽 식물에 속하는 식물체가 양분을 지하부의 인엽에 저장하여 비대해진 구를 말한다. 이는 줄기가 짧고 잎이 비대한 다육질의 인편으로 되어 있는데 화기나 생장점이 육질의 인편으로 둘러싸여 있다. 이 인편은 외측과 내측의 기능이 다른데, 외측은 저장 양분을 가지고 있고 내측은 엽형을 가지고 있다. 인경에는 외부인편이 말라 버리고 한 겹의 막벽으로 되어 버린 것을 유피인경, 외부인편이 없이 다만 인편이 겹쳐 있는 것을 무피인경이라고 한다. 유피인경에는 튤립·수선·히아신스·양파·쪽파 등이 있고, 무피인경에는 백합을 예로 들 수 있다.

콩나물 기르기 >>>>>>>>>>>>>>>>>>>>>

콩나물[31)]

마르지 않도록 물을 자주 주며, 5~7cm 정도의 길이가 되면 먹는다. 콩의 주성분은 단백질이 40%, 지방질이 20% 정도 있어 '밭에서 나는 고기'로 불릴 정도로 단백질이 풍부하다. 뿐만 아니라 당분, 조섬유, 칼슘, 인, 비타민 등이 함유되어 있어 인체에 필요한 영양을 골고루 충족시킨다. 또한 계절에 관계없이 손쉽게 기를 수 있고 변비를 비롯한 성인병 예방에 도움이 된다. 콩나물을 물에 너무 오래 담가두거나 지나치게 가열하면 비타민C가 파괴되므로 주의한다.

29) 임재욱 외. 2002. 행복한 우리집 건강한 식탁을 위한 텃밭채소 가꾸기. 허브월드. 서울. p. 149-151.
30) 박석근 외. 1999. 원시인이 꼭 알아야 할 용어 384가지-기초원예용어집. 도서출판 서원. 서울. p. 67.
31) 임재욱 외. 2002. 행복한 우리집 건강한 식탁을 위한 텃밭채소 가꾸기. 허브월드. 서울. p. 179.

콩나물 기르기

대 상	□정신 □재활 □정신지체 □노인 ■치매 □청소년 □어린이				
장 소	■실내 □실외 □실내외	계 절	■봄 ■여름 ■가을 □겨울	난이도	□상 □중 ■ 하

일 시	년 월 일	담당치료사	
목 표	활동의 움직임을 통하여 근육의 사용을 돕는다.		
준비물	콩나물콩, 부직포, 행수, 수방용기, 부직포, 시루, 신문지, 생수		
활 동	치료 과정	기대효과 및 Tip	대상자별 적용
도 입	· 콩나물을 이용해 먹을 수 있는 음식에 관하여 이야기 나눈다.	· 인지력 · 집중력 · 단어사용능력	<정신> 자칫하면 너무 단순한 프로그램이 되어 지루함을 느낄 우려가 있다. <재활> 손쉽게 작업할 수 있고, 특별한 재능을 필요로 하는 것이 아니므로 모든 대상자가 만족할 수 있다. <노인> 과거의 추억들을 이야기 나누도록 한다. <청소년, 어린이> 단기간에 식물의 성장을 볼 수 있는 장점이 있고, 식불 일지를 쓰도록 해 학습효과를 높인다.
전 개	① 준비된 콩을 신문지에 펼쳐 쭉정이 콩을 골라낸다. ② 충실한 콩을 주방용기에 담는다. ③ 생수를 충분히 붓는다. ④ 시루에 부직포를 깔고 콩을 부은 후 충분히 물을 붓는다. ⑤ 행주를 시루 위에 덮는다. ⑥ 어둡고 습한 곳에 놓는다.	· 촉각·온랭감각 자극 · 판단력, 의사결정력 · 서로 도와가면서 작업을 수행하도록 함으로써 타인에 대한 인식을 증대시킴 · 손의 기민성 향상 · 미세근육 운동	
정 리	· 물을 자주 주도록 하고, 어느 시루의 콩나물 콩에서 먼저 싹이 나올지 내기해 본다.	· 자신의 생각을 표현하고 발표하도록 하여 자신감을 향상시킴	
활동의 다양성	· 무순 기르기, 녹두 기르기를 한다.		

활동의 난이도		
	어려운 활동	· 다른 대상자들을 돕는다.
	쉬운 활동	· 물을 붓는다. · 쭉정이 콩을 골라낸다. · 콩나물 콩을 손으로 만져 촉감을 자극한다. · 참관만 한다.

테라리움

대 상	■정신 □재활 □정신지체 □노인 □치매 □청소년 □어린이				
장 소	■실내 □실외 □실내외	계 절	■봄 ■여름 ■가을 □겨울	난이도	■상 □중 □ 하

일 시	년 월 일	담당치료사	
목 표	직접 자연을 꾸며봄으로써 창의성과 표현력을 기른다.		
준비물	소형 분화식물(왜란, 푸밀라, 휘토니아 등), 상토(펄라이트, 버미큘라이트, 피트모스), 하이드로볼, 색돌, 자갈, 대야, 계량컵, 나무젓가락, 일회용 숟가락, 유리용기		
활 동	치료 과정	기대효과 및 Tip	대상자별 적용
도 입	· 식물이 자라는 데 필요한 것들이 어떤 것이 있는지 생각해 본다.	· 문제를 해결하기 위한 사고력 증진	<재활> · 상지 기능의 재활을 요하는 대상자의 경우 다소 어려운 작업일 수 있으므로, 대상자의 특성을 잘 파악하여 적용한다. · 하지 기능의 재활을 요하는 대상자의 경우는 프로그램을 무리 없이 수행할 수 있다. <정신지체> · 유리용기가 깨지지 않도록 세심한 주의가 필요하다. <청소년, 어린이> · 유리용기가 깨지지 않도록 주의시킨다.
전 개	① 준비된 분화식물을 관찰한다. ② 유리용기를 나누어 준다. ③ 배수를 위해 숟가락을 이용해 펄라이트를 유리용기에 깐다. ④ 계량한 상토를 대야에 담고 물을 넣어 배합한 후 유리용기에 상토를 1/4 정도 채운다. ⑤ 포트에서 식물을 뽑아 유리용기에 배치하고 상토를 이용하여 고정시킨다. ⑥ 뿌리가 보이지 않게 심겨졌는지 확인한다. ⑦ 색돌이나 자갈을 이용하여 장식한다. ⑧ 라벨에 필요한 사항들을 적는다(이름, 날짜, 식물명 등).	· 손의 기민성 향상 · 창의력, 표현력 · 프로그램을 어려워하는 대상자의 경우 그룹 내의 대상자들이 하는 것을 보고 따라 할 수 있도록 함 · 판단력, 의사결정력 · 치료사는 개입의 시기를 적절히 조절하여 프로그램 후 대상자가 자신감을 가질 수 있도록 도움	
정 리	· 주변을 정리하고 테라리움 관리법에 관해 설명한다. · 서로 상대방의 작품에 관하여 한 가지씩 칭찬하도록 한다.	· 상대방과의 대화 연습을 통하여 고립감을 감소시키고 사회성 향상을 도움	
활동의 다양성	· 선인장이나 다육식물을 이용하여 테라리움을 만들어 본다.		
활동의 난이도	어려운 활동	· 재료를 나누어 주는 작업을 돕는다. · 프로그램에 사용된 식물에 관해 학습한다.	
	쉬운 활동	· 식물을 심는 작업을 한다. · 포트에서 식물을 꺼내는 작업을 한다. · 상토를 배합하는 작업을 한다. · 참관만 한다.	

다양한 테라리움 완성 모습

테라리움(Terrarium)[32)]

라틴어의 terra(땅)와 arium(용기)의 합성어로, 투명한 유리용기 내에 식물을 꾸미고 가꾸는 것을 말한다. 즉 뿌리에서 빨아올린 물이 식물의 기공을 통해 배출되면 유리벽에 물방울로 되어 있다가 떨어져 다시 뿌리로 흡수된다. 낮에는 잎에서 탄소동화작용에 의하여 탄산가스를 흡수하고 산소를 내뿜으며, 밤에는 호흡작용으로 산소를 흡수하고 탄산가스를 내뿜는 산소의 순환으로 지탱되는 것이다. 이와 같이 물의 순환과 산소의 순환이 어느 정도 용기 자체 내에서 이루어져 특별히 관수에 신경을 쓰지 않아도 되므로 관리하는 데 많은 시간이 필요하지 않는다는 장점이 있다.

<테라리움에 적합한 용기>

투명한 유리 또는 플라스틱제 용기로 용도에 따라 공기의 유통을 차단시킨 밀폐식 용기와 공기유통이 되는 개폐식 용기를 선택한다.

- 광선의 투과가 유리한 용기
- 식물생장에 필요한 토양을 넣을 수 있고 지탱할 수 있는 용기
- 식물생장에 필요한 공간, 공기, 수분을 갖출 수 있는 용기

테라리움 역사

1829년 런던의 내과 의사가 밀폐된 용기 속에 흙을 담아 두고 나방과 나비의 유충에 관한 연구를 하던 중 그 당시 외부환경에서 생육할 수 없는 양치류 식물들이 용기 속에서 자라는 것에 의문을 갖고 연구를 시작한 데서부터 유래되었다.

테라리움에 적합한 식물

아디안텀, 네프롤네피스, 필레아, 아프리칸 바이올렛, 안스리움, 싱고늄, 왜란, 페페로미아, 아이비, 피토니아류 등이 있다.

32) 김기선 외. 1999. 신제 생활원예. 향문사. 서울. p. 155 161.

아프리칸 바이올렛[33]

학명: *Saintpaulia H. Wendl.*

영명: African violet

겨울의 추위와 여름의 더위를 싫어하고 직사광선도 싫어한다. 개화시기가 정해져 있지 않고, 덥지도 춥지도 않은 적당한 조건이 되면 겨울에도 꽃이 핀다. 관수시 꽃이나 잎에 물이 닿지 않도록 주의하고, 표면이 마르면 관수한다.

푸밀라[34]

학명: *Ficus pumila*

영명: Creeping fig

2cm 가량의 작은 잎으로, 가는 줄기가 덩굴모양으로 뻗어나가며, 고무나무와 마찬가지로 햇빛을 좋아하므로 베란다 등에서 재배하면 좋다.

줄기가 너무 길게 어수선한 모양으로 자라게 되면 지표면으로부터 아주 짧게 잘라내어 새 줄기를 받아내며, 강한 직사광선에 잎이 직접 쪼이면 반점이 생기며 타버리게 되므로 각별히 주의한다. 반면에 너무 광량이 부족한 장소에 두고 키우면 줄기와 잎이 여리게 웃자라게 되고 병충해가 발생할 우려도 있다. 여름철에는 경우에 따라 잎에 분무하며, 겨울에는 관수량을 줄인다. 분갈이를 자주해 주는 것은 좋지 않으므로 2년에 한 번 정도가 적당하다.

〈테라리움 관리〉

식물이 너무 빨리 생장하면 곤란하므로 생육 속도가 빠르지 않고 좁은 용기에 식재가 가능한 식물을 선정한다.

테라리움은 용기가 투명하여 밀폐시킨 용기를 직사광선에 노출시키면 용기 내 온도의 급상승으로 식물이 고사하거나 일소 현상이 생기므로 주의해야 한다. 제작 초기에는 식물이 활착할 때까지 음지에 두었다가 완전히 활착한 후에 광선에 노출시킨다.

33), 34) Hessayon, D. G. 2002. The house plant expert. Sterling publishing Co. Inc., New york. p. 142, 201, 202.

포인세티아 심기

<table>
<tr><td>대 상</td><td colspan="5">□정신 ■재활 □정신지체 □노인 □치매 □청소년 □어린이</td></tr>
<tr><td>장 소</td><td>■실내 □실외 □실내외</td><td>계 절</td><td>□봄 □여름 □가을 ■겨울</td><td>난이도</td><td>□상 □중 ■ 하</td></tr>
</table>

<table>
<tr><td>일 시</td><td colspan="2">년 월 일</td><td>담당치료사</td><td></td></tr>
<tr><td>목 표</td><td colspan="4">근육의 톤을 조절하는 훈련을 하고, 계절감을 익힌다.</td></tr>
<tr><td>준비물</td><td colspan="4">포인세티아, 상토(펄라이트, 버미큘라이트, 피트모스), 대야, 계량컵, 바구니 또는 화분용기, 이끼, 라벨, 네임펜</td></tr>
<tr><td>활 동</td><td>치료 과정</td><td>기대효과 및 Tip</td><td colspan="2">대상자별 적용</td></tr>
<tr><td>도 입</td><td>· 겨울하면 연상되는 것들에 대해 이야기 나눈다.
· 빨간색하면 연상되는 것들을 이야기 나눈다.
· 캐롤을 불러본다.</td><td>· 호기심을 유도하여 프로그램에 집중할 수 있도록 함
· 생각을 자신 있게 말할 수 있도록 도움</td><td colspan="2" rowspan="3"><정신>
· 기억에 남는 크리스마스에 관한 추억을 떠올려보고, 올 크리스마스엔 무엇을 하고 싶은지 생각해 보도록 한다.

<노인>
· 자녀들이나 손자들에게 선물하도록 동기 부여를 하여 적극적으로 참여하도록 하고 만족감을 느끼도록 한다.

<정신지체, 어린이>
· 크리스마스에 받고 싶은 선물에 관해 이야기해 보고, 어떤 착한 일을 했었는지 생각해 보도록 한다.</td></tr>
<tr><td>전 개</td><td>① 포인세티아를 관찰한다.
② 상토는 피트모스 : 펄라이트 : 버미큘라이트 = 3 : 1 : 1이 되도록 컵으로 개량한다.
③ 계량한 상토를 대야에 담고 물을 넣어 배합한다.
④ 용기에 상토를 1/3 정도 채운다.
⑤ 포트에서 포인세티아를 꺼내어 용기에 담는다.
⑥ 나머지 부분을 상토로 채우고 마무리 한다.
⑦ 이끼로 상토가 보이지 않도록 가린다.
⑧ ‘메리 크리스마스’를 라벨에 쓰고 알맞은 위치에 꽂는다.</td><td>· 촉각·온랭감각 자극
· 문제해결 능력
· 손의 기민성 향상
· 근육의 톤 조절
· 인지력: 글씨쓰기 연습
· 포인세티아에서 나오는 하얀 유액은 독성이 있으므로, 대상자의 입에 들어가지 않도록 주의시킴</td></tr>
<tr><td>정 리</td><td>· 서로 완성된 작품을 감상한다.</td><td>· 구체적으로 칭찬하여 자신감이 향상되도록 함</td></tr>
<tr><td>활동의 다양성</td><td colspan="4">· 다른 식물들도 심어 재배해 본다(장미, 골든크러스트, 코레우스).</td></tr>
<tr><td rowspan="2">활동의 난이도</td><td>어려운 활동</td><td colspan="3">· 다른 대상자를 돕는다.
· 크리스마스 분위기에 어울리는 리본을 만들어 본다.</td></tr>
<tr><td>쉬운 활동</td><td colspan="3">· 포인세티아를 포트에서 꺼내는 작업을 한다.
· 상토를 배합하는 작업을 한다.
· 참관만 한다.</td></tr>
</table>

포인세티아 심기 >

포인세티아[35)]

학명: *Euphorbia pulcherrima, willd. ex klotzsch 'Annette Hegg Supreme'*

영명: Christmas-poinsettia

멕시코가 원산지이며, 키는 50~100cm에 이르고, 위에서 가지가 갈라지며, 줄기 끝에 달리는 잎은 방사상으로 돌려나는데, 양 끝이 좁고, 가장자리가 물결 모양이거나 얕게 갈라져 있다. 꽃 가까이의 잎은 아름다운 주홍색을 띠며, 겨울에 줄기 끝에 황록색의 작은 꽃이 핀다.

미국과 유럽에서 포인세티아를 이용하게 된 것은 19세기 후반으로, 마귀를 피한다는 의미를 가진 적색을 크리스마스에 장식하는 풍습과 함께 유래되었다. 겨울 꽃이라는 선입견과 달리 아열대 원산의 포인세티아는 추위에 약한 식물로, 잎이 시들기 시작하면 즉시 관수하며, 특히 여름철에는 관수를 충분히 한다. 개화기 동안에는 잎에 충분히 분무해 주는 것이 좋다.

꽃말: 축하, 축복

포인세티아 심기

35) Hessayon, D. G. 2002. The house plant expert. Sterling publishing Co. Inc., New york. p. 195.

허브 미니가든

대 상	□정신 ■재활 □정신지체 □노인 □치매 □청소년 □어린이				
장 소	■실내 □실외 □실내외	계 절	■봄 □여름 □가을 겨□울	난이도	□상 ■중 □하

<table>
<tr><td>일 시</td><td>년 월 일</td><td>담당치료사</td><td></td></tr>
<tr><td>목 표</td><td colspan="3">후각을 자극하고 식용으로 가능한 식물을 재배하여 활용 하도록 한다.</td></tr>
<tr><td>준비물</td><td colspan="3">허브 3종(메리골드, 타임, 민트 등) 포트, 배양토(질석, 피트모스, 펄라이트), 하이드로볼, 난석중립, 옥돌</td></tr>
<tr><td>활 동</td><td>치료 과정</td><td>기대효과 및 Tip</td><td>대상자별 적용</td></tr>
<tr><td>도 입</td><td>· 가족을 닮은 돌(자연석)과 가족에 관해 이야기 나누고, 허브의 향을 맡고 이름 맞히기를 한다. 식물의 모양이나 특징을 관찰한다.</td><td>· 전 회기에 가족을 닮은 작은 돌을 주워 오게 한다.
· 관찰력 증가
· 후각 자극</td><td rowspan="3"><치매>
· 입에 넣지 않도록 주의시킨다.
· 장식용 옥돌 여러 개를 천주머니에 넣고 손을 넣어 만지게 하여 감각기능을 자극한다.

<청소년, 어린이>
· 좋아하는 허브를 이야기하고, 그 효능을 학습한다.</td></tr>
<tr><td>전 개</td><td>① 허브를 나눠 주고 향을 맡고 이름을 익힌다.
② 용기의 바닥에 중립의 난석을 넣고 소립의 하이드로볼을 넣어 배수층을 만든다.
③ 질석과 피트모스, 펄라이트를 컵으로 대야에 담아 혼합한다.
④ 혼합한 배양토를 먼저 넣고 허브 3종을 배치를 한다.
⑤ 배양토를 다져 가며 허브 식물을 심도록 한다.
⑥ 표층을 덮기 위한 이끼를 깐다.
⑦ 주워온 돌을 장식하여 가족을 표현하게 하거나 옥돌로 계곡을 표현하는 장식한다.</td><td>· 후각기능 자극
· 관찰력 증가
· 손의 미세근육운동
· 촉각 자극
· 감각기능
· 관절가동범위 향상
· 관찰력</td></tr>
<tr><td>정 리</td><td>· 테이블을 정리한다.
· 미니정원의 이름을 지어 본다.
· 허브의 재배환경과 관리요령을 알려 준다.</td><td>· 의견을 나누고 다른 사람의 의견을 경청하는 훈련</td></tr>
<tr><td>활동의 다양성</td><td colspan="3">· 허브를 이용하여 차를 끓이거나 식초를 만들어 본다.</td></tr>
<tr><td rowspan="2">활동의 난이도</td><td>어려운 활동</td><td colspan="2">· 배수층을 만들고 허브를 심는다.</td></tr>
<tr><td>쉬운 활동</td><td colspan="2">· 옥돌을 장식한다.
· 배양토를 혼합하여 섞는다.
· 허브향을 맡는다.
· 참관만 한다.</td></tr>
</table>

허브 미니가든 >

메리골드[36)]

학명: *Tagetes erecta L.*

영명: African marigold, Big marigold

국화과의 춘파 일년초이다. 속명 Tagetes는 이탈리아의 토스카나 지방의 신화에 나오는 청년신의 이름에서 유래되었으며 원산지는 아메리카로 20~30종이 분포한다. 금잔화와 같이 개화 기간이 길고 향기가 독특하며 약간 악취가 나기 때문에 토양 중의 해충을 구제하는 효과도 있다. 절화용보다는 화단용으로 많이 이용된다. 개화기는 6~10월이고, 꽃은 노란색과 주황색이며, 봄에서 여름 사이에 구입이 가능하다.

타임[38)]

학명: *Thymus vulgaris*

영명: Garden thyme

잎이 작고 지피용으로 가능하다. 향기성분은 방주작용과 살균효과가 있다. 빛이 충분하고 통풍이 잘 되는 곳에서 잘 자라며 추위에 강하다. 표면의 흙이 건조할 때 충분히 관수한다. 장마철에 습도가 높으면 잎이 썩고 병이 발생하므로 가지를 적당히 잘라내고, 건조한 환경에서 기르면 향이 더 강하다.

꽃말: 용기

〈허브가 잘 자라는 환경[37)]〉

■ 빛과 온도

- 햇빛이 잘 들고, 배수가 잘 되며, 바람이 잘 통하는 장소
- 빛이 잘 드는 베란다나 창가와 같은 장소
- 11월 전후로 월동준비 — 다년생허브는 지상으로 나온 부분을 잘라내고 낙엽이나 비닐 등으로 지하부를 덮어 보온해 준다.

■ 물주기

- 물은 화분 밖으로 나올 정도로 충분히 주는 것이 좋으나 대부분의 허브는 건조한 환경을 좋아하므로 뿌리가 썩지 않도록 주의 한다.
- 여름장마철 관리가 중요하다. 실외 정원에서는 통풍과 배수에 주의하고, 실내의 허브는 장마기에 물주는 횟수를 줄이고 부족한 빛을 보충해 줘야 한다.
- 겨울철에는 물을 적게 주어 건조하게 키워야 추위에 강해진다.

■ 배양토

- 배양토는 물 빠짐이 잘 되는 통기성이 좋은 토양
- 보수력이 좋은 토양
- 허브는 약알칼리성 토양을 좋아한다. 석회성분을 함유한 계란껍질, 조개껍질을 섞어 주는 것도 좋다.

■ 비료

- 다른 작물에 비해 비교적 적게 사용하여야 향과 맛이 좋은 허브를 재배할 수 있다.
- 실내에서 재배할 경우에는 액체비료를 월 1~2회 주는 것이 좋다.
- 이식할 때 흙에 섞어 밑거름을 주었으면 추가로 시비할 필요는 없다.
- 여름철에는 비료를 주지 않는다.

■ 병해충

- 허브는 기온이 낮고, 햇빛과 통풍이 부족할 경우 병해충에 걸리기 쉽기 때문에 주의한다.
- 프렌치 메리골드나 로즈마리 등은 살충효과가 있으므로 함께 심어 가꾸면 주위에 해충이 달라붙지 못하는 효과가 있다.

36) Hessayon, D. G. 2002. The house plant expert. Sterling publishing Co. Inc., New york. p. 73.
37) 서정남 외. 2002. 원예와 함께하는 생활. 부민문화사. 서울. p. 175-179, 189.
38) Lesley Bremness. 1994. Herbs. Kyodo Printing Co., Singapore. p. 133.

2. 꽃장식

가을 꽃꽂이
강아지 꽃바구니
고정가지 꽃꽂이
관엽을 이용한 한 송이 포장
나무줄기 엮은 리스 꽃꽂이
버드나무 볼 꽃꽂이
봄 꽃꽂이
사탕 꽃꽂이
엽란말이 꽃꽂이
우산 꽃 포장하기
컵 꽃꽂이
크리스마스 초 꽃꽂이
토피어리
파베스타일 꽃꽂이
하트 꽃꽂이
희망나무 꽃꽂이

가을 꽃꽂이

대 상	□정신 □재활 □정신지체 ■노인 □치매 □청소년 □어린이				
장 소	■실내 □실외 □실내외	계 절	□봄 □여름 ■가을 □겨울	난이도	□상 ■중 □ 하

일 시	년 월 일	담당치료사	
목 표	손의 기민성을 향상시키고, 과거를 회상하는 시간을 갖는다.		
준비물	바구니, 플로랄 폼, 분화용 꽃 고추, 보리, 소국, 금빛줄사철, 가위		
활 동	치료 과정	기대효과 및 Tip	대상자별 적용
도 입	· 가을에 볼 수 있는 식물이름을 말하도록 한다. · 가을과 관련된 노래를 한 소절씩 불러 본다.	· 지남력 · 인지력, 발표력 · 자신감	<정신> · 준비된 다양한 소재들 중 본인과 비슷한 소재를 한 가지씩 선정하고 어떤 이유로 본인과 비슷하다고 생각되는지 이야기 나누어 본다. <재활> · 소재의 줄기가 굵어 가위로 자르기 힘든 부분은 치료사나 보조자가 함께 도와준다. <치매> · 되도록 과거를 회상할 수 있는 소재들을 재료로 사용하여 기억력을 자극한다. <청소년, 어린이> · 모든 소재를 한꺼번에 나누어 주고 자유롭게 작품을 만들도록 하여 창의성을 기른다.
전 개	① 플로랄 폼을 알맞은 크기로 자른 후 물에 담가 수분이 충분히 흡수되도록 한다. ② ①을 바구니에 넣어 고정시킨다. ③ 보리를 가장 길게, 분화용 꽃 고추를 다음으로, 그리고 소국을 가장 짧게 자르고 각각 ②에 꽂는다. ④ 금빛 줄사철을 이용하여 플로랄 폼의 빈 공간을 채운다.	· 물에 잠기기 전과 잠긴 후의 플로랄 폼의 무게감 비교 · Eye-hand coordination · 공간감각, 위치감각 · 장악력·근력 향상 · 추석 전에 프로그램을 할 경우 추석에 준비하는 음식에 관하여 이야기하며 즐거운 추억을 함께 맞이할 수 있도록 유도	
정 리	· 주변을 정리하고 자신이 만든 작품을 다른 사람들에게 소개한다.	· 큰 박수로 칭찬하여 대상자의 성취감과 자존감을 높임	
활동의 다양성	· 소재를 다양하게 활용하여 바구니 꽃꽂이를 해본다.		
활동의 난이도	어려운 활동	· 바구니의 크기를 크게 하거나, 소재를 다양하게 선정하고 소재별 높낮이를 다르게 꽂는다.	
	쉬운 활동	· 적당한 크기로 소재들을 자른다. · 자른 소재들을 플로랄 폼에 꽂는다. · 참관만 한다.	

분화용 꽃 고추[39)]

학명: *Capsicum annuum L. 'Conoides Celestial'*

영명: Solanum cherry

분화용 꽃 고추는 실내에서 재배가 가능하며, 햇빛만 받으면 계속 열매를 맺어 식용과 관상용으로 애용할 수 있다. 남아메리카가 원산지인 꽃 고추는 일반 고추와는 달리 한 나무에서 여러 가지 색깔의 열매가 달리므로, 매우 다양한 느낌을 준다. 분화용 꽃 고추는 4계절 수분과 햇볕만 있으면 꽃과 열매가 계속 달리며 식용으로도 사용할 수 있으나, 실제적으로 우리나라는 늦가을부터 기온이 떨어지는 기후조건이기 때문에 온상에서 재배하지 않는 한 1년초에 해당한다. 꽃 고추 열매가 하늘을 치켜보고 달려 있어 일명 하늘고추로도 불리고 있다.

가을 꽃꽂이 완성 모습

보리[40)]

학명: *Hordeum vulgare L. var. hexatichon Ashers*

영명: Barley

벼과의 일년생 초본으로, 속명의 Hordeum은 보리의 옛 라틴어 이름이다. 식용으로 하는 보리지만 화재용으로 재배하고 있어 겨울부터 꽃꽂이 소재로 나오고 있다. 고창에서는 청보리(청맥)라고도 불리며, 잎 · 줄기 · 이삭 · 망이 녹색으로 그 아름다운 색을 살려 봄의 계절감이나 상쾌감을 표현하는 소재로 이용되고 있다.

금빛줄사철[41)]

학명: *Euonymus radicans Sieb. forma aureo-marginatus Rehd.*

노박덩굴과(Celastraceae)로 원산지는 한국과 일본이며, 상록관목이다. 삽목으로 번식한다.

39) Hessayon, D. G. 2002. The house plant expert. Sterling publishing Co. Inc., New york. p. 112.
40) 김형미 외. 2006. 플로리스트와 화훼식물. 진솔. p. 34.
윤평섭. 1998. 환경원예식물도감. 문운당. 서울. p. 182.
41) 윤평섭. 1998. 환경원예식물도감. 문운당. 서울. p. 111.

강아지 꽃바구니

대 상	□정신 ■재활 □정신지체 □노인 □치매 □청소년 □어린이				
장 소	■실내 □실외 □실내외	계 절	□봄 ■여름 □가을 □겨울	난이도	□상 ■중 □하

일 시	년 월 일	담당치료사	
목 표	꽂기 작업을 통하여 손목의 움직임을 부드럽게 하고, 엄지와 검지의 끝잡기 힘을 키운다.		
준비물	꽃바구니(小), 아스파라거스, 카네이션, 눈알, 생화본드, 리본, 빵끈, 대야, 빵칼, 가위		

활 동	치료 과정	기대효과 및 Tip	대상자별 적용
도 입	· 강아지 꽃바구니에 관하여 소개한다.	· 프로그램에 대한 호기심을 유발하여 집중할 수 있도록 함	<재활> · 근육의 톤 조절이 자유롭지 못한 환자들은 카네이션의 마디를 부러뜨릴 수 있으므로 주의시키거나 다른 소재(국화)로 대체한다. <노인> · 옛날에 집에서 기르던 동물이 어떤 것들이 있었는지 이야기 나눔을 통하여 과거를 회상하도록 한다. <청소년, 어린이> · 좋아하는 동물이 어떤 것이 있는지 이야기해 보면서 호기심을 갖도록 한다. 집에서 강아지를 키우고 있다면 그 강아지의 이름이 뭐고 어떤 점이 좋은지 이야기하도록 한다.
전 개	① 바구니에 들어갈 크기만큼 플로랄 폼을 자른다. ② ①을 물에 적신다. → 물에 넣기 전과 후의 플로랄 폼을 비교해 본다. ③ 플로랄 폼을 꺼내어 적당한 크기로 다듬어서 바구니에 넣는다. ④ 카네이션 중에서 가장 큰 꽃 3송이를 모아서 얼굴을 만든다. ⑤ 봉오리 한 송이를 꼬리로 꽂는다. ⑥ 카네이션을 손바닥 길이만큼 잘라서 몸통을 표현한다. ⑦ 아스파라거스를 이용해 나머지 여백 밑 부분에 꽂아 준다. ⑧ 생화본드를 이용해 눈알을 붙인다. ⑨ 강아지 목 부분에 리본을 매단다.	· 공간감각 · Eye-hand coordination · 시각·후각 자극 · 지각처리: 좌우 방향, 꽃의 길이를 조절하여 꽂기 · 최대한 독립적으로 단계별 작업을 수행하도록 함 · 카네이션 마디를 자르지 않도록 지도 · 물이 직접 닿으면 꽃이 시커멓게 변하므로 꽃에 직접 물을 분사하지 않도록 함	
정 리	· 남은 꽃 줄기 등은 가위로 잘라서 쓰레기로 버린다. · 작품의 이름을 생각하여 지어 보고 그 이유를 다른 사람에게 이야기하도록 한다.	· 의견을 나누는 훈련 · 의견발표에 거부감이 있다면 강압적으로 하지 말고 다른 사람의 의견을 경청할 수 있도록 하여 프로그램 참석에 대한 부담감 줄임	
활동의 다양성	· 어버이날이나 스승의 날에 동일한 소재로 카네이션 꽃바구니를 만들어 본다.		

활동의 난이도		
	어려운 활동	· 꽃도라지, 미스티블루 등 꽃의 줄기가 가늘거나 크기가 작은 소재를 활용하여 꽃바구니를 만들어 본다.
	쉬운 활동	· 적당한 크기로 잘려 있는 소재들을 플로랄 폼에 꽂는다. · 가위로 소재들을 적당한 크기로 자른다. · 꽃꽂이를 위해 플로랄 폼을 담가 준비한다. · 참관만 한다.

카네이션[42)]

학명: *Dianthus caryophyllus*

영명: Carnation

카네이션 꽃잎은 심장에 좋다고 하여 특히 고대에 아주 귀하게 여겨 머리에 쓰는 관이나 목걸이로 쓰이기도 했다. 이 꽃의 향기는 사람의 마음을 무서운 악몽으로부터 지켜준다는 말이 있으며, 어머니날에 이 꽃을 선물하는 풍속은 1907년에 미국에서 시작되었다. 6월 15일의 탄생화이다.

강아지 꽃바구니

꽃말: 정열, 말로 표현할 수 없는 사랑

꽃점: 6월 15일생은 사교가이며 재능이 풍부하여 처세에 능하지만, 달변에만 의지하는 경향이 있어 성실함이 느껴지지 않기도 하다.

아스파라거스[43)]

학명: *Asparagus plumosus Baker(=A. setaceus(Kunth) Jessoop)*

영명: Lace fern

직사광선은 피하고, 약간 그늘지거나 빛이 있는 상태에서 잘 적응한다. 봄부터 가을까지는 주기적으로 관수하며, 겨울에 실내가 너무 건조하면, 필요에 따라 분무하기도 한다. 매해 봄에 분갈이하며, 종자 파종이나 분주를 통해 번식한다. 잎이 노랗게 변하고 떨어지거나 잎 끝이 갈색으로 변하면 빛이 너무 많거나 토양이 너무 건조하기 때문이며, 잎이 노랗게 변하고 떨어지나 잎 끝이 말리거나 그을음이 없으면 온도가 너무 높거나 빛이 충분하지 않기 때문이다.

<플로랄 폼 사용시 유의사항>

- 플로랄 폼을 적당한 크기로 칼이나 철사를 이용하여 자른다.
- 물이 담겨 있는 용기에 적당한 크기로 자른 플로랄 폼을 가볍게 띄운다(따뜻한 물은 되도록 피하는 것이 바람직하다).
- 플로랄 폼이 자연스럽게 물에 충분히 잠길 때까지 기다린다(플로랄 폼을 손으로 눌러 물에 담그면 물이 골고루 스며들지 않아 꽃이 오래가지 않는다).
- 플로랄 폼 색깔이 물에 잠겨 진한 녹색을 띠면 꺼내서 사용한다.

42) 다키 야스카쓰. 1997. 탄생화의 비밀. 도서출판 일빛. 서울. p. 172.
43) Hessayon, D. G. 2002. The house plant expert. Sterling publishing Co. Inc., New york. p. 69.

고정가지 컵 꽃꽂이

<table>
<tr><td>대 상</td><td colspan="5">□정신 □재활 ■정신지체 □노인 □치매 □청소년 □어린이</td></tr>
<tr><td>장 소</td><td>■실내 □실외 □실내외</td><td>계 절</td><td>■봄 □여름 ■가을 ■겨울</td><td>난이도</td><td>□상 □중 ■하</td></tr>
</table>

<table>
<tr><td>일 시</td><td colspan="2">년 월 일</td><td>담당치료사</td><td></td></tr>
<tr><td>목 표</td><td colspan="4">꽃과 나무줄기 자르기를 반복하여 어깨근육과 관절의 운동량을 향상시키고, 후각을 자극한다.</td></tr>
<tr><td>준비물</td><td colspan="4">말채나무(마디초), 해바라기, 가위, 투명 컵, 주전자</td></tr>
<tr><td>활 동</td><td colspan="2">치료 과정</td><td>기대효과 및 Tip</td><td>대상자별 적용</td></tr>
<tr><td>도 입</td><td colspan="2">· 향기가 좋은 꽃에는 어떤 것이 있는지 이야기해 본다.</td><td>· 적절한 단어 사용으로 인한 의사표현을 도움
· 다양한 꽃의 이름을 접하도록 함</td><td rowspan="3"><노인>
· 자르기를 반복하여 손의 기능과 장악력을 향상되도록 한다.

<어린이, 청소년>
· 어떤 형식과 틀에 맞춰 꽂는 꽃꽂이가 아니라 쉽게 꽃을 꽂아 마음대로 표현하게 할 수 있다.

<재활>
· 자르기 동작을 반복하여 어깨부위의 근육과 관절 운동범위를 향상시키도록 한다.</td></tr>
<tr><td>전 개</td><td colspan="2">① 약 10cm 높이의 투명 컵을 나눠준다.
② 말채나무를 한번 휘어보고 10cm길이로 자르도록 한다.
③ 같은 길이로 자른 말채나무를 투명 컵에 꽉 채운다.
④ 노란 해바라기를 나눠 주고 향을 맡아 보게 한다.
⑤ 컵 속 말채나무 가지사이에 프리지어 꽃의 길이를 조절하여 꽂는다.
⑥ 대야에 물을 주고 야외용 컵으로 ⑤에 물을 채우고 마무리한다.</td><td>· 말채나무는 줄기가 잘 휘어지므로, 관절운동을 위해 자르기 전에 줄기를 휘는 동작을 반복한다.
· 장악력 향상
· Eye-hand coordination
· 손의 기민성
· 후각자극
· 상지의 관절운동 향상
· 지각처리
· 어깨부위 근육운동
· 어깨부위 관절운동
· 청지각, 시지각 훈련</td></tr>
<tr><td>정 리</td><td colspan="2">· 남은 꽃·줄기 등은 가위로 잘라서 쓰레기로 버린다.
· 꽃이 시들고 나면 꽃만 교체하여 오랫동안 감상할 수 있도록 관리 방법을 알려 준다.</td><td>· 일반적인 꽃을 꽂는 도구를 사용하지 않고 꽃을 고정하는 방법에 대한 의견을 나눔</td></tr>
<tr><td>활동의 다양성</td><td colspan="4">· 다양한 초본성과 목본성의 나무소재와 꽃을 선택하여 만들어 본다.</td></tr>
<tr><td rowspan="2">활동의 난이도</td><td>어려운 활동</td><td colspan="3">· 나무줄기의 굵기에 따라 난이도를 조절할 수 있다.</td></tr>
<tr><td>쉬운 활동</td><td colspan="3">· 꽃꽂이 후 컵에 물을 채워 준다.
· 초본성 재료를 이용하여 자르기를 하고 꽃 고정가지를 만든다.
· 꽂기만 한다.
· 참관만 한다.</td></tr>
</table>

말채나무[44)]

학명: *Cornus alba L.*

영명: Siberian dogwood

우리나라 각지에서 자라는 낙엽성 관목으로 층층나무과이며, 백옥수목이라고도 한다. 꽃꽂이 소재로 가장 많이 사용되는 나무 중의 하나로 줄기는 붉은색과 연두색 2종이며, 꺾어지지 않고 잘 휘어지는 나무줄기다. 구입은 연중 가능하다.

해바라기[45)]

학명: *Helianthus annuus L.*

영명: Sunflower

춘파 일년생 초본으로, 속명의 Helianthus는 그리스어의 helios '태양'과 anthos '꽃'의 합성어이다. 황색의 꽃이 태양의 위치에 따라 회전하므로 붙여진 이름이다. 원예종으로 겹꽃도 있다.

꽃말: 동경, 믿음, 기다림, 숭배

고정가지 컵 꽃꽂이 완성품 및 재료

말채나무

속새

마디초(속새)[46)]

학명: *Equisetum hyemale L.*

영명: Common horsetail

꽃꽂이 소재로 연중 사용 가능하다. 속새과이며 꽃이 피지 않고 포자번식을 한다.

다년생 초본으로, 속명 Equisetum은 라틴어 equus(말)+seta(꼬리)의 합성어로 생김새가 말의 꼬리와 같다고 하여 유래 되었다. 세계에 약 25~30종이 있으며 우리나라에는 8종이 있고 쇠뜨기가 여기에 속한다.

진한 녹색의 줄기에 황백색의 여러 개의 마디가 있어서 마디초로 시장에서 불리며 속이 비어 있어서 구부리기가 쉽다.

44)~46) 김형미 외 5인. 2006. 플로리스트와 화훼식물. 진솔. 서울. p. 25, 191.
임재욱 외. 2002. 아름다운 꽃문화, 활력 있는 생활을 위한 꽃가꾸기. 경기도농업기술원. 중부일보사. p. 138.

관엽을 이용한 한 송이 포장	대 상	□정신 □재활 □정신지체 □노인 □치매 ■청소년 □어린이				
	장 소	■실내 □실외 □실내외	계 절	□봄 □여름 □가을 ■겨울	난이도	■상 □중 □하

일 시	년 월 일	담당치료사	
목 표	학업으로부터의 스트레스를 잊고 친구들과 함께하는 시간을 가져보도록 한다.		
준비물	필로덴드론 잎(1장), 엽란(2장), 장미(1송이), 라피아		
활 동	치료 과정	기대효과 및 Tip	대상자별 적용
도 입	· 꽃을 포장하는 방법에 대해 이야기 해 보고, 자연소재만으로도 꽃 포장을 할 수 있다는 것을 알려 준다.	· 프로그램에 대한 호기심을 유발하여 집중할 수 있도록 함	· 필로덴드론은 천남성과 식물이므로 줄기나 잎에서 나오는 즙액이 상처부위나 경구에 닿지 않도록 한다. · 대상자별로 장미의 가시에 주의하며 사용한다. <재활> · 양손의 기능이 가능한 대상자에게만 적용한다. <노인> · 양손을 이용하여 균형을 잡아서 하도록 한다. <치매> · 장미의 가시를 제거하고 사용하도록 한다. <어린이> 포장지를 사용하지 않고도 자연소재로만 꽃 포장하는 자연친화형 꽃포장임을 알려 준다.
전 개	① 장미를 나누어 주고 가시와 잎을 정리한다. ② 장미의 목 부분에 닿도록 필로덴드론 잎을 대고, 마주보도록 엽란 한 장을 감싸준다. ③ 다른 엽란 1장을 리본을 메어줄 위치에 두고, 엽란 줄기를 위에서 아래로 엇비슷하게 말아준다. ④ ③에 말아 놓은 엽란 중앙 라인 부분에 라피아를 이용하여 나비 모양으로 리본을 묶는다.	· 공간감각 · Eye-hand coordination · 시각·후각 자극 · 지각처리: 좌우 방향, 관엽의 위치와 길이 조절하여 잡기	
정 리	· 각자 만든 작품에 대하여 서로 잘된 부분을 한 가지씩 이야기해 준다.	· 자신의 것만이 아닌 주변 친구들의 것에도 관심을 갖도록 유도 · 자신감 향상	
활동의 다양성	· 해바라기 등 꽃머리가 큰 절화를 이용하여 만들어 본다.		
활동의 난이도	어려운 활동	· 다른 친구들을 돕는다.	
	쉬운 활동	· 엽란 1장과 필로덴드론을 마주보게 장미 한 송이를 감싼다. · 장미의 가시와 잎을 정리한다. · 참관만 한다.	

관엽을 이용한 한 송이 포장

관엽을 이용한 한 송이 포장 만드는 과정

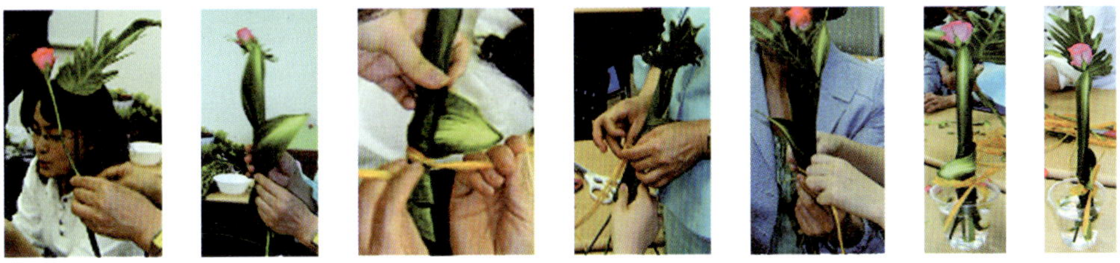

필로덴드론[47]

학명: *Philodendron selloum C. koch*

영명: Lacy tree-phiodendron

줄기에 기근이 생성하는 천남성과 식물로, 반그늘을 좋아하고 비교적 내한성이 강한 편이다. 절화용으로 시판되는 잎이 소엽종인 필로덴드론을 사용하는 것이 한 송이 포장에 적당하고 예쁘다.

엽란[48]

학명: *Aspidistra elatior Blume*

영명: Iron-plant

백합과이며, 상록 다년초이다. 잎은 근경에서 군생하며 진녹색으로 광택이 나고 평행맥이 세로로 되어 있다. 절화용으로 수요가 많으며, 수명이 오래가는 소재이다.

라피아

야자류 식물의 줄기 껍질이다. 여러 가지의 색상으로 염색되어 꽃꽂이의 리본 대용으로 사용된다.

<일반적인 꽃 포장지 종류[49]>

- 투명 필름지: 투명하며 가격이 저렴하고 간결하면서 깨끗한 느낌을 준다.
- 마 포장: 인공 마로서 어느 꽃이나 잘 어울리며 자연스러움으로 이용을 많이 한다.
- 부직포 포장: 불투명하고 가격이 저렴한 장점과 다양한 색상이 있기 때문에 꽃과 리본의 색에 잘 맞춰 배합하면 멋진 꽃 포장을 할 수 있다.
- 종이 포장: 초지, 주름지, 한지 등 다양하다. 초지는 인체에 해로운 화학성분을 없앤 종이에 초를 입힌 포장지이고, 주름지는 주름을 만들 수 있도록 되어 있어 화려한 느낌을 준다.
- 기타: 망사나 특별하게 제작된 꽃의 포장지의 종류도 있다.

47), 48) 윤평섭. 1989. 한국원예식물도감. 지식산업사. 서울. p. 127, 535.
49) 허북구 외. 2002. 실전 꽃 포장 쉽게 배우기. 중앙생활사. 서울. p. 16, 17.

나무줄기 엮은 리스 (개나리 줄기) 꽂꽂이

<table>
<tr><td>대 상</td><td colspan="5">□정신 □재활 □정신지체 ■노인 □치매 □청소년 □어린이</td></tr>
<tr><td>장 소</td><td>■실내 □실외 □실내외</td><td>계 절</td><td>■봄 □여름 □가을 □겨울</td><td>난이도</td><td>■상 □중 □하</td></tr>
</table>

<table>
<tr><td>일 시</td><td colspan="2">년 월 일</td><td>담당치료사</td><td></td></tr>
<tr><td>목 표</td><td colspan="4">어깨부위의 관절운동과 근력이 향상되는 운동을 한다.</td></tr>
<tr><td>준비물</td><td colspan="4">개나리줄기, 타이(tie), 칼라, 아네모네. 수반 또는 흰색 화분받침, 가위, 컵</td></tr>
<tr><td>활 동</td><td colspan="2">치료 과정</td><td>기대효과 및 Tip</td><td>대상자별 적용</td></tr>
<tr><td>도 입</td><td colspan="2">· 봄에 피는 꽃에 대해 이야기해 보고 그 꽃에 얽힌 추억이 있으면 다른 대상자들에게 이야기해 주도록 한다.
· 봄과 관련된 노래를 불러 본다.</td><td>· 주의집중, 호기심 유발
· 계절감과 원예의 지식습득</td><td rowspan="3"><재활>
· 나무줄기의 굵기에 따라 휘기 훈련을 조절한다.

<정신지체>
· 봄을 맞이하면서 가장 좋아하는 계절과 그 이유에 대해서 이야기하고, 계절마다의 특징들을 생각해 보도록 한다.

<치매>
· 이른 봄의 꽃과 나무를 이용하여 지남력과 계절감각 및 인지기능 향상을 기대하고, 또 나무줄기를 구부리고 감는 동작의 팔운동을 유도한다.

<청소년, 어린이>
· 계절의 꽃을 통하여 자연학습의 동기를 부여하고 공격성을 완화시키며 주의력 결핍의 집중력을 기대한다.</td></tr>
<tr><td>전 개</td><td colspan="2">① 개나리나무의 5줄기를 수반 넓이만큼의 길이로 둥글게 휘어 타이로 묶어 준다.
② ①에 개나리 한 줄씩 여러 번 둥글게 감는 듯 엮어 주며 리스를 만든다.
③ 엮어 놓은 개나리 리스를 수반에 넣는다.
④ ②의 리스에 칼라 꽃을 개나리의 줄기를 휘감듯 꽂는다.
⑤ 아네모네 꽃은 리스의 개나리 줄기 사이사이에 길이를 짧게 꽂는다.
⑥ 수반에 물을 넣고 마무리한다.</td><td>· 양측 협응
· ROM 향상
· 손목과 손가락 운동
· 어깨부위의 근육 운동
· 어깨부위의 관절 운동
· 계절감각
· 지남력
· 소근육 발달
· 장악력</td></tr>
<tr><td>정 리</td><td colspan="2">· 남은 꽃·줄기 등은 가위로 잘라서 쓰레기로 버린다.
· 계절의 꽃에 대해 의견을 얘기하고 만든 작품의 이름을 생각하여 지어보고 그 이유를 다른 사람에게 이야기하도록 한다.</td><td>· 장악력
· 의견을 나누는 훈련을 한다.
· 계절감</td></tr>
<tr><td>활동의 다양성</td><td colspan="4">· 휘어지는 모든 나무줄기는 이용이 가능하므로, 나무줄기의 굵기가 굵거나 가는 줄기로 휘거나 감아서 리스를 만들어 본다.</td></tr>
<tr><td rowspan="2">활동의 난이도</td><td>어려운 활동</td><td colspan="3">· 개나리 나무줄기 등의 굵은 줄기를 가진 소재를 이용하여 휘감는 동작을 반복한다.</td></tr>
<tr><td>쉬운 활동</td><td colspan="3">· 리스 틀을 만든다.
· 꽃을 개나리줄기 사이에 꽂기를 한다.
· 수반에 물을 넣는 작업을 한다.
· 참관만 한다.</td></tr>
</table>

개나리[50)]

학명: *Forsythia koreana 'Nakai'*

영명: Korean forsythia

물푸레나무과이고, 우리나라 전역에서 자라나는 낙엽성 활엽관목이다.

우리나라의 봄을 화려하게 장식하는 대표적인 꽃으로, 전 세계에 7종이 있으나 그 중에서 우리나라에 4종(장수만리화, 개나리, 만리화, 산개나리)이 자생하고 있고, 중국 원산의 약으로 사용되는 개나리인 의성 개나리가 있다.

꽃말: 희망, 청초, 깊은 마음

칼라[51)]

학명: *Zantedeschia aethiopica (L.) K. Spr.*

영명: Lily of the Nile

천남성과(Araceae)의 다년생 초본으로, 속명의 Zantedeschia는 이탈리아의 식물학자 Giovanni Zantedesch(1773~1846)의 이름에서 유래된 것이다. 속명으로 Calla도 같이 사용하며 원산지는 열대 아프리카로 6~8종이 난다. 꽃이 백합과 비슷하고, 나일강 근처에서 자생한다고 하여 나일의 백합이라고도 부른다. 최근에 절화와 분화로 많이 생산되고 있다. 화색으로는 흰색, 노랑, 분홍, 엷은 보라 등이 있다.

꽃말: 열정, 청정

아네모네[52)]

학명: *Anemone caronaria L. 'St Brigid'*

영명: Poppy anemone

미나리아재비과(Ranuncullaceae)의 다년생 초본으로, 속명 Anemone는 그리스어의 바람이라는 anemos에서 유래되었으며 바람이 잘 부는 곳에서 생장한다고 하여 붙여진 이름이다. 원산지는 북반구로 약 120종이 있으며 우리나라에도 12종(들바람꽃, 바이칼바람꽃, 가래바람꽃, 회리바람꽃, 쌍동바람꽃, 세바람꽃, 숲바람꽃)이 분포한다. 화색으로는 흰색, 적색, 자색, 보라색, 푸른색이 있다. 양귀비 아네모네, 서양바람꽃으로도 불린다.

꽃말: 배신, 속절없는 사랑

50)~52) 김형미 외. 2006. 플로리스트와 화훼식물. 진솔. 서울. p. 44, 85, 158.

버드나무 볼 꽂꽂이

대 상	□정신 □재활 ■정신지체 □노인 □치매 □청소년 □어린이				
장 소	■실내 □실외 □실내외	계 절	■봄 □여름 □가을 ■겨울	난이도	■상 □중 □하

일 시	년 월 일		담당치료사	
목 표	구부리고 감는 작업을 통해 근육의 힘을 향상시키고, 사회성을 강화시킨다.			
준비물	버들가지, 난잎, 글라디올러스, 소국, 타이(Tie), 수반, 컵, 가위			
활 동	치료 과정	기대효과 및 Tip		대상자별 적용
도 입	· 다양한 공의 종류와 크기 및 모양에 대해 이야기 나누고, 나무줄기로 공을 만들 것을 이야기한다.	· 프로그램에 대한 호기심을 유발하여 집중할 수 있도록 함		<재활> · 양측 상지 기능이 가능한 대상자에게만 적용한다. <노인> · 옛날에 놀던 놀이기구나 공구를 생각하며 공을 만들게 하여 과거를 회상하며 동심을 느끼게 한다. <청소년, 어린이> · 공의 크기와 모양을 선택하여 만들도록 한다.
전 개	① 버들가지를 구부리고 감아서 둥글게 공 모양으로 엮는다. ② ①의 줄기를 휘감아서 타이로 고정한다. ③ 버들가지로 만든 볼을 수반에 넣는다. ④ 볼에 난잎과 같은 긴 잎을 휘감는다. ⑤ 버들가지 볼에 글라디올러스의 길이를 길게 꽂는다. ⑥ 소국은 길이를 짧게 하고, 꽃 색깔 배합을 잘하여 꽂는다. ⑦ 수반에 물을 붓는다.	· 시각·촉각 자극 · 기민성 · 손목 부위의 관절운동 · 손목 부위의 근육운동 · 팔굽 부위의 관절운동 · 어깨 부위의 관절과 근육운동 · Eye-hand coordination · 양측 손의 협응 · 볼을 다양한 크기로 여러 개로 만들어 장식하여 활동량과 난이도 조절		
정 리	· 완성된 작품을 보고 연상되는 것을 이야기한다.	· 서로의 의견을 나누고 경청하는 훈련		
활동의 다양성	· 버들가지 대신 다래 덩굴 등 휘는 가지를 사용하여 볼을 만든다.			
활동의 난이도	어려운 활동	· 볼의 개수와 크기를 자유롭게 정하여 만들어 본다.		
	쉬운 활동	· 꽃을 꽂는다. · 수반에 물을 붓는다. · 참관만 한다.		

버드나무 볼 꽃꽂이

버드나무 볼 꽃꽂이 만드는 과정 및 다른 꽃을 이용한 완성품

용버들(곱슬버들)[53)]

학명: *Salix matsudana G. Koidz var. tortuosa Rehder.*

영명: Pekin willow

버드나무과(Salicaceae)이며 중국 원산의 낙엽성 교목으로, 원줄기와 큰 가지는 위를 향하는 반면에 햇가지는 아래로 처지는 특성을 가지고 있으며, 암그루에서만 종자가 달린다. 줄기가 꼬불꼬불하게 되어 있어서 용버들이라는 이름이 붙었고 절화 시장에서는 곱슬버들이라는 이름으로 유통되고 있다. 구부려지는 특성을 이용하여 여러 가지 작품 구상에 이용되며, 플라워 디자인의 프레임(Frame) 꽃꽂이로 애용되는 소재이다.

꽃말: 친절, 자유

수양버들(능수버들)[54)]

학명: *Salix babylonica L.*

영명: Weepin willow, Babylon willow

버드나무과이고, 속명의 Salix는 버들의 옛 라틴어 이름인데 습윤한 땅에서 잘 산다고 하여 켈트어의 sal '가깝다'와 lis '물'이라는 뜻의 합성어로 이루어졌다. 암그루에서만 종자가 달린다. 우리나라에서도 주로 물가에서 자라며, 가지가 아래로 처지는 특징을 가지고 봄이 왔음을 알리는 대표적인 식물이다. 가지가 유연하게 휘기 때문에 꽃꽂이에 다양하게 사용된다.

꽃말: 비애, 추도

53)~55) 김형미 외. 2006. 플로리스트와 화훼식물. 진솔. 서울. p. 39, 69 71, 185.

갯버들[55)]

학명: *Salix gracilistyla Mig.*

영명: Pussy willow

버드나무과의 낙엽성 관목으로, 우리나라 각처의 냇가에 자라며 꽃이 잎보다 먼저 나온다. 다른 버들보다도 꽃의 크기가 크고 좀더 일찍 개화한다. 암그루에서만 종자가 달리고, 연중 구할 수 있으나 꽃이 달려 있는 것은 늦겨울에서 봄 사이에 가능하다. 다른 버들과 같이 유연하여 꽃꽂이에 많이 이용되고 있다.

꽃말: 친절, 자유

봄 꽃꽂이 >>>>>>>>>>>>>>>>>>>>>>>>

프리지어[56)]

학명: *Freesia 'Safari'*

영명: Freesia

비내한성 추식구근으로 구경에 속하고, 향기로운 꽃이 겨울철에 핀다. 잎은 특유의 긴 칼 모양으로 7~8매 나오고, 봄에 온도가 올라감에 따라 개화하며, 달콤한 향이 특징이다. 8월 20일의 탄생화이다.

남아프리카 희망봉이 원산지이며, 19세기 초에 유럽에 소개되어 널리 퍼졌고, '프리지어'라는 이름은 남아프리카에서 식물채집을 하던 C. 에크론이 프리제라는 그의 친구의 이름을 따서 붙였다고 한다.

꽃말: 순결

꽃점: 8월 20일생은 순진함, 순정, 청순함을 그림으로 그려 놓은 듯한 사람이어서 달콤한 거짓말에 그만 속고 말지만, 당신의 결백함은 인생의 커다란 성공을 가져다 줄 것이다.

봄에 볼 수 있는 꽃들

- 추파1년초: 가을에 파종하여 이듬해에 꽃을 피운다.
  예) 데이지, 팬지, 프리뮬라, 시네라리아, 칼세올라리아 등.
- 추식구근: 9월과 10월 사이 가을철에 심는 구근류로 겨울 동안 저온처리를 받은 후에 휴면이 타파되어 개화한다.
  예) 튤립, 히아신스, 크로커스, 수선화 등.

56) 다키 야스카쓰. 1997. 탄생화의 비밀. 도서출판 일빛. 서울. p. 238.
Hessayon, D. G. 2002. The house plant expert. Sterling publishing Co. Inc., New york. p. 98.

봄 꽃꽂이

대 상	□정신 □재활 □정신지체 ■노인 □치매 □청소년 □어린이				
장 소	■실내 □실외 □실내외	계 절	■봄 □여름 □가을 □겨울	난이도	□상 ■중 □ 하

일 시	년 월 일	담당치료사	
목 표	프리지어를 이용하여 계절감을 익히고 운동감각을 훈련한다.		
준비물	바구니, 프리지어, 금빛줄사철, 플로랄 폼, 가위, 대야		
활 동	치료 과정	기대효과 및 Tip	대상자별 적용
도 입	· 좋아하는 계절과 그 이유를 말해 본다. · 봄에 볼 수 있는 꽃들은 어떤 것이 있는지 이야기 나눈다.	· 자신의 생각을 표현하도록 한다. · 현실감을 익힌다.	<정신> · 프리지어 향기를 맡으면서 연상되는 단어들을 나열해 본다. <재활> · 독립적인 활동을 통하여 성취감과 자기 만족감을 느끼도록 한다. · 근육의 힘이 미약하여 금사철을 자르는 데 어려움이 있는 대상자의 경우 도움을 준다. <치매> · 노란색의 선명함이 시각적 자극을 주고, 꽃의 향기로 후각을 자극한다. <청소년, 어린이> · 자연을 가까이서 접하면서 마음을 차분히 하며, 신학기를 준비한다.
전 개	① 플로랄 폼을 적당한 크기로 자른다. ② 자른 플로랄 폼을 물에 담가 충분히 적신다. ③ 금빛줄사철을 짧게 잘라 바구니에 꽂도록 한다(바구니를 돌려보며 금빛줄사철을 골고루 분배하여 꽂도록 한다). ④ 중간 중간 포인트 부분에 프리지어를 꽂는다. ⑤ 바구니를 돌려 보며 꽃들이 조화롭게 꽂혔는지 살펴본다. ⑥ 마무리한다.	· 플로랄 폼을 조심스레 만져 파손되지 않도록 한다. · 활짝 핀 프리지어보다 살짝 핀 것을 사용하여 보다 오래 감상함 · Eye-hand coordination · 개인이 원하는 스타일로 꽂도록 하며, 도움을 원하는 대상자에게는 조언을 하여 방향을 잡아 줌 · 공간감각 증가 · 대화가 자연스럽게 이루어질 수 있는 분위기 조성	
정 리	· 서로의 작품을 감상한다.	· 다른 대상자의 것들도 감상하며 의견을 주고받으면서 대화 유도	
활동의 다양성	· 다른 소재들을 이용하여 꽃꽂이를 해본다(스타치스, 편백).		

활동의 난이도		
	어려운 활동	· 소재의 줄기를 사선으로 자르고, 플로랄 폼에 사선으로 꽂도록 한다.
	쉬운 활동	· 소재를 꽂는다. · 소재를 자른다. · 플로랄 폼을 준비한다. · 참관만 한다.

사탕 꽃바구니

<table>
<tr><td>대 상</td><td colspan="5">■정신 □재활 □정신지체 □노인 □치매 □청소년 □어린이</td></tr>
<tr><td>장 소</td><td>■실내 □실외 □실내외</td><td>계 절</td><td>■봄 □여름 □가을 □겨울</td><td>난이도</td><td>□상 ■중 □하</td></tr>
</table>

<table>
<tr><td>일 시</td><td colspan="2">년 월 일</td><td>담당치료사</td><td></td></tr>
<tr><td>목 표</td><td colspan="4">사탕 꽃바구니를 만들어 선물하여 사회성을 향상시킨다.</td></tr>
<tr><td>준비물</td><td colspan="4">바구니, 스타티스, 노무라, 리본, 플로랄 폼, 막대사탕, 가위, 대야</td></tr>
<tr><td>활 동</td><td colspan="2">치료 과정</td><td>기대효과 및 Tip</td><td>대상자별 적용</td></tr>
<tr><td>도 입</td><td colspan="2">· 화이트데이에 선물하거나 선물 받았던 것을 이야기해 본다.</td><td>· 기억력을 자극하고, 좋은 모습을 상상하여 행복감을 느끼도록 함</td><td rowspan="3"><재활>
· 본인을 위한 작품을 만듦으로써 자존감을 향상시킨다.

<노인, 치매>
· 가족 중에 내가 가장 좋아하는 사람을 이야기해 보고 그 사람을 위한 사탕꽃바구니를 만들어 보도록 한다.

<청소년, 어린이>
· 사탕을 꽃꽂이에 이용함으로써 흥미유발을 기대할 수는 있으나, 다소 산만해질 우려가 있다.</td></tr>
<tr><td>전 개</td><td colspan="2">① 플로랄 폼을 물에 담근 후 꺼내어 바구니에 넣는다.
② 스타티스를 준비한 막대사탕 길이와 비슷하게 자르고 ①에 사방으로 골고루 꽂는다.
③ 준비한 사탕이 스타티스와 어울리도록 바구니 중심에 모이도록 꽂는다.
④ 그 외 빈 공간을 노무라로 채운다.
⑤ 리본으로 바구니 손잡이 한 쪽을 장식한다.</td><td>· 고유 수용감각 자극
· Eye-hand coordination
· 공간감각 자극
· 손의 기민성 훈련
· 균형감
· 창의력
· 건조해도 꽃색이 잘 변하지 않는 스타티스의 성질을 이야기해 줌
· 화이트데이의 유래를 이야기해 줌</td></tr>
<tr><td>정 리</td><td colspan="2">· 완성된 작품을 서로 감상하며 잘된 부분을 칭찬해 준다.</td><td>· 대화의 기술 훈련
· 자존감 향상</td></tr>
<tr><td>활동의 다양성</td><td colspan="4">· 다른 소재들을 이용하여 꽃바구니를 만든다.</td></tr>
<tr><td rowspan="2">활동의 난이도</td><td>어려운 활동</td><td colspan="3">· 크기가 큰 용기를 이용하거나, 꽃이나 소재의 종류를 다양하게 하여 꽂는다.</td></tr>
<tr><td>쉬운 활동</td><td colspan="3">· 사탕을 꽂는다.
· 스타티스를 자르고 꽂는다.
· 참관만 한다.</td></tr>
</table>

스타티스[57)]

학명: *Limonium perezii (Stapf) F.T. Hubb.*

영명: Statice, Sea pink

꽃의 개화는 여름부터 가을까지이고, 화색은 분홍, 보라색, 황색, 흰색 등 파스텔톤의 여러 가지 색상이 있다. 꽃갯질경이라고도 하는 다년생 초본식물이다. 구입은 연중 가능하다.

건조하였을 때 꽃의 색깔이 변색되지 않기 때문에 건조화로도 많이 이용된다. 안개꽃과 같이 배경화로 많이 사용되는 절화이다.

꽃말: 영원불변

노무라[58)]

학명: *Rumohra adiantiformis Ching*

영명: Rumohra

잎의 모양이 소담스러워 꽃바구니, 꽃꽂이 등에 사용된다. 진녹색의 잎이 다소 작으면서도 강해 어느 소재와도 잘 어울린다.

57) 김형미 외. 2006. 플로리스트와 화훼식물. 진솔. 서울. p. 47, 82, 156.
임재욱 외. 2002. 아름다운 꽃문화, 활력 있는 생활을 위한 꽃가꾸기. 경기도농업기술원. 중부일보사. p. 98.

58) 손기칠. 2003. 절회, 절엽, 드라이플라워의 수확 후 관리 및 활용. 중앙생활사. 서울. p. 221.

엽란말이 꽃꽂이

<table>
<tr><td>대 상</td><td colspan="5">□ 정신 ■ 재활 □ 정신지체 □ 노인 □ 치매 □ 청소년 □ 어린이</td></tr>
<tr><td>장 소</td><td>■ 실내 □ 실외 □ 실내외</td><td>계 절</td><td>□ 봄 □ 여름 □ 가을 ■ 겨울</td><td>난이도</td><td>■ 상 □ 중 □ 하</td></tr>
</table>

<table>
<tr><td>일 시</td><td colspan="2">년 월 일</td><td>담당치료사</td><td></td></tr>
<tr><td>목 표</td><td colspan="4">근육의 운동과 어깨관절과 손가락 및 손목의 관절운동을 돕는다.</td></tr>
<tr><td>준비물</td><td colspan="4">관엽(엽란), 라피아, 투명 컵, 스타치스, 안개꽃, 스프레이카네이션, 주전자, 가위</td></tr>
<tr><td>활 동</td><td colspan="2">치료 과정</td><td>기대효과 및 Tip</td><td>대상자별 적용</td></tr>
<tr><td>도 입</td><td colspan="2">· 침봉이나 플로랄 폼을 사용하지 않고 꽃을 꽂을 수 있는 고정가지꽃꽂이에 대해 알려 준다.
· 불면증에 좋은 꽃에 대해 정보를 준다.</td><td>· 프로그램에 대한 호기심 유발</td><td rowspan="3"><재활>
· 편마비 환자의 경우는 2인 1조로 하여 작업하게 하고, 라피아를 묶는 작업은 도와준다.

<정신지체>
· 라피아를 가늘게 찢게 하고 라피아를 묶는 작업은 2인 1조로 작업하도록 하여, 협동심을 기른다.

<노인>
· 손을 많이 사용하도록 한다.

<어린이>
· 꽃꽂이를 배우지 않아도 예쁘게 만들 수 있고, 꽃의 줄기가 보이지 않고 숨겨진 것을 관찰하게 하며 물을 부었을 때 엽란의 녹색을 비교한다.</td></tr>
<tr><td>전 개</td><td colspan="2">① 라피아를 20cm길이로 잘라 나눠주고 가늘게 찢도록 한다.
② 투명 컵과 엽란 8장을 나눠준다.
③ 엽란의 줄기는 자르고, 엽맥은 가위의 손잡이로 문질러 부드럽게 한다.
④ 엽란을 엄지손가락 굵기로 말아서 라피아로 묶는다(2인1조)
⑤ ④를 투명 컵 속에 빈 공간 없이 채워 넣고 주전자로 물을 붓는다.
⑥ 스타치스와 스프레이 카네이션은 길이를 낮게 하고 안개꽃은 길이가 길게 하여 줄기가 감춰질 수 있도록 말아 놓은 엽란 속에 정확히 꽂도록 한다.
⑦ 난잎을 손으로 당기듯 라인을 만들어 꽂아 마무리를 한다.</td><td>· 공간감각
· 양측 협응
· Eye-hand coordination
· 시각·후각 자극
· 지각처리: 좌우상하 방향, 꽃의 길이를 조절하여 꽂기
·최대한 독립적으로 단계별로 작업을 수행하도록 함
· 라피아로 묶을 때 2인 1조로 작업
· 물이 직접 닿으면 꽃이 시커멓게 변하므로 카네이션에 직접 물을 분사하지 않도록 함</td></tr>
<tr><td>정 리</td><td colspan="2">· 남은 꽃·줄기 등은 가위로 잘라서 버린다.
· 작품을 주변에 불면증 있는 분에게 선물하거나 침실에 장식하도록 한다.</td><td>· 의견을 나누는 훈련
· 의견발표에 거부감이 있다면 강압적으로 하지 말고 다른 사람의 의견을 경청할 수 있도록 하여 프로그램 참석에 대한 부담감이 없도록 함</td></tr>
<tr><td>활동의 다양성</td><td colspan="4">· 길이가 긴 관엽을 이용한다.</td></tr>
<tr><td rowspan="2">활동의 난이도</td><td>어려운 활동</td><td colspan="3">· 엽란을 말아 라피아로 묶는다.</td></tr>
<tr><td>쉬운 활동</td><td colspan="3">· 엽란 말기 한 것을 컵에 채운다.
· 꽂기 쉬운 큰 꽃만 꽂는다.
· 참관만 한다.</td></tr>
</table>

엽란말이 꽃꽂이 만드는 과정

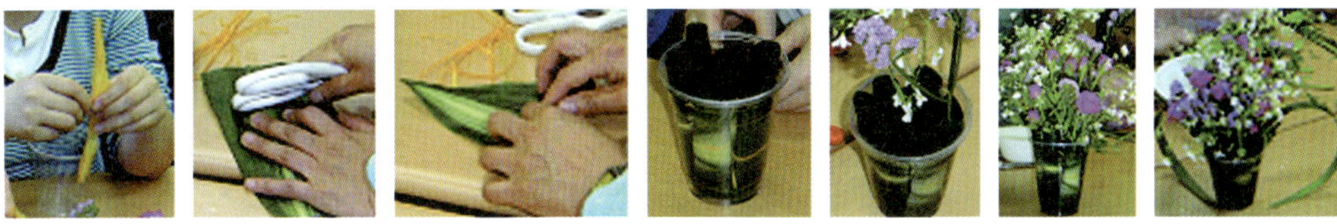

안개꽃[59]

학명: *Gypsophila paniculata L. 'Bristol Fairy'*

영명: Gypsophila

석죽과이며, 속명인 Gypsophila는 그리스어의 석회를 뜻하는 gypsos와 좋아한다는 뜻의 philossml 합성어로 석회질 토양에서 잘 자라기 때문에 붙여진 이름이다. 안개초는 일년초로 봄부터 초여름에 나오고, 숙근 안개초는 다년생으로 년중 대량으로 절화시장에 나온다. 침실에 두면 안개꽃이 숙면을 돕는다는 설이 있다.

꽃말: 약속

엽란[60]

학명: *Aspidistra elatior Blume*

영명: Baroom piant, Cast-iron piant

백합과(Liliaceae)의 다년생 초본으로, 속명의 Aspidisra는 그리스이의 aspis '방페'리는 말과 astron '형상' 또는 '별'이라는 말의 합성어로 암술 끝이 방패 모양인 데서 유래되었다. 우리나라에서는 주로 절엽으로 사용되며 연중 구입이 가능하다.

꽃말: 거역

스타티스

<2. 꽃장식>의 '사탕 꽃바구니' 부분 참고

59), 60) 김형미 외. 2006. 플로리스트의 화훼식물. 진솔. 서울. p. 47, 82.

우산 꽃 포장하기

<table>
<tr><td>대 상</td><td colspan="5">■ 정신 □ 재활 □ 정신지체 □ 노인 □ 치매 □ 청소년 □ 어린이</td></tr>
<tr><td>장 소</td><td>■ 실내 □ 실외 □ 실내외</td><td>계 절</td><td>□ 봄 ■ 여름 □ 가을 □ 겨울</td><td>난이도</td><td>■ 상 □ 중 □ 하</td></tr>
</table>

<table>
<tr><td>일 시</td><td colspan="2">년 월 일</td><td>담당치료사</td><td></td></tr>
<tr><td>목 표</td><td colspan="4">자신이 직접 포장한 장미를 기관이나 시설 스텝에게 감사의 마음과 함께 선물하도록 하여 사회성을 향상시킨다.</td></tr>
<tr><td>준비물</td><td colspan="4">장미, 쿠킹호일, 투명비닐, 부직포, 빵끈, 스카치테이프, 리본, 가위, 볼펜</td></tr>
<tr><td>활 동</td><td colspan="2">치료 과정</td><td>기대효과 및 Tip</td><td>대상자별 적용</td></tr>
<tr><td>도 입</td><td colspan="2">· 좋아하는 꽃이름을 이야기하고, 대상자들의 탄생화와 그에 관한 꽃점을 알아본다.</td><td>· 프로그램에 대한 흥미 유발
· 탄생화에 따른 꽃 참고</td><td rowspan="3">· 양손의 움직임이 자유로운 대상자에 한하여 프로그램을 적용하는 것이 적합하다.

· 양손의 움직임이 불편한 대상자의 경우 보조자가 반드시 필요하며, 리본은 미리 준비해 두도록 한다. 편마비 환자나 손의 기민성이 많이 떨어지는 환자의 경우 가급적 본 프로그램을 피하는 것이 좋다.

<치매, 노인>
· 꽃을 선물하거나 받아본 기억이 있는지 서로 이야기 나누어 본다.

<청소년, 어린이>
· 간단해 보이지만 작업과정 중에 집중력과 눈·손의 협응력을 요한다.</td></tr>
<tr><td>전 개</td><td colspan="2">① 직사각형 모양의 투명비닐을 테이블 위에 놓는다.
② 정사각형 모양의 부직포 가운데에 점을 그리고 장미 줄기의 굵기보다 약간 작은 크기만큼 구멍을 낸다.
③ 가장 싱싱한 장미 한 송이를 잡고 위에서 첫 번째 잎을 제외한 나머지의 잎과 가시를 제거한다.
④ 정리된 장미의 줄기에 ②를 꽂는다.
⑤ 부직포의 네 모서리가 안 보이고 가운데가 풍성하도록 스카치테이프를 이용하여 접는다.
⑥ 처음 바닥에 깔아 놓았던 비닐의 한 모서리 끝이 서로 뾰족하게 겹치도록 스카치테이프로 고정하여 고깔 모양을 만든다.
⑦ ⑥ 속으로 장미꽃 머리가 먼저 들어가도록 넣는다. 이때 꽃 머리가 비닐에 닿지 않을 정도의 깊이로 고정시킨다.
⑧ ⑦을 우산 모양으로 하고 리본을 만들어 마무리한다.</td><td>· 시연을 통하여 모방할 수 있도록 한다.
· 방향감각, 공간감각
· 손의 기민성 향상
· 작업 단계를 세세히 나누어 단계별로 대상자들이 따라할 수 있도록 함
· 독립적으로 작업이 어려운 경우, 2인씩 짝을 이루어 서로 도와가면서 할 수 있도록 유도
· 작업의 완성 시간에 구애받지 않고 차분히 프로그램에 집중할 수 있도록 지도</td></tr>
<tr><td>정 리</td><td colspan="2">· 어떤 스텝에게 뭐라고 말하며 전할지 연습해 본다.</td><td>· 모두 어우러져 대화에 참여하도록 하여 소외감이나 고립감을 느끼지 않도록 주의</td></tr>
<tr><td>활동의 다양성</td><td colspan="4">· 소재를 장미 대신 해바라기를 사용하여 만들어 본다.</td></tr>
<tr><td rowspan="2">활동의 난이도</td><td>어려운 활동</td><td colspan="3">· 여러 송이의 꽃을 우산 모양의 투명비닐에 넣어 포장한다.</td></tr>
<tr><td>쉬운 활동</td><td colspan="3">· 리본을 묶어 주는 작업만 한다.
· 가시와 장미 잎을 제거하는 작업만 한다.
· 참관만 한다.</td></tr>
</table>

장미(흰색)[61]

16세기 프랑스 황태자와 결혼해 왕가의 장미를 몸에 지닐 권리를 얻은 스코틀랜드의 여왕 메리 스튜어트는 사냥꾼들에게 은으로 만든 장미를 주었고, 스튜어트 왕가와 백장미의 결합이 이때부터 시작되었다. 그러나 1688년 명예혁명으로 스튜어트 왕가는 망명하는 운명에 처하고, 왕가에 충성을 맹세한 사람이 서로를 확인하는 표시로 선택한 것이 바로 이 백장미라고 전해 내려온다. 7월 17일의 탄생화이다.

꽃말: 존경

꽃점: 7월 17일생은 "꽃을 반기는 밭에 꽃이 모인다."라는 속담대로 당신의 멋진 인격에 사람들이 모여든다. 집단 속에서 중심적인 사람이 되기 쉽기 때문에 연애할 틈도 없는 신세가 된다. 첫사랑이 곧장 결혼으로 골인하기 쉬운 타입이다. 상대가 믿어지지 않으면, 헤어질 용기도 필요하다.

장미(노랑)[62]

기원전 4백년쯤에 스파르타인과 아테네인이 페르시아의 크세르크세스 왕과 손을 잡고 그리스를 정복하려고 음모를 꾸몄을 때, 미네르바의 신전에 있는 장미 나무 그늘에서 작전을 짜고 승리를 얻었기 때문에 '장미 아래서'라는 관형구가 '은밀히, 비밀스러운'이라는 뜻이 되었다. 따라서 오늘날도 장미는 침묵을 상징한다. 7월 21일의 탄생화이다.

꽃말: 아름다움

꽃점: 7월 21일생은 당당하고 생기가 넘쳐 누구에게나 사랑받는 사람이다. 약한 자를 돕고 강한 자를 제어하는 정의로운 면도 있다. 허나 너무 명랑해서 오히려 연애가 쉽지 않은 편이기도 하다.

61), 62) 다키 아스카쯔. 1997. 탄생화의 비밀. 도서출판 일빛. 서울. p. 204, 208.

컵 꽃꽂이

대 상	□정신 □재활 □정신지체 □노인 ■치매 □청소년 □어린이				
장 소	■실내 □실외 □실내외	계 절	■봄 □여름 □가을 □겨울	난이도	□상 ■중 □하

<table>
<tr><td>일 시</td><td>년 월 일</td><td>담당치료사</td><td></td></tr>
<tr><td>목 표</td><td colspan="3">운동감각과 시각을 자극한다.</td></tr>
<tr><td>준비물</td><td colspan="3">종이컵, 노란색 부직포, 리본, 유칼립투스, 수선화, 플로랄 폼, 가위</td></tr>
<tr><td>활 동</td><td>치료 과정</td><td>기대효과 및 Tip</td><td>대상자별 적용</td></tr>
<tr><td>도 입</td><td>· 봄과 관련된 노래를 불러 본다.
· 봄에 볼 수 있는 것들을 연상해 본다.</td><td>· 호기심 자극
· 기억력 자극</td><td rowspan="3"><정신>
· 종이컵이 작아 자칫하면 너무 단순한 프로그램으로 끝날 우려가 있으므로 함께할 수 있는 다른 것들도 준비하도록 한다.

<재활>
· 독립적으로 작업할 수 있도록 옆에서 격려와 칭찬을 해 준다.
· 부직포로 컵을 감싸거나 리본을 묶는 작업시에는 도움을 준다.
· 적절한 근육의 톤 조절로 꽃이 상하지 않도록 한다.

<정신지체>
· 간단한 작업으로 성취감을 높인다.

<어린이>
· '노란색'과 함께 떠오르는 것들을 이야기해 본다.</td></tr>
<tr><td>전 개</td><td>① 플로랄 폼을 물에 담근 후 종이컵에 넣어 고정시킨다.
② 수선화 3개를 종이컵의 2배보다 약간 길게 자른 후 플로랄 폼 중앙에 모아 꽂는다.
③ 노란색 부직포를 종이컵이 감싸질 정도로 자른다.
④ ③번에 리본을 묶어 부직포를 고정시킨다.
⑤ 부직포와 수선화 꽃 사이를 유칼립투스로 감는다.</td><td>· 고유 수용감각 자극
· Eye-hand coordination
· 후각 자극
· 손의 기민성 훈련
· 계절감각
· 유칼립투스는 허브의 한 종류로 고유의 향을 가지고 있으므로, 손으로 잎을 자극한 뒤 냄새를 맡아 보게 하고 어떤 냄새와 비슷한지 생각해 보도록 함</td></tr>
<tr><td>정 리</td><td>· 서로의 작품에 관하여 칭찬해 주도록 한다.</td><td>· 성취감</td></tr>
<tr><td>활동의 다양성</td><td colspan="3">· 수선화 대신 튤립 등 다른 봄꽃을 사용해 본다.</td></tr>
</table>

<table>
<tr><td rowspan="2">활동의 난이도</td><td>어려운 활동</td><td>· 종이컵보다 큰 용기를 이용해 꽃꽂이한다.</td></tr>
<tr><td>쉬운 활동</td><td>· 리본을 묶는 작업만 참여한다.
· 유칼립투스를 감는다.
· 수선화를 자르고 플로랄 폼에 꽂는다.
· 플로랄 폼을 물에 담근다.
· 참관만 한다.</td></tr>
</table>

수선화[63)]

학명: *Narcissus 'Magnet'*
영명: Narcissus

소형의 작은 꽃들이 무리지어 피는 알뿌리식물로 화단식물이나 분화용으로 사용되며, 3~4월에 개화한다.

꽃말: 고결, 자만

수선화의 전설

청아한 모습과 그윽한 향기로 많은 사람들에게 사랑을 받고 있으며 그리스 신화에 얽힌 이야기로 유명하다. 숲의 님프인 프리지어는 미소년 나르키소스를 사랑하게 되었지만 말수가 적고 내성적인 그녀는 사랑한다는 말도 못하고 내색도 못하고 애만 태웠다. 시간이 흐르고 나르키소스에 대한 사랑은 깊어졌으나 먼발치에서 그의 모습을 지켜만 보다, 어느 날 나르키소스가 샘에 비친 자신의 모습을 보고 물에 빠져 죽자 프리지어는 괴로워하다가 그가 죽은 샘에 자신도 몸을 던져 따라 죽고 말았다. 이를 지켜본 하늘의 신이 프리지어의 순정에 감동하여 그녀를 깨끗하고 아름다운 꽃으로 만들어 주고 향기까지 불어넣어 주었다고 전해진다.

유칼립투스[64)]

학명: *Eucalyptus spp.*
영명: Gum-tree

줄기에 하트 모양의 회백색 잎이 다수 붙어 있는 독특한 이미지로 서구적인 꽃장식에 많이 이용된다.

63) Hessayon, D. G. 2002. The house plant expert. Sterling publishing Co. Inc., New york. p. 93.
64) 손기철. 2003. 설화, 설엽, 드라이플라워의 수확 후 관리 및 활용. 중앙생활사. 서울. p. 227.

크리스마스 초 꽃꽂이

<table>
<tr><td>대 상</td><td colspan="5">□정신 □재활 ■정신지체 □노인 □치매 □청소년 □어린이</td></tr>
<tr><td>장 소</td><td>■실내 □실외 □실내외</td><td>계 절</td><td>□봄 □여름 □가을 ■겨울</td><td>난이도</td><td>□상 ■중 □ 하</td></tr>
</table>

<table>
<tr><td>일 시</td><td colspan="2">년 월 일</td><td>담당치료사</td><td></td></tr>
<tr><td>목 표</td><td colspan="4">오감 중 후각과 촉각을 자극시키고, 성취감을 높인다.</td></tr>
<tr><td>준비물</td><td colspan="4">바구니, 플로랄 폼, 편백, 포인세티아(조화) 3개, 초, 가위, 성냥, 스카치테이프</td></tr>
<tr><td>활 동</td><td colspan="2">치료 과정</td><td>기대효과 및 Tip</td><td>대상자별 적용</td></tr>
<tr><td>도 입</td><td colspan="2">· 크리스마스에 받았던 선물 중 가장 좋았던 것을 이야기해 본다.
· 한 해 동안 기억에 남는 일, 사건 등을 이야기 나눈다.</td><td>· 기억력, 의사표현력</td><td rowspan="3"><재활>
· 편백, 포인세티아의 사용이 용이하므로 비교적 어려움 없이 작업할 수 있다.

<노인>
· 젊은 시절의 크리스마스와 요즘의 크리스마스를 비교해 본다.

<어린이>
· 크리스마스에 하고 싶은 것들에 관하여 이야기하고, 어떤 어린이가 산타할아버지에게 선물을 받을 수 있는지 이야기해 보며 자신의 행동을 되돌아 생각해 본다.</td></tr>
<tr><td>전 개</td><td colspan="2">① 플로랄폼 을 알맞은 크기로 자른 후 물에 담가 수분이 충분히 흡수되도록 한다.
② ①을 바구니에 넣어 고정시킨다.
③ 초가 쓰러지지 않도록 초의 아래 부분에 스카치테이프를 이용하여 성냥 3개를 삼각형이 되도록 붙여 플로랄 폼 중앙에 꽂아 고정시킨다.
④ 조화 포인세티아 줄기를 가운데 손가락 길이만큼 자른 후 ③의 초 주변에 3개를 각각 꽂는다.
⑤ 나머지 공간은 편백을 적당한 길이로 잘라 채운다(편백의 높이가 포인세티아 높이보다 낮도록 한다).
⑥ 균형 있게 꽂아지도록 바구니를 돌려보면서 꽂고 마무리한다.</td><td>· 조화와 생화의 차이 인지
· 후각 및 촉각 자극
· 좋아하는 캐럴을 불러보도록 함
· 포인세티아와 초의 색깔을 두 가지 정도로 준비하여 각자 선호하는 색으로 선택하도록 함
· 지구력 향상
· 도구(가위) 사용 훈련
· 수 개념 학습(포인세티아 개수, 편백을 몇 개씩 잘라 놓고 꽂기)</td></tr>
<tr><td>정 리</td><td colspan="2">· 주변을 정리하고 2인씩 짝을 지어 서로의 완성품에 대하여 구체적으로 칭찬해 주도록 한다.</td><td>· 대상자가 이야기 할 때 경청하며 큰 박수로 자신감을 향상시킴</td></tr>
<tr><td>활동의 다양성</td><td colspan="4">· 계절감을 살려서 바구니 꽃꽂이를 해본다.</td></tr>
<tr><td rowspan="2">활동의 난이도</td><td>어려운 활동</td><td colspan="3">· 바구니의 크기를 크게 하여 만들어 본다.</td></tr>
<tr><td>쉬운 활동</td><td colspan="3">· 적당한 크기로 포인세티아/편백을 자른다.
· 자른 포인세티아/편백을 플로랄 폼에 꽂는다.
· 초만 꽂는다.
· 참관만 한다.</td></tr>
</table>

크리스마스 초 꽃꽂이 만드는 모습

준비된 재료들을 이용하여 크리스마스 초 꽃꽂이를 하는 모습

편백[65)]

학명: *Chamaecyparis obtusa Endl.*

영명: Japanese cypress

노송나무라고도 하며, 측백나무과의 상록 교목으로 높이는 30~40m이다. 암수한 그루로 4월에 단성화가 피고, 열매는 갈색의 구과로 10월에 익는다. 목재는 질이 좋아 용도가 다양하다. 일본 특산종으로 우리나라 남부 지방에서 인공조림으로 재배하며 노송이라고도 한다.

포인세티아

<1. 식물 심기 및 관리>의 '포인세티아 심기' 부분을 참고하며, 본 프로그램에 사용되는 포인세티아는 조화를 이용하였다.

조화

실내장식 · 제식용(祭飾用) · 복식용(服飾用)으로 고대부터 세계 각국에서 만들어졌다. 가장 오래된 것은 BC 3500년경 지중해 동부의 크레타 섬 및 기타 지방에서 번영한 에게 문화의 유품 중에서 찾아볼 수 있다. 르네상스 시대에 와서는 그 제작기술이 진보하여 생화로 잘못 볼 만큼 섬세하고 사실적이며 또한 색조가 풍부하고 아름다운 것이 만들어졌다. 귀족의 사교계에서는 그 아름다움을 서로 다투었고 민간인 사이에서도 널리 사용되었다.

65) 김현삼 · 리수신 · 박형선 · 김내근. 1988. 식물원색도감. 과학백과사전종합출판사. p. 26.

토피어리

<table>
<tr><td>대 상</td><td colspan="5">■ 정신 □ 재활 □ 정신지체 □ 노인 □ 치매 □ 청소년 □ 어린이</td></tr>
<tr><td>장 소</td><td>■ 실내 □ 실외 □ 실내외</td><td>계 절</td><td>■ 봄 ■ 여름 ■ 가을 ■ 겨울</td><td>난이도</td><td>□ 상 ■ 중 □ 하</td></tr>
</table>

<table>
<tr><td>일 시</td><td colspan="2">년 월 일</td><td>담당치료사</td><td></td></tr>
<tr><td>목 표</td><td colspan="4">Eye-hand coordination을 훈련하고 협동심을 키운다.</td></tr>
<tr><td>준 비 물</td><td colspan="4">조화, 우레탄, 오공본드, 나무줄기, 글루건, 토분, 가위, 리본</td></tr>
<tr><td>활 동</td><td>치료 과정</td><td colspan="2">기대효과 및 Tip</td><td>대상자별 적용</td></tr>
<tr><td>도 입</td><td>· 토피어리의 유래에 대해 말해준다.</td><td colspan="2">· 지식 습득</td><td rowspan="3"><정신>
· 소원을 생각하도록 하여 미래에 대한 희망을 갖도록 한다.

<재활>
· 손의 기민성에 따라 조화의 크기를 고려한다. 너무 작은 소재는 근육을 경직시킬 수 있으므로 주의한다.

<치매>
· 오공본드가 묻은 상태로 손을 입에 넣지 않도록 주의한다.</td></tr>
<tr><td>전 개</td><td>① 우레탄을 가위를 이용하여 원하는 모양으로 만든다(원, 세모, 네모).
② 모양을 만든 것을 나무줄기에 꽂아 글루건으로 고정시킨다.
③ 조화를 짧게 자른다.
④ 오공본드를 이용하여 우레탄에 꽂는다.
⑤ 토분에 우레탄을 채운다.
⑥ 글루건을 이용하여 ④번을 ⑤번에 고정시킨다.
⑦ 나무줄기에 리본을 매단다.</td><td colspan="2">· 과정은 간단하나 시간이 많이 소요되므로 시간 분배에 신경을 써야 함
· 생화와 조화의 차이 비교
· 사회적 상호작용 증가
· 손의 기민성 훈련
· Eye-hand coordination
· 자유롭게 표현하도록 하여 창의력 향상시킴
· 운동감각 증가
· 지각처리: 좌우 방향, 꽃의 길이를 조절하여 꽂기
· 입체인지감각 자극</td></tr>
<tr><td>정 리</td><td>· 완성 후의 소감에 대해 이야기하도록 한다.</td><td colspan="2">· 하나하나가 모여 전체를 이루는 것을 경험하도록 함</td></tr>
<tr><td>활동의 다양성</td><td colspan="4">· 생화와 플로랄 폼을 이용하여 만들어 본다.</td></tr>
<tr><td rowspan="2">활동의 난이도</td><td>어려운 활동</td><td colspan="3">· 우레탄의 크기를 크게 하거나 2~3개 정도 만들어 본다.</td></tr>
<tr><td>쉬운 활동</td><td colspan="3">· 조화를 우레탄에 고정시키는 작업을 한다.
· 조화를 자르는 작업을 한다.
· 우레탄의 모양을 만드는 작업을 한다.
· 참관만 한다.</td></tr>
</table>

토피어리

식물을 인공적으로 다듬어 여러 가지 모형으로 만든 작품 또는 인공적으로 다듬거나 자르는 기술(예술)을 말하는 것으로, 로마시대 한 정원사가 자신의 정원에 있는 나무에 '가다듬는다'는 뜻의 라틴어 이니셜 토피아(topia)를 새겨 넣은 데서 유래하였다.

토피어리는 17~18세기에 유럽에서 유행하였고, 20세기에 들어서면서 실외나 실내에서 장식품으로 널리 이용되었다.

토피어리 완성 모습

파베스타일 꽃꽂이 >>>>>>>>>>>>>>>>>>>>>>>>>

파베스타일 꽃꽂이 만드는 과정 및 완성품

파베스타일 꽃꽂이	대 상	□정신 ■재활 □정신지체 □노인 □치매 □청소년 □어린이				
	장 소	■실내 □실외 □실내외	계 절	■봄 □여름 □가을 ■겨울	난이도	■상 □중 □하

일 시	년 월 일	담당치료사	
목 표	눈과 손의 협응력과 미세근육의 향상 및 촉각을 자극한다.		
준비물	수반, 삼지닥나무, 절화(장미, 알스트로메리아, 라넌큐러스, 보리) 등		
활 동	치료 과정	기대효과 및 Tip	대상자별 적용
도 입	· 프로그램에 사용할 꽃소재들을 관찰해 본다.	· 관찰력 · 지식 습득	· 대상자들의 이해를 돕기 위해 견본을 만들어 보이면 보다 수월하게 진행할 수 있다. <노인, 치매> · 곡류에 대해 의견을 나누고 과거 보리에 대한 추억을 회상하게 한다. 꽃의 길이와 수를 헤아려 수 개념과 인지기능 향상을 기대한다. <재활> · 근육의 톤과 관절운동의 조절이 자유롭지 못한 환자들은 자르기 동작이 어려우므로 초본성만 자르게 하고, 필요시에는 도움을 준다. 손가락 끝으로 꽃을 꽂게 하여 pinch 기능을 강화하도록 한다. <청소년, 어린이> · 다양한 종류의 곡류와 이를 이용한 잡곡밥에 대해 의견을 나누고, 똑같은 길이로 꽃을 꽂게 한다.
전 개	① 삼지닥나무의 줄기를 잘라 Y자 모양의 나무줄기를 여러 개로 만든다. ② Y자 모양의 나무줄기를 수반에 넣는다. ③ 보리와 같이 촉각을 자극하는 재료를 만져 보게 하고, 보리는 짧게 잘라 여러 개로 묶음을 만들어 꽂는다. ④ Y자 모양의 삼지목 사이에 꽃을 보석이 박힌 모양처럼 촘촘히 꽂는다. ⑤ 수반의 남은 공간에 꽃을 채워 꽂는다.	· Eye-hand coordination · 작업 수행 능력 증가 · 시각·촉각 자극 · 인지기능 · 좌우 구별 · 균형감각 · 미세근육 자극 · pinch 기능 강화 · 공간 인지	
정 리	· 사용된 네 가지 소재 중 가장 마음에 드는 소재를 한 가지 고르고 그 이유를 이야기해 본다.	· 결정력 · 의사표현력 · 발표가 어려운 대상자의 경우 치료사가 옆에서 도와줌	
활동의 다양성	· Y자 모양의 나뭇가지를 굵기별로 자르고, 다양한 꽃소재를 이용하여 만들어 본다.		

활동의 난이도	어려운 활동	· 삼지목의 Y자 모양의 나뭇가지 자르기를 하고 수반에 채운다. · 다른 대상자를 돕는다.
	쉬운 활동	· 꽃 자르기를 한다. · 꽃을 꽂는다. · 참관만 한다.

삼지닥나무[66)]

학명: *Edgeworthia papurifera Sieb. et Zucc.*

영명: Paper bush, Mitsumata

팥꽃나무과(Thymeleaceae)이고, 중국 원산으로 우리나라의 남부에서 재배하고 있는 낙엽성 관목이다. 속명 Edgeworthia는 영국의 식물학자 M. P. Edgeworth와 누이동생인 Maria를 기념하기 위하여 붙여졌다. 원산지에서는 4종이 있으며, 우리나라에서는 1종을 식재하고 있다. 줄기껍질은 종이를 만드는 데 사용하며 껍질을 벗긴 줄기만을 꽃꽂이 소재로 많이 사용하고 있다. 또한 줄기껍질을 벗긴 나무줄기를 표백이나 염색을 하여 여러 가지 색상의 소재로 꽃꽂이에 이용되고 있다.

꽃말: 건장

알스트로에메리아[67)]

학명: *Alstroemaeria 'Appelbloesem'*

영명: Lily of Incas, Peruvian lily

수선화과(Amarylidaceae)의 다년생 구근 초본으로, 속명 Alstromeria는 스웨덴의 식물학자인 린네의 친구인 남작 Alstromer의 이름에서 유래되었다. 학자에 따라 알스트로에메리아과로 분류하기도 한다. 남아메리카가 원산지로 약 50종이 있으며, 주년재배로 일년 내내 생산되고 꽃색이 다양하고 꽃에 점이 있는 것이 특징이다. 꽃색으로 노랑 · 분홍 · 빨강 · 주황 등이 있으며, 잉카의 백합으로도 불린다.

라넌규러스[68)]

학명: *Ranunculus asiaticus L.*

영명: Persian buttercup

미나리아재비과(Ranunculaceae)의 다년생 초본으로, 속명 Ranunculus는 라틴어로 '작은 개구리'라는 뜻의 rana에서 유래되었는데, 본 속의 식물들이 대체로 개구리가 사는 연못이나 물가 근처에서 자라므로 붙여진 이름이다. 원산지는 북반구에 약 250종이 있으며, 우리나라에 13종(산미나아재비,구름미나리아재비,털개구리미나리, 젓가락나물, 바위미나리아재비, 왜미나리아재비, 물미나리아재비, 미나리아재비, 매화마름, 애젓갈나물, 개구리자리, 개구리미나리, 개구리갓)이 있다.

꽃색으로는 붉은색 · 분홍색 · 흰색 · 황색 · 연황색 · 오렌지색이 있고, 구입 시기는 초겨울에서 늦은 봄까지 구입이 가능하며, 꽃미나리아재비로도 불린다.

꽃말: 매력, 매혹

66) - 68) 김형미 외. 2006. 플로리스트와 화훼식물. 진솔. 서울. p. 34, 54, 90, 135.

하트 꽃꽂이

대 상	□정신 ■재활 □정신지체 □노인 □치매 □청소년 □어린이				
장 소	■실내 □실외 □실내외	계 절	□봄 ■여름 □가을 □겨울	난이도	□상 □중 ■하

<table>
<tr><td>일 시</td><td colspan="2">년 월 일</td><td>담당치료사</td><td></td></tr>
<tr><td>목 표</td><td colspan="4">반복적인 꽂기 작업을 통하여 손목의 움직임을 부드럽게 한다.</td></tr>
<tr><td>준비물</td><td colspan="4">하트 모양의 플로랄 폼(小), 미니장미, 가위, 리본, 대야</td></tr>
<tr><td>활 동</td><td>치료 과정</td><td>기대효과 및 Tip</td><td colspan="2">대상자별 적용</td></tr>
<tr><td>도 입</td><td>· 내게 소중한 사람이 누구인지 생각해 보도록 한다.</td><td>· 눈을 감고 편안한 자세로 소중한 사람을 생각하도록 함</td><td colspan="2" rowspan="3"><정신>
· 신체, 인지기능이 양호한 환자의 경우 자칫 너무 단조로운 프로그램이 될 수도 있으므로 단시간에 작업을 완성하기보다는 집중해서 예쁜 완성품을 만들 수 있도록 유도한다.

<노인>
· 상여에 꽃 장식을 한 것 같아 오히려 기분이 우울해진다는 대상자들이 있으므로 본 프로그램은 되도록 피한다.

<청소년, 어린이>
· 단순한 작업이지만 대상자의 성향에 따라 만든 후에 완성도에 차이가 있을 수 있다.</td></tr>
<tr><td>전 개</td><td>① 하트 모양의 플로랄 폼을 물에 담근다.
② 미니장미를 가시를 피하여 검지손가락 길이로 자른다.
③ ②를 물에 적신 하트 모양의 플로랄 폼에 꽂는다.
④ 빈 공간이 보이지 않도록 꽂는다.
⑤ 리본으로 마무리한다.</td><td>· 지구력 향상
· 시간이 걸리더라도 가능한 독립적으로 작업하도록 하며 여유롭게 작업할 수 있도록 분위기 조성
· 편마비환자의 경우 환측으로 플로랄 폼을 고정하거나, 미니장미 단을 누르는 작업을 할 수 있도록 반복적으로 구두지시
· 간격을 너무 촘촘히 하여 플로랄 폼이 파손되지 않도록 함
· 미니장미를 자르는 과정에서 5개씩 혹은 10개씩 자른 후 하나씩 숫자를 말하면서 미니장미를 플로랄 폼에 꽂음
· 인지력, 수 개념</td></tr>
<tr><td>정 리</td><td>· 남은 꽃·줄기 등은 가위로 잘라서 쓰레기로 버리거나 작은 다발을 만들어 갖도록 한다.
· 소중한 그 사람에게 어떻게 표현하며 완성품을 전달할지 이야기해 본다.</td><td>· 주변 정리를 독립적으로 하도록 훈련
· 환자들이 이야기 할 때 경청하며 큰 박수로 자신감을 향상시킴</td></tr>
<tr><td>활동의 다양성</td><td colspan="4">· 소재를 미니 장미 대신 소국을 사용하거나 일반 플로랄 폼에 모양을 내어 꽃을 꽂아본다.</td></tr>
<tr><td rowspan="2">활동의 난이도</td><td>어려운 활동</td><td colspan="3">· 하트 모양의 플로랄 폼을 크기별로 작업한다.</td></tr>
<tr><td>쉬운 활동</td><td colspan="3">· 자른 미니장미를 플로랄 폼에 꽂는 작업만 한다.
· 적당한 크기로 미니장미를 자르는 작업만 한다.
· 플로랄 폼을 물에 적시는 작업만 한다.
· 참관만 한다.</td></tr>
</table>

하트 꽃꽂이

하트 꽃꽂이 만드는 과정

미니장미 외에 안개꽃과 양초, 편백도 함께 사용하여 하트 꽃꽂이를 완성하는 모습

장미[69)]

학명: *Rosa hybrida Hort.*

영명: Rose

장미과(Rosaceae)이며, 북반구와 열대 지방의 일부 서늘한 지역이 원산지이다.

넓은 지역에 걸쳐 생장하는 낙엽성 관목으로 많은 종들이 분포되어 있으며, 교잡에 의해서 꽃의 색, 크기와 형태가 매우 다양하고 일반적으로 붉은색 장미의 수요가 가장 많으며, 노랑·분홍·흰색 순으로 수요가 많다.

꽃말: 붉은색 – 사랑, 아름다움, 진실한 사랑
흰 색 – 존경
노 랑 – 질투
분 홍 – 사랑의 맹세
진 홍 – 수줍음

〈절화 장미에 관한 주의사항〉

- 꽃송이가 크고 선명한 것이 좋으며, 대는 굵고 긴 것이 좋다.
- 잎사귀가 달린 것은 육안으로 봐서 푸르고 싱그러운 것이 좋다.
- 장미 잎은 3매나 5매엽 하나 정도 두는 것이 가장 좋다. 잎을 모두 제거하면 오히려 절화 수명이 감소한다.
- 장미 잎이 물속에 잠기지 않도록 해야 절화 수명이 길어진다.
- 절단 부위를 자를 때는 가위 대신 예리한 칼을 사용하며, 가시를 제거할 때 줄기에 상처를 입힐 수 있기 때문에 주의를 요한다.

절화의 관리와 보관 요령[70)]

절화는 에틸렌으로 인한 노화를 지연시키기 위하여 환기가 잘 되는 곳에 두며, 난방기나 가전제품 주위를 피하고, 10°C 전후의 온도에서 습도를 약간 높게 유지시켜 보관하면 꽃을 보다 오래 관상할 수 있다. 또한 물속에서 줄기를 한 번 자르고 물올림시켜 도관의 물의 흡수를 좋게 하면 노화를 지연시킬 수 있다.

69), 70) 손기철. 2003. 절화, 절엽, 드라이플라워의 수확 후 관리 및 활용. 중앙생활사. 서울. p. 201-203

희망나무 꽂꽂이

대 상	□정신 □재활 □정신지체 □노인 □치매 □청소년 ■어린이				
장 소	■실내 □실외 □실내외	계 절	□봄 ■여름 ■가을 □겨울	난이도	□상 ■중 □하

일 시	년 월 일	담당치료사	
목 표	공동작품을 통하여 서로 의견을 나누고 사회성과 협동심을 향상시킨다.		
준비물	바구니, 플로랄 폼, 가위, 소재(용버들, 미스티블루), 꽃(소국, 글라디올러스, 거베라), 녹철사, 리본, 대야, 카드, 네임펜		
활 동	치료 과정	기대효과 및 Tip	대상자별 적용
도 입	· 각자 소원하는 것에 대해 이야기해 본다.	· 눈을 감고 편안한 자세로 생각하도록 함	<정신> · 소원을 생각하도록 하여 미래에 대한 희망을 갖도록 한다. <재활> · 글라디올러스의 철사가 너무 굵어 자르기 힘든 경우 대신 잘라준다. · 카드를 매다는 작업이 어려운 대상자의 경우 도와준다. <치매> · 큰 바구니를 이용하여 그룹 모두가 하나의 작품을 만들도록 한다. 한 명씩 순서대로 나가서 바구니의 원하는 위치에 꽃이나 소재를 꽂고 돌아오도록 한다.
전 개	① 플로랄 폼을 물에 담근 후 바구니에 담는다. ② 소재와 꽃을 나누어 주고, 이름과 특징을 살펴본다. ③ 용버들을 하나씩 꽂는다. ④ 글라디올러스를 용버들보다 짧게 잘라 꽂는다. ⑤ 글라디올러스보다 짧게 거베라를 잘라 글라디올러스의 아랫부분에 꽂는다. ⑥ 소국을 거베라보다 짧게 잘라 아랫부분을 채운다. ⑦ 미스티블루를 잘라 소국 사이사이에 꽂는다. ⑧ 자신의 소원을 카드에 적고 곱슬버들에 매단다.	· 사회적 상호작용 증가 · 인지력 · Eye-hand coordination · 자유로운 표현을 통한 창의력 향상 · 운동감각 증가 · 또래집단과 상호교류의 기회 부여 · 시각·후각 자극 · 지각처리: 좌우 방향, 꽃의 길이를 조절하여 꽂기 · 거베라에 싸여 있는 비닐을 벗기지 않도록 함 · 카드에 쓴 철자법이 맞는지 확인	
정 리	· 서로의 작품과 함께 소원을 감상한다.	· 소원을 발표하는 것을 어려워한다면 옆에서 발표하는 것을 도와주고 큰 박수로 자신감을 가질 수 있도록 함	
활동의 다양성	· 꽃과 소재를 달리하여 희망나무를 만들어 본다(해바라기, 조팝, 명자란, 노무라 등)		
활동의 난이도	어려운 활동	· 프로그램의 전 과정을 노트에 기록해 본다.	
	쉬운 활동	· 꽃이나 소재를 바구니에 꽂는 작업을 한다. · 꽃이나 소재를 자르는 작업을 한다. · 플로랄 폼을 물에 담그는 작업을 한다. · 참관만 한다.	

글라디올러스[71)]

희망나무 꽃꽂이 완성 모습

학명: *Gladiolus L.*

영명: Ghent gladiolus

비내한성 구근으로 6월 중순에서 10월 말까지 개화한다.

라틴어로 '검(劍)'이라는 뜻을 가진 글라디올러스는 하늘을 찌르는 듯한 모습 때문에 전투적인 별명을 갖고 있다. 이 꽃은 숨겨둔 연인에게 바치는 꽃이라 하여 몇 송이를 바치느냐에 따라 밀회시간이 정해진다는 전설이 있다. 예를 들면 일곱 송이를 전하면 7시에 만나자는 의미라고 한다. 3월 23일의 탄생화이다.

꽃말: 정열적인 사랑

꽃점: 3월 23일생은 애정분쟁에 말려들기 쉬운 사람으로 정열적이나 그로 인해 문제가 많이 일어난다. 항상 명랑하게 웃으면 좋은 사랑을 만날 수 있다.

거베라[72)]

학명: *Gerbera Hybrida Hort.*

영명: Barberton daisy

꽃눈 분화시 저온이나 일장처리를 요구하지 않고 일정한 영양생장 기간만 지나면 꽃이 피기 시작하여 2~3년 동안 계속해서 절화를 수확할 수 있다. 항상 배지를 촉촉하게 유지하고, 경우에 따라 잎에 분무한다. 개화 시기는 7~12월이며, 노랑·귤색·분홍·흰색·빨강 등 꽃색이 다양하다.

용버들(곱슬버들)

<2. 꽃장식>의 '버드나무 볼 꽃꽂이' 부분 참고

71) Hessayon, D. G. 2002. The house plant expert. Sterling publishing Co. Inc., New york. p. 96.
다키 야스카쓰. 탄생화의 비밀. 도서출판 일빛. 서울. 1997. p. 88.

72) Hessayon, D. G. 2002. The house plant expert. Sterling publishing Co. Inc., New york. p. 151.

꽃의 구조[73)]

꽃은 식물의 생식기관으로 암술과 수술로 구성되어 있는 생식기관과 꽃잎, 꽃받침과 같은 보호기관으로 되어 있다. 수술은 꽃밥(약)과 꽃실(화사)로, 암술은 주도(암술머리), 자방(씨방), 배주 등으로 구성되어 있다.

식물은 얼마나 커야 꽃을 피울까?[74)]

식물은 영양생장이 충분히 이루어져야 개화 및 결실이 충실해진다.

(1) 영양생장

휴면상태를 지난 종자가 발아 과정에서 화아분화 후 꽃이 피기 전까지의 생장 과정을 말한다. 즉 종자발아에 의해 뿌리와 줄기, 잎이 신장하여 식물체의 모양을 형성하는 기간이다. 이 기간에는 뿌리로 흡수하는 양분과 잎에서 광합성을 하여 합성되는 탄수화물이 모두 영양체의 생장에만 쓰이고 저장기관에 일부 저장된다.

(2) 생식생장

영양생장 후 화아분화에서부터 개화, 수분, 수정, 결실에 이르는 모든 과정을 말한다. 식물체의 생식기관이 후손을 남기기 위해 생장하는 기간으로 꽃, 종자, 과실의 생장이 이루어진다. 일단 화아분화가 이루어진 후 생식생장이 시작되면 흡수되는 양분은 모두 영양체 쪽으로 가지 않고 생식생장을 위해 쓰인다.

73) 박석근 외. 1999. 원시인이 꼭 알아야할 용어 384가지-기초원예용어집. 도서출판 서원. 서울. p. 24, 25.
74) 박석근 외. 1999. 원시인이 꼭 알아야 할 용어 384가지-기초원예용어집. 도서출판 서원. 서울. p. 35.

3. 공 예

나무 발 만들기
낙엽달력
누름꽃 목걸이(열쇠고리)
누름꽃 부채
누름꽃 액자
누름꽃 염색기법의 스카프 만들기
누름꽃 자석액자
누름꽃 책갈피 만들기
DIY 꽃비누 만들기
생화 착색하기
솔방울 리스 만들기
솔방울 테디베어 만들기
숯 부작
아로마 비누 만들기
잔디인형 만들기
천연염색 손수건 만들기
천연염색천 장식 액자 만들기
콩 액자 만들기
포푸리 주머니 만들기
허브 양초 만들기

나무 발 만들기

<table>
<tr><td>대 상</td><td colspan="5">□ 정신 □ 재활 □ 정신지체 ■ 노인 □ 치매 □ 청소년 □ 어린이</td></tr>
<tr><td>장 소</td><td>■ 실내 □ 실외 □ 실내외</td><td>계 절</td><td>□ 봄 □ 여름 ■ 가을 □ 겨울</td><td>난이도</td><td>□ 상 ■ 중 □ 하</td></tr>
</table>

<table>
<tr><td>일 시</td><td colspan="2">년 월 일   담당치료사</td><td></td></tr>
<tr><td>목 표</td><td colspan="3">계절감을 익히고 판단력과 표현력을 향상시킨다.</td></tr>
<tr><td>준비물</td><td colspan="3">나무판, 끈, 꽈리, 고추, 보리, 건조화, 라피아, 글루건, 가위</td></tr>
<tr><td>활 동</td><td>치료 과정</td><td>기대효과 및 Tip</td><td>대상자별 적용</td></tr>
<tr><td>도 입</td><td>· 추수와 관련된 어린 시절의 추억을 회상해 본다.</td><td>· 과거 기억을 떠올리며 젊은 시절 회상</td><td rowspan="3"><정신>
· 특정 대상자에게는 자해의 위험이 있으므로 끈이 목둘레를 넘지 않도록 하며, 프로그램 후 모든 끈이 완전히 회수되었는지 확인한다.

<재활>
· 편안한 마음으로 집중하여 작업하도록 속도를 재촉하지 않는다.

<정신지체, 어린이>
· 이전에 선조들은 발을 어떻게 사용하였는지 사진과 함께 이야기해 주어서 교육적인 효과를 기대한다.

<치매>
· 예전에 발을 사용했던 경험이 있는지 묻고 어떠한 모습이었는지 기억해 보도록 유도한다.</td></tr>
<tr><td>전 개</td><td>① 나무판을 이등분이나 삼등분하여 자른다.
② 판을 가로가 길도록 테이블 위에 놓고 만들고자 하는 모양을 생각해 본다.
③ 글루건을 이용하여 끈으로 나무판들을 연결한다.
④ 꽈리, 고추, 건조화, 보리 등을 잘라 알맞게 배치하고 글루건을 이용해 고정시킨다.
⑤ 발을 들어 떨어지는 소재가 없는지 확인한다.
⑥ 라피아로 리본을 묶어 마무리 한다.</td><td>· 글루건 사용시 화상 주의
· Eye-hand coordination
· 창의성, 표현력
· 지남력 향상
· 판단력, 결정력
· 나무판을 자를 때 조각이 튀어 다치지 않도록 주의</td></tr>
<tr><td>정 리</td><td>· 자신의 작품에 이름을 정하고 발표한다.</td><td>· 모든 대상자들에게 구체적으로 칭찬하여 자신감을 갖도록 함</td></tr>
<tr><td>활동의 다양성</td><td colspan="3">· 가을 소재 대신에 조화를 이용한다.</td></tr>
<tr><td rowspan="2">활동의 난이도</td><td>어려운 활동</td><td colspan="2">· 나무판을 3개 이상으로 만들어 판마다 주제를 정하고, 그에 맞게 표현해 본다.</td></tr>
<tr><td>쉬운 활동</td><td colspan="2">· 나무판에 붙일 위치를 정한다.
· 소재를 글루건으로 붙인다.
· 가을 소재를 자른다.
· 참관만 한다.</td></tr>
</table>

<<<<<<<<<<<<<<<<<<<<<<<<<< 나무 발 만들기

벽걸이 발 완성 모습

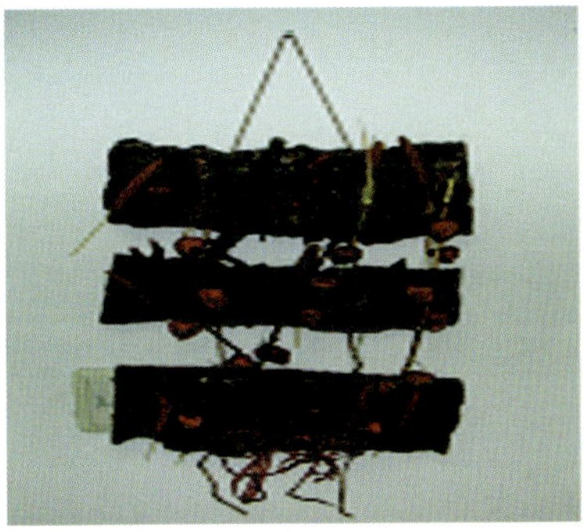

건조화를 이용한 벽걸이

식물을 이용한 벽걸이

낙엽 달력 >>>>>>>>>>>>>>>>>>>>>>>

벽걸이 발 완성 모습

스티커 붙이고 숫자쓰기

빈 공간 낙엽으로 장식

시트지를 붙인 후 완성

낙엽은 왜 지는가?[75)]

잎에는 색소가 있어 가을이 되면 노랑 또는 빨강 등으로 단풍이 들고 체내의 노화 호르몬인 ABA의 증가로 이층(떨켜층)이 형성되어 낙엽이 지게 된다. 그리고 식물은 날씨가 추워지면 뿌리에서 물을 흡수하는 힘이 약해져서 수분의 손실을 막기 위해서 증산작용을 하는 잎을 떨어뜨린다. 추운 겨울을 나기 위하여 구조조정을 하는 것이다.

75) 박석근 외. 1999. 원시인이 꼭 알아야 할 용어 384가지-기추원예용어집. 도서출판 서원. 서울. p. 83, 153.

낙엽 달력

대 상	□정신 □재활 ■정신지체 □노인 □치매 □청소년 □어린이				
장 소	□실내 □실외 ■실내외	계 절	□봄 □여름 ■가을 □겨울	난이도	□상 ■중 □하

일 시	년 월 일	담당치료사	
목 표	수 개념을 학습하고, 창의력을 향상시킨다.		
준비물	낙엽, 색캔트지, 스티커, 네임펜, 크레파스, 시트지, 오공본드, 달력, 가위		
활 동	치료 과정	기대효과 및 Tip	대상자별 적용
도 입	· 일 년이 몇 달로 되어 있는지 알아보고, 가장 좋아하는 달과 그 이유를 이야기 나눈다.	· 발표력, 표현력 · 긍정적 참여 유도	<재활> · 파킨슨 환자들과 같이 손떨림이 심한 환자들의 경우, 같이 손을 잡고 숫자를 쓰도록 한다. · 시야결손이나 환측 무시 환자들의 경우 달력의 숫자를 반만 쓰지 않도록 옆에서 지도한다. <노인, 치매> · '가을' 하면 생각나는 것들을 이야기해 본다. · 가을에 관한 노래를 한 소절씩 불러보도록 한다. <청소년, 어린이> · 가을에 잎의 색이 왜 변하며, 낙엽이 왜 지는지 생각해 본다.
전 개	① 만들고자 하는 달력의 월의 숫자를 색캔트지 한 편에 쓴다. ② 색캔트지 하단 부분에 크레파스로 가로세로 줄을 긋는다. ③ 스티커 위에 1~30 또는 1~31까지 숫자와 요일을 쓴다. ④ 달력을 보고 ③을 떼어서 ②의 그어진 선 안에 하나씩 붙인다. ⑤ 주워온 낙엽을 이용하여 상단을 장식해 본다. ⑥ 위의 장식이 마음에 들면 오공본드를 이용하여 고정시킨다. ⑦ ⑥ 위에 시트지를 덮어 마무리한다.	· 원하는 색상지를 선택하도록 하여 의사결정력 훈련 · 숫자를 읽고 쓰는 작업을 통하여 수 개념 학습 · 주워온 낙엽의 이름을 암기하도록 함 · 산만하지 않고 집중해서 작업할 수 있도록 분위기 유도 · 손바닥과 손끝의 힘을 사용하여 시트지를 밀착시키는 작업을 통하여 손끝의 힘을 강화시킴	
정 리	· 누구의 달력이 가장 멋있는지 서로 추천해 보기로 한다. · 우리가 만든 달력의 달을 어떻게 보내면 보람되게 보낼 수 있는지 의견을 나눈다.	· 주변 환경 인식하기 · 좋은 의견이 있으면 칭찬	
활동의 다양성	· 낙엽을 이용하여 카드나 액자를 만들어 본다.		
활동의 난이도	어려운 활동	· 진행이 느린 주변의 사람을 돕도록 한다. · 안개, 장미, 할미꽃, 부겐베리아, 팬지 등의 누름꽃을 이용하여 만들어 본다.	
	쉬운 활동	· 달력을 보고 숫자를 쓴다. · 숫자가 쓰인 스티커를 제자리에 붙인다. · 낙엽으로 달력을 장식하는 작업에 참여한다. · 참관만 한다.	

이층(abscission layer)이란?[76)]

꽃이나 잎, 과실이 식물체로부터 탈락할 때 화병, 엽병, 과병 기부의 탈락면에 형성되는 세포층을 일컫는다. 코르크 조직이 되는 경우도 있으며, 양수분의 공급이 이층에 의해 단절된다.

단풍색은 왜 빨강, 노랑 등 차이가 날까?[77)]

가을이 되면 나뭇잎이 붉게 또는 노랗게 물든다. 이는 날씨가 추워지면 추위에 약한 엽록소가 물러나고 색소들이 그 자리를 차지하는데 색소들간에도 색들의 차이가 있어 어떤 식물은 노랗게, 어떤 것은 붉게 나타나기 때문에 우리 눈에 색이 보이는 것이다.

색소체[78)]

잎이 단풍지기 시작하면 세포 내의 엽록체는 녹색을 잃고 누른빛이 증가하게 되며, 반대로 세포액은 점차 붉은빛이 증가하여 여기에서 홍엽이라는 생리현상이 일어난다. 특히 햇볕에 자외선이 많고 온도가 낮아지면 엽록체의 작용인 광합성 반응이 둔해지고, 대신에 세포액은 점차 붉은빛을 띠게 된다. 이 붉은 색소는 안토시안(anthocyan:화청소)계의 크리산테민(chrysanthemine)이며, 같은 단풍이라 하더라도 황색으로 변하거나 갈색으로 변하는 것은 또 다른 색소에 의한 것이다. 은행나무의 잎과 같이 가을이 되어 황변하는 것은 크산토필(xanthophll) 등을 함유하고 있는 카르티노이드(carotinoid)에 의한 것이다. 이 노란 색소도 처음에는 엽록체 중에 엽록소와 같이 함유되어 있지만, 봄과 여름에는 엽록소와 카르티노이드의 비율이 8 : 1 정도이기 때문에 녹색으로 보이는 반면, 가을이 되면 엽록소의 합성이 둔해지고 분해되기 시작하면서 카르티노이드의 황색이 표면으로 나와 누른빛을 띠게 된다. 또한 가을이 되어 잎이 갈색으로 변하는 것은 안토시안 색소 대신에 다량의 탄닌(tannin)이라는 물질이 생기기 때문이다. 갈변하는 경우에도 초기에는 황색의 카르티노이드도 어느 정도 남아 있기 때문에 같은 갈엽이라 하더라도 한 빛깔이 아니고 여러 단계의 색채를 나타낸다.

인화된 사진을 색캔트지에 붙이고
낙엽을 이용하여 간단한 낙엽 액자를 만드는 모습

76)~78) 박석근 외. 1999. 원시인이 꼭 알아야 할 용어 384가지-기초원예용어집. 도서출판 서원. 서울. p. 83, 153.

누름꽃 목걸이 (열쇠고리) 만들기

대 상	□정신 □재활 □정신지체 □노인 □치매 □청소년 ■어린이				
장 소	■실내 □실외 □실내외	계 절	■봄 ■여름 ■가을 ■겨울	난이도	□상 ■중 □하

일 시	년 월 일	담당치료사	
목 표	손의 기민성을 향상시키고, 협응력과 집중력을 훈련한다.		
준비물	누름꽃, T셔츠형 목걸이 또는 열쇠고리 공예품, 가죽 줄, 유리 세정제, 작은 천, 개인접시		
활 동	치료 과정	기대효과 및 Tip	대상자별 적용
도 입	· 누름꽃을 이용한 장신구를 본 적이 있는지 이야기해 본다.	· 흥미를 유발하여 프로그램의 참여도를 높인다.	· 모든 대상자에게 적용할 수 있고, 사계절에 걸쳐 실시할 수 있는 프로그램이다. <재활> · 큰 누름꽃을 이용한다. 핀셋을 집는 연습을 통하여 손의 기능을 향상시킨다. <노인> · 너무 작은 꽃은 피한다. <청소년, 어린이> · 자유롭게 디자인하게 하고, 주의가 산만한 아이는 집중해서 하도록 지도한다.
전 개	① 공예용(T셔츠 모양) 목걸이를 나눠 주고 정전기 방지를 위하여 유리세정제로 한 번 닦아 준다. ② 개인접시를 하나씩 주고 누름꽃을 담은 접시를 전달하는 방법으로 각자 원하는 재료를 갖는다. ③ 누름꽃을 배치하여 모양을 디자인한다. ④ 디자인한 꽃이 움직이지 않도록 주의하면서 목걸이의 뚜껑을 반대로 뒤집어 '딱'소리가 나도록 덮는다. ⑤ 목걸이 줄을 고리에 꿰어 나비 모양으로(리본처럼) 끝맺음한다.	· Eye-hand coordination 훈련 · 관절운동 · 손의 기민성 향상 · 표현력 · 미세근육 운동 · 집중력 · 누름꽃을 연상되는 모양대로 배치하여 자유롭게 표현하도록 한다.	
정 리	· 만든 작품을 목에 걸어 서로에게 보여주고 디자인 한 의도를 발표를 한다.	· 의견을 나누는 훈련을 한다. · 만든 작품에 대해 서로 칭찬해 줌	
활동의 다양성	· 청소년 및 어린이는 목걸이로 활용하고 목걸이를 잘 쓰지 않는 남성과 어른은 열쇠고리로 활용하도록 한다.		
활동의 난이도	어려운 활동	· 풀을 이용하지 않고 누름꽃을 놓고 뚜껑을 덮는다.	
	쉬운 활동	· 목걸이의 뚜껑만 덮는 작업을 한다. · 누름꽃을 배열한다. · 목걸이(가죽)줄을 꿰어 끝맺음을 한다. · 참관만 한다.	

누름꽃이란?[79]

누름꽃은 식물체의 꽃이나 잎, 줄기를 물리적 방법 또는 약품처리를 하는 등의 인공적 기술로 눌러 건조시킨 후, 회화적인 느낌을 강조하여 평면적으로 구성한 조형예술이다. 누름꽃은 액자, 핸드백, 쟁반, 귀걸이 등 각종 생활용품이나 장신구 등을 장식하는 데 폭넓게 이용된다.

누름꽃 티셔츠형 목걸이

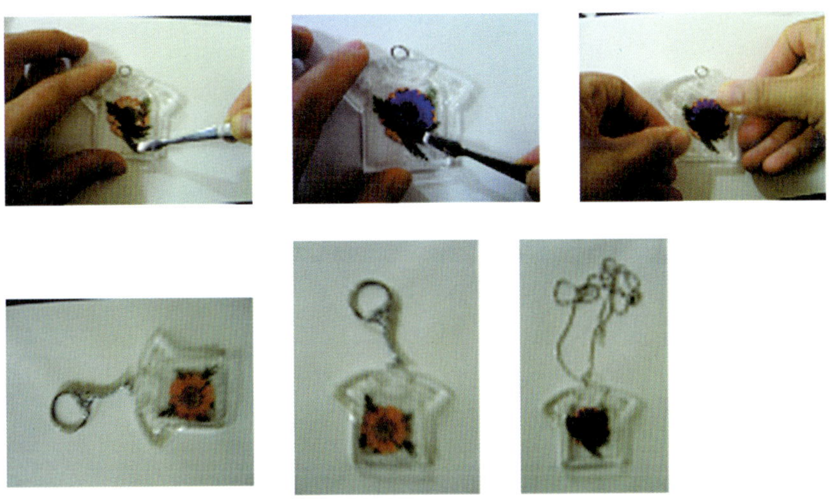

79) 김기선 외. 1999. 신제 생활원예. 향문사. 서울. p. 224.
서정님・경윤정・박천호. 2002. 원예와 함께하는 생활. 부민문화사. 서울. p. 225.

누름꽃 부채 만들기

대 상	□정신 □재활 □정신지체 □노인 ■치매 □청소년 □어린이				
장 소	■실내 □실외 □실내외	계 절	□봄 ■여름 □가을 □겨울	난이도	□상 ■중 □하

일 시	년 월 일	담당치료사	
목 표	여름에 사용하는 도구(부채)를 직접 만들어 사용함으로써 계절감각을 익힌다.		
준비물	누름꽃, 부채, 한지, 한지 풀, 붓, 가위		

활 동	치료 과정	기대효과 및 Tip	대상자별 적용
도 입	· 여름에 할 수 있는 일들에 관하여 이야기 나눈다.	· 계절감을 느끼게 하고, 프로그램에 대한 호기심을 유발하여 집중할 수 있도록 함	<정신> · 창의성을 향상시키고, 프로그램 중에 옆 사람과 대화를 유도하여 사회성을 향상시킨다. <재활> · 활동이 부자유스러운 경우 다른 대상에 비해 소재를 적게 이용하면 작업은 단순하지만 성취감을 느낄 수 있다. <청소년, 어린이> · 자신이 직접 만든 부채를 소지하도록 하여 자존감과 성취감을 향상시킨다.
전 개	① 누름꽃을 부채 위에 펼친 후 자유롭게 배열해 본다. ② 부채 위에 배열해 본 누름꽃을 풀을 이용하여 부착시킨다. ③ 한지를 부채 크기로 자른다. ④ ③을 부채 위에 한지 풀을 이용하여 붙인다. ⑤ 붓을 이용하여 한지와 부채 사이에 공기가 들어가지 않도록 한다. ⑥ 그늘에서 말린다. ⑦ 부채의 다른 쪽도 위의 방법으로 한다.	· 풀이 완전히 마를 때까지 부채를 만지지 않도록 함 · 근육의 톤 조절이 어려운 대상자가 작업 중 누름꽃이 파손되지 않도록 함 · 한지가 사용되었던 예를 이야기하도록 하여 과거 기억 회상 · 한지를 붙이는 작업에 어려움을 보이는 대상자의 경우 보조자나 치료사의 보조 필요	
정 리	· 내가 만든 부채와 함께 여름을 어떻게 보낼지 의견을 나눈다.	· 발표력 향상 · 자신을 위해 만든 결과물을 통해 자존감 향상	

활동의 다양성	· 낙엽을 이용하여 카드를 만들거나 장미, 팬지 등의 누름꽃을 이용해 본다.	
활동의 난이도	어려운 활동	· 진행이 느린 주변의 사람을 도와준다. · 안개, 고사리 등의 누름꽃을 이용하여 만들어 본다.
	쉬운 활동	· 부채에 풀을 칠하는 작업을 한다. · 누름꽃을 부채 위에 올려놓은 작업을 한다. · 참관만 한다.

누름꽃의 역사

네잎클로버나 단풍잎 등을 책갈피 속에 끼워 두었던 경험들이 있을 것이다. 누름꽃은 이처럼 생활 주변에서 자연발생적으로 행해져 왔지만 초기에는 학술 연구를 목적으로 하는 식물표본에서 시작되었고, 19세기 후반 영국의 빅토리아 여왕 시대부터 본격적으로 발달하게 되었다.

이 당시 궁중의 여인들은 어두운 방에서 자수를 놓는 것이 유일한 취미였는데, 이로 인해 자세와 건강이 나빠지게 되어 여왕이 귀부인들에게 공기 좋은 들이나 해변에 나가 야생화를 채집해 와서 성서의 표지를 장식하거나 액자에 넣어 벽면을 장식하도록 권하면서 점차 궁중의 귀부인이나 상류사회 부인들의 우아한 취미로서 전파되었다.

우리나라의 경우는 옛 선조들이 단풍잎이나 은행잎·대나무 잎 등을 문창호지에 발라서 실내에서도 자연에 대한 정취를 돋웠고, 다른 한편으로는 재앙 방지용 벽장식으로 삼기도 했다.

누름꽃 부채 만들기

눌러 말린 장미꽃잎을 이용하여 부채를 꾸미는 모습

사용에 적합한 재료

선인장이나 다육식물을 제외한 거의 모든 식물이 가능하지만, 색이 선명하고 꽃잎이 작으며, 크기가 중간 정도이거나 작은 꽃, 두껍지 않은 곳 중에서 황색·남색·자색·홍색 등의 꽃이 적합하다. 예로는 팬지, 매화, 할미꽃, 코스모스, 델피니움, 제비꽃, 안개, 부겐베리아, 바이올렛, 고사리 등이 있다. 튤립, 카틀레야, 나리, 해바라기 등과 같이 수분함량이 많거나 꽃잎이 두꺼운 소재는 피하는 것이 좋다.

누름꽃 액자 만들기

대 상	■ 정신 □ 재활 □ 정신지체 □ 노인 □ 치매 □ 청소년 □ 어린이				
장 소	■ 실내 □ 실외 □ 실내외	계 절	■ 봄 ■ 여름 ■ 가을 ■ 겨울	난이도	■ 상 □ 중 □ 하

<table>
<tr><td>일 시</td><td colspan="2">년 월 일</td><td>담당치료사</td><td></td></tr>
<tr><td>목 표</td><td colspan="4">Eye-hand coordination, 집중력과 창의력을 향상시킨다.</td></tr>
<tr><td>준비물</td><td colspan="4">누름꽃(고사리, 단풍잎, 카네이션잎, 미스티블루, 수국 등), 액자틀, 오공본드, 면봉, 종이, 핀셋, 펜</td></tr>
<tr><td>활 동</td><td>치료 과정</td><td colspan="2">기대효과 및 Tip</td><td>대상자별 적용</td></tr>
<tr><td>도 입</td><td>· 가장 행복했던 일들을 생각해 본다.</td><td colspan="2">· 좋았던 기억을 회상하도록 한다.
· 장단기 기억 자극</td><td rowspan="3"><재활>
· 보다 간단한 작업을 구상하여 적용한다. 손가락의 움직임이 기민하지 못한 대상자의 경우, 프로그램 중 소재(누름꽃, 잎)의 손상으로 오히려 좌절감이 생길 수 있으므로 주의한다.

<노인>
· 성취감과 자신감을 향상시킬 수 있다.

<청소년>
· 취미활동으로 접목 가능하며, 잡념을 떨치고 집중하여 작업하도록 한다.

<어린이>
· 주의가 산만한 아동의 경우, 집중력 향상 훈련을 위해 적용할 수 있다.</td></tr>
<tr><td>전 개</td><td>① 직사각형의 종이 중간에 작은 점을 찍어 중심을 잡는다.
② 준비된 누름꽃들과 잎을 테이블에 나열해 본다.
③ 단풍잎을 종이 위에 X모양으로 올려놓는다.
④ 고사리 잎을 단풍잎과 각도를 달리하여 X모양으로 올려놓는다.
⑤ 다른 누름꽃들을 서로 대각선 방향으로 배치한다.
⑥ 가장 중심이 되는 큰 꽃을 작품 중앙에 붙인다.
⑦ 이름과 날짜를 쓰로 서명한다.</td><td colspan="2">· 균형감
· 의사 결정력
· 집중력
· Eye-hand coordination
· 핀셋을 이용하면 작업을 보다 쉽게 할 수 있음
· 치료사가 설명하는 순서에 맞추어 이행하도록 함
· 너무 오랫동안 집중해서 작업하면 어깨와 목의 근육이 아플 수도 있으므로 이를 적절히 조절</td></tr>
<tr><td>정 리</td><td>· 그룹 내의 사람들과 서로의 작품에 관하여 이야기 나눈다.</td><td colspan="2">· 대인관계 훈련, 사회성 향상</td></tr>
<tr><td>활동의 다양성</td><td colspan="4">· 양초의 면을 누름꽃으로 장식해 본다.</td></tr>
<tr><td rowspan="2">활동의 난이도</td><td>어려운 활동</td><td colspan="3">· 치료사의 지시에 이행하지 않고 스스로 원하는 구도를 정하여 만들어 보도록 한다.</td></tr>
<tr><td>쉬운 활동</td><td colspan="3">· 면봉을 이용해 풀칠하는 작업만 한다.
· 누름꽃을 배치하는 작업만 한다.
· 참관만 한다.</td></tr>
</table>

누름꽃 액자 만들기

소재의 건조 및 처리법[80]

누름꽃 액자 완성 모습

(1) 소재의 준비 및 처리

식물은 사계절 모두 채취 가능하지만, 자연을 잘 관찰하여 그 식물이 최고로 아름다울 때 채취한다. 빠른 건조를 위해서는 꽃, 잎, 꽃대를 분리해서 휴지로 물기를 조심스럽게 닦아낸 후 건조시킨다.

(2) 건조 방법

▪ 책갈피에 끼워 건조시키는 법

신문지나 잡지에 꽃이나 잎을 끼워 넣어 식물의 수분을 흡수시켜 말리는 전통적인 방법이다. 자연조건에 의해 말리는 것으로, 시일이 걸리면 꽃색이 바래기 쉬우므로 수분이 많은 꽃이나 큰 꽃은 다른 방법으로 건조시키는 것이 좋다. 흡수지는 하루가 지난 다음 갈아주는 것이 좋으므로, 꽃 색깔을 선명하게 남기고 싶을 때에는 매일 갈아 끼운다. 건조기간은 소재에 따라 다르나 약 3~10일 정도 걸린다.

▪ 누름판을 이용한 건조법

책을 이용하여 꽃이나 잎을 눌러 말리는 것을 응용한 것이다. 흡수지 사이에 끼운 소재를 골판지 사이에 놓고 눌러 말리는 방법이다. 책을 이용한 방법보다는 빨리 말릴 수 있으나 누름판을 준비해야 하는 번거로움이 있다. 누름판을 만들기 위해서는 네 모서리에 수나사가 들어갈 만한 구멍이 뚫린 2개의 사각형 합판 또는 판자, 같은 크기의 골판지를 잘라 이용하면 좋다. 수나사와 나비나사 4개, 흡수지가 필요하다.

누름 방법은 준비한 판자 네 모서리에 수나사를 끼워서 편평한 곳에 놓고, 네 모서리를 잘라낸 골판지→흡수지→식물→흡수지→골판지 순으로 놓은 다음 나머지 판자 하나를 덮고 나비나사를 꽉 조인다.

▪ 실리카겔을 이용한 건조법

두꺼운 꽃을 빠르게 건조시키면서 자연색을 남기고 싶을 때 사용하는 방법이다. 작은 책의 책갈피에 꽃을 끼워 책과 함께 실리카겔 통에 넣어 밀폐시키거나, 책갈피에서 납작하게 한 다음 꺼내 종이에 싸서 실리카겔 위에 놓고 그 위에 다시 실리카겔로 덮고 밀폐시키는 방법이 있다.

▪ 다리미를 이용한 건조법

꽃이나 잎을 흡수지 사이에 끼우고 이것을 다시 신문지에 끼운 뒤 가정용 다리미로 지그시 눌러 꽃이나 잎의 수분을 탈수하여 건조시키는 방법이다. 대부분의 꽃을 10분 이내에 건조시키는 장점이 있으나, 변색 및 퇴색이 쉽고 꽃의 질감이 매끄럽게 되어 자연스럽지 않은 단점이 있다.

80) 김기선 외. 1999. 신제 생활원예. 향문사. 서울. p. 226 228.

<table>
<tr><td rowspan="2">누름꽃 염색기법의 스카프 만들기</td><td>대 상</td><td colspan="5">□정신 □재활 □정신지체 □노인 □치매 □청소년 ■어린이</td></tr>
<tr><td>장 소</td><td>■실내 □실외 □실내외</td><td>계 절</td><td>■봄 ■여름 ■가을 ■겨울</td><td>난이도</td><td>■상 □중 □하</td></tr>
</table>

<table>
<tr><td>일 시</td><td colspan="2">년 월 일</td><td>담당치료사</td><td></td></tr>
<tr><td>목 표</td><td colspan="4">스카프를 직접 만들어 자신감과 성취감을 갖도록 한다.</td></tr>
<tr><td>준비물</td><td colspan="4">누른 단풍잎 또는 은행잎과 홑꽃, 흰색 손수건 또 무지 스카프, 다리미, 신문지, 색지</td></tr>
<tr><td>활 동</td><td>치료 과정</td><td colspan="2">기대효과 및 Tip</td><td>대상자별 적용</td></tr>
<tr><td>도 입</td><td>· 누름꽃 기법에 대해 알아보고 스카프에 꽃모양으로 염색하여 만드는 방법을 소개한다.</td><td colspan="2">· 호기심 유발
· 지식 습득</td><td rowspan="3"><재활>
· 다림질을 할 때 가능한 힘껏 눌러 주도록 한다.

<노인>
· 스카프를 원하는 색상으로 염색하여 스스로 만들어 사용한다.

<청소년>
· 다양한 꽃과 색지로 무늬를 만들어 창의성을 개발 하도록 하고, 스카프 대신에 면을 이용한 손수건을 만들 수도 있다.</td></tr>
<tr><td>전 개</td><td>① 신문지 여러 장을 나눠 준다.
② 원하는 색지와 누름꽃, 여러 가지모양의 잎을 나눠 준다.
③ 스카프를 나눠 주고 신문지 위에 펼친다.
④ 스카프에 누름꽃을 올려놓고 원하는 모양을 디자인한다.
⑤ ④에 염색할 모양만큼 색지를 오려서 스카프 위의 누름꽃을 덮듯이 올려놓는다.
⑥ ⑤에 신문지 조각을 올려놓고 팔에 힘을 주어 다림질하여 염색이 되도록 한다.</td><td colspan="2">· 시각 자극
· 자신감과 성취감 증대
· 인지기능
· 창의성 개발
· 자존감 향상
· 대근육 운동
· 다리미의 온도를 적절히 하여야 염색이 잘됨
· 다리미 사용시 주의를 하고 온도는 중온으로 이용함</td></tr>
<tr><td>정 리</td><td>· 사용한 신문지와 다리미를 정리한다
· 만든 스카프를 어떻게 활용할 것인지 의견을 나눈다.</td><td colspan="2">· 다리미의 온도를 적정하게 맞춤
· 스카프 만든 소감을 얘기하고 의견을 나누는 훈련 실시</td></tr>
<tr><td>활동의 다양성</td><td colspan="4">· 천의 종류를 다르게 사용하거나 손수건과 같은 다양한 용도의 천을 이용한다.</td></tr>
<tr><td rowspan="2">활동의 난이도</td><td>어려운 활동</td><td colspan="3">· 여러 장의 스카프를 만들고, 다른 대상자를 돕는다.</td></tr>
<tr><td>쉬운 활동</td><td colspan="3">· 색지를 가위로 오린다.
· 누름꽃을 천 위에 올려놓는다.
· 참관만 한다.</td></tr>
</table>

<<<<<<<<<<<<<< 누름꽃 염색기법의 스카프 만들기

누름꽃을 이용한 염색기법의 스카프 만들기의 완성품

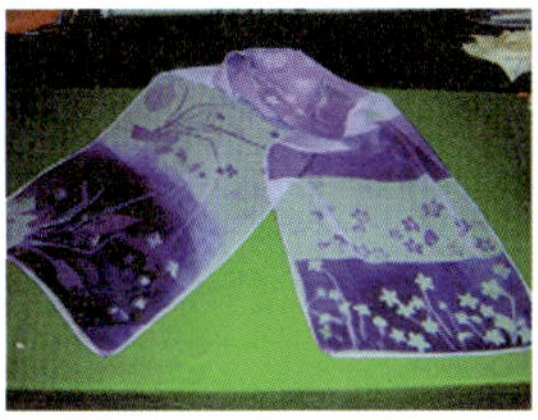

색지의 구성

천에 염색하기 전 색지의 색상과 염색 후의 색상이 다르다. 또한 다리미의 열과 눌러주는 압력, 그리고 시간에 따라 차이가 있을 수 있다. 아래의 그림은 염색 전 색지의 색상과 그것을 염색한 후의 색상을 비교한 것이다.

* 염색 전 색상(기본색)

* 염색 후 색상(기본색)

빨강	주황	노랑	연두	초록	연파랑

* 염색 전 색상(기본색)

* 염색 후 색상(기본색)

남색	보라	자주	회주황	회색	검정

누름꽃 자석액자 만들기

대 상	□정신 □재활 ■정신지체 □노인 □치매 □청소년 □어린이				
장 소	■실내 □실외 □실내외	계 절	■봄 ■여름 ■가을 ■겨울	난이도	■상 □중 □하

일 시	년 월 일	담당치료사	
목 표	수 개념과 인지기능을 향상시키고, 협응력과 관절운동을 유도한다.		
준비물	미니액자, 자석, 코팅필름, 누름꽃 미니장미, 휴대용접시(소), 핀셋, 배경지, 종이		
활 동	치료 과정	기대효과 및 Tip	대상자별 적용
도 입	· 꽃과 어울리는 곤충에 대해 생각해 본다.	· 프로그램에 대한 호기심과 창작성 유도	<정신> · 스스로 작품을 만들어 냉장고 메모꽂이로 활용하게 하여 자존감 향상에 도움이 되게 한다. <노인> · 상지 근육의 활성과 관절운동에 도움이 된다. 코팅할 때 안쪽에서 바깥쪽으로 힘 있게 문지르게 한다. <치매> · 꽃잎을 분해 할 때 꽃잎을 수를 헤아리게 하고 코팅할 때 1~10까지 소리를 크게 내면서 힘 있게 문지르도록 한다. <청소년, 어린이> · 창작성을 개발하고 집중력향상에 도움이 된다.
전 개	① 미니액자와 배경지를 나눠 준다. ② 일회용접시를 나눠 주고 누름꽃(미니장미) 하나를 나눠 준다. ③ 접시에 미니장미 꽃잎을 핀셋으로 분해한다. ④ 배경지에 미니장미 분해한 것을 나비, 잠자리, 꽃 등으로 표현하여 디자인한다. ⑤ 코팅필름을 나눠 준다. ⑥ 필름지 뒷면의 종이를 떼어낸 후 필름지의 정전기를 방지하기 위해 뒷면에 종이를 댄다. ⑦ 필름지를 붙인 후 손바닥으로 중앙을 누른다. ⑧ 필름지를 중앙에서 바깥으로 공기를 빼면서 손가락 끝으로 문지른다.	· 공간감각 · Eye-hand coordination · 기민성 · ROM 향상 · 손가락 끝으로 문지르게 함 · 모든 재료는 옆으로 전달하는 방식으로 실시 · 인지기능, 수 개념, 인내심 · 코팅할 때 숫자 1~10까지 네 방향으로 40까지 숫자를 큰 소리로 말하며 문지르게 하여 인내심과 수 개념 향상 · 최대한 동작을 크게 하여 문지르도록 유도	
정 리	· 완성된 자석 액자를 철문에 붙여 확인한다. · 만든 작품을 보고 무엇을 표현한 것인지 설명하고, 박수와 함께 대상자간 서로 칭찬해 주도록 한다.	· 의견을 나누는 훈련 · 의견발표에 거부감이 있다면 강압적으로 하지 말고 다른 사람의 의견을 경청할 수 있도록 하여 프로그램 참석에 대한 부담감이 없도록 함	
활동의 다양성	· 홑꽃을 제외한 겹꽃종류의 누름꽃을 이용하거나 꽃의 양을 많이 사용하여 디자인한다.		

활동 난이도		
	어려운 활동	· 꽃 배열 후 풀을 사용하지 않고 코딩한다. · 누름꽃과 녹색 잎을 이용하여 마음대로 배열하여 디자인한다.
	쉬운 활동	· 누름꽃의 미니장미 꽃잎을 한 장씩 분해한다. · 누름꽃의 미니장미 한 송이를 그대로 넣고 코팅한다. · 배경지에 누름꽃 한 송이만 놓는다. · 참관만 한다.

누름꽃 자석액자 만들기

누름꽃 미니 자석액자 만드는 과정

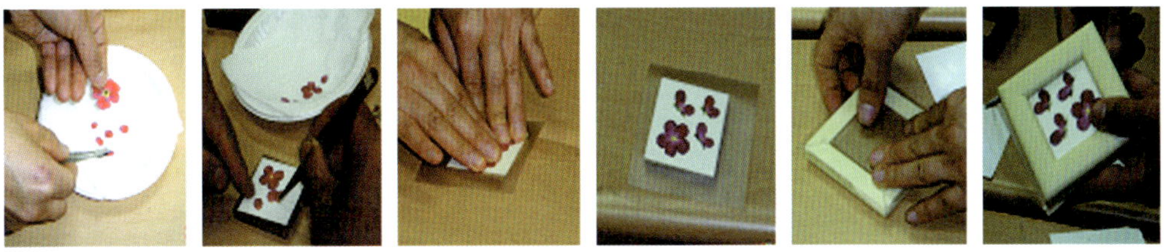

〈코팅 필름 종류[81]〉

- 광택 필름(Glossy): 코팅필름 표면이 반짝거리는 스타일로 가장 흔하게 사용되는 필름.
- 무광 필름(Matt): 코팅필름 표면이 반짝거리지 않아 고급스러운 타입으로 코팅 후 표면에 연필로 메모가 가능한 필름.
- 컬러 필름(Color): 코팅필름의 한쪽 면이 빨강 · 노랑 · 초록 · 파랑 등 색깔이 있는 필름.
- 사진용 필름(Photo): 사진 코팅시 많이 사용하는 필름으로 필름에 엠보싱 등의 무늬가 있음.
- 전사 필름(Stamping Foil): 크리스마스카드나 제본용 표지 등 강조하고자 하는 부분만 금박 · 은박을 넣을 수 있는 필름으로, 코팅 온도가 140℃ 이상에서만 가능한 특수 필름.

〈누름꽃의 건조 방법[82]〉

- 다리미 건조 방법: 짧은 시간에 건조 가능하나 열을 가하므로 변색의 염려가 있다.
- 신문지나 책 이용법: 코팅되지 않은 종이의 질을 선택하고 건조시간이 길다.
- 누름꽃 전문 건조시트지 이용법: 누름꽃을 만들 경우 원색으로 건조될 수는 있으나 전기식보다는 시간이 걸린다.
- 건조기 이용법: 건조시간은 건조시트지보다는 짧으나 변색이 되는 단점이 있다.

누름꽃 책갈피 만들기

사용 가능한 누름꽃 소재들

- 쑥, 민들레, 칡 등을 이용한다.
- 안개초나 수국 등의 흰 꽃은 색소를 이용하여 물올림하여 사용하기도 한다.
- 장미와 같이 두꺼운 꽃을 사용할 경우 잘 드는 칼로 꽃의 반을 잘라 단편적으로 건조시켜 사용할 수 있다.

81), 82) 양정인 외. 1987. 압화예술원론. 서원. 서울. p. 68-70, 106-108.

누름꽃 책갈피 만들기

대 상	□ 정신 □ 재활 □ 정신지체 □ 노인 □ 치매 ■ 청소년 □ 어린이				
장 소	■ 실내 □ 실외 □ 실내외	계 절	■ 봄 ■ 여름 ■ 가을 ■ 겨울	난이도	■ 상 □ 중 □ 하

일 시	년 월 일	담당치료사	
목 표	창의력과 사회성을 향상시킨다.		
준비물	누름꽃(고사리, 안개, 바이올렛 등), 색상지, 오공본드, 면봉, 시트지, 핀셋, 펀치, 리본		
활 동	치료 과정	기대효과 및 Tip	대상자별 적용
도 입	· 가장 좋아하는 색깔을 이야기해 본다. · 좋아하는 색깔에 따른 그 사람의 특징을 이야기해 본다.	· 자신의 생각을 말로 표현할 수 있도록 도움 · 발표력 향상	· 2~3개 정도 자유롭게 만들도록 하여, 다른 사람에게 선물하여 주는 기쁨을 경험할 수 있도록 한다. · 대상자에게 적절할 소재들을 이용한다. <정신지체, 노인, 치매> · 지나치게 작은 소재는 작업 중 오히려 근육이 경직될 우려가 있으므로 피하는 것이 좋다. 따라서 이 대상자들은 누름꽃 책갈피보다는 누름꽃 카드나 달력, 부채 등을 만들어 보는 것을 추천한다.
전 개	① 마음에 드는 색상지를 책갈피 모양으로 자른다. ② 준비된 누름꽃들과 잎을 테이블에 나열해 본다. ③ 색상지 위에 자유롭게 누름꽃을 배치한다. ④ 면봉을 이용하여 풀로 누름꽃을 고정시킨다. ⑤ 풀이 완전히 마르면 시트지를 붙인다. ⑥ 한쪽 끝을 펀치로 뚫어 구멍을 낸다. ⑦ 구멍에 리본을 묶는다.	· Eye-hand coordination · 핀셋을 이용하면 작업이 보다 용이함 · 자유롭게 표현하도록 하고, 어려움을 호소하는 대상자의 경우 조언을 해 주거나 다른 대상자의 작품을 참고할 수 있도록 함 · 손의 기민성 향상 · 창의성, 표현력	
정 리	· 상대방이 만든 책갈피 중 가장 예쁜 것을 하나씩 서로 추천하도록 한다.	· 성취감, 자신감	
활동의 다양성	· 동일한 소재를 이용하여 열쇠고리나 달력을 만들어 본다.		
활동의 난이도	어려운 활동	· 다른 대상자가 리본을 묶는 작업을 돕는다.	
	쉬운 활동	· 시트지를 붙이는 작업만 한다. · 면봉을 이용해 풀칠하는 작업만 한다. · 참관만 한다.	

DIY 꽃비누 만들기

대 상	□정신 □재활 ■정신지체 □노인 □치매 □청소년 □어린이				
장 소	■실내 □실외 □실내외	계 절	■봄 ■여름 ■가을 ■겨울	난이도	■상 □중 □하

일 시	년 월 일	담당치료사	
목 표	Eye-hand coordination과 후각 및 온랭감각을 자극한다.		
준비물	누름꽃, 투명코팅 필름 2장, 아로마 오일, DIY 비누(식물성) 세트, 가위, 이쑤시개, 뜨거운 물이 담긴 대야		
활 동	치료 과정	기대효과 및 Tip	대상자별 적용
도 입	· 비누 속에 꽃이 들어 있는 견본을 보여주며 미리 만드는 방법에 관해 의견을 나눈다.	· 흥미 유발로 프로그램 참여성을 높임	
전 개	① 재료를 나눠 주고 덩어리(고체) 비누의 팩은 뜨거운 물에 담근다. ② 투명필름 한 장 위에 누름꽃을 배열하여 디자인하게 한다. ③ 디자인한 꽃을 뒤집어 ②와 같은 모양으로 배열한다. ④ 필름지 뒷면의 종이를 떼고 ③의 필름지에 코팅한다. ⑤ 코팅된 필름지를 디자인한 꽃 모양의 가장자리가 여유 있게 가위로 자른다. ⑥ DIY 비누에 ⑤를 붙이고 아로마 오일 한 방울을 넣는다. ⑦ 녹은 비누액을 기포가 생기지 않도록 ⑥에 천천히 붓는다. ⑧ 굳는 것을 지켜보며 기포가 생기면 이쑤시개로 제거한다. ⑨ 완성된 DIY 비누의 뒷면에 종이 스티커를 붙여 보관한다.	· Eye-hand coordination · 시각·후각 자극 · 온랭감각 · 집중 · 창의력 향상 · 섬세한 손의 운동능력 향상 · 뜨거운 비누액을 조심하고 대상자에 따라 필요시에는 도와줌 · 완성된 비누는 수분을 유지할 수 있도록 보관	<정신> · 완성품을 만들어 선물하게 하여 자신감과 자존감 향상을 기대한다. <노인> · 눈과 손의 협응력과 온랭감각을 자극하고 미세근육 운동 훈련을 한다. <청소년, 어린이> · 꽃을 배열하는 과정에서 주의 집중력과 창의성을 개발할 수 있도록 하고 완성품을 통하여 자신감을 갖게 한다.
정 리	· 완성품을 좋아하는 분에게 선물하게 하게 한다. · 비누용액이 남은 것은 그대로 굳도록 두었다가 굳고 난 뒤 갖고 가서 사용하게 한다.	· 선물하는 것을 원하지 않는 사람에게는 강요하지 않음	
활동의 다양성	· 허브건조화나 수분이 많지 않은 작은 꽃을 이용하여도 된다. · 꽃의 배열과 디자인 모양을 자유롭게 한다.		

활동의 난이도	어려운 활동	· 비누를 뜨거운 물에 녹여 붓는다.
	쉬운 활동	· 누름꽃을 배열한다. · 참관만 한다.

DIY 꽃비누 만들기 >>>>>>>>>>>>>>>>>>>>

DIY 꽃비누 만드는 과정

. 필름지에 꽃을 놓는다.

. 배열한 꽃을 뒤집는다.

. 필름지로 코팅한다.

. 코팅한 것을 가위로 오린다.

. 코팅한 필름지 뒷면의 종이를 뗀다.

. 접착성 있는 코팅지를 비누에 붙인다.

. 비누액을 붓는다.

. 이쑤시개로 기포를 제거한다.

. 뒷면에 접착성 있는 종이시트를 붙인다.

. 완성된 비누

좋은 누름꽃 재료의 선택요령[83)]

(1) 초보자가 이용하기 좋은 꽃

- 색이 선명하고 변화가 많은 꽃
- 구조가 간단한 꽃, 꽃잎이 적은 꽃
- 너무 크지 않은 중간정도이거나 작은 꽃
- 두께가 적당하고 수분함량이 적은 꽃
- 황색, 오렌지색, 남색, 자색, 홍색 등의 꽃

(2) 누름꽃 재료로 부적합한 꽃

- 꽃잎이 나팔모양인 꽃(관상화)
- 하나의 꽃잎으로 이루어진 꽃
- 너무 크고 주름이 많은 꽃잎을 가진 꽃
- 두텁고 수분함량이 많은 꽃잎을 가진 꽃
- 꽃잎이 너무 얇은 꽃

누름꽃의 원색을 유지하는 핵심기술은?[84)]

누름꽃에서 식물체의 꽃이나 잎의 색 표현과 보존은 매우 중요하고, 꽃과 잎이 신선할 때 급속탈수를 시키는 것이 제일 중요하다.

급속탈수 되면, 물(효소)이라는 화학변화의 매개체를 상실하기 때문에 원래의 색을 가장 잘 유지하게 된다. 또 잘 건조시킨 잎이라도 다시 습기를 머금게 되면 엽록소가 용해되어 부패하기 때문에 재생시킬 방법이 없게 된다. 따라서 누름꽃 기술의 근본적인 비결은 급속으로 건조시킨 꽃 소재를 사용하는 것이며, 작품을 완성한 후에 자외선과 습기로부터 최대한 차단시키는 것이 좋다.

83), 84) 양정인 외. 1987. 압화예술원론. 서원. 서울. p. 58-60, 106-108.

생화 착색하기

대 상	□정신 □재활 □정신지체 □노인 □치매 □청소년 ■어린이				
장 소	■실내 □실외 □실내외	계 절	■봄 □여름 □가을 □겨울	난이도	□상 □중 ■하

일 시	년 월 일	담당치료사	
목 표	식물도관의 기능을 익히고, 관찰력을 향상시킨다.		
준비물	조팝나무 꽃 또는 안개나 흰색 종류의 꽃, 생화용 착색 컬러액, 촉진액, 투명한 컵, 건조시트지, 나무젓가락, 가위		
활 동	치료 과정	기대효과 및 Tip	대상자별 적용
도 입	· 다양한 꽃색에 대해 이야기해 보고, 자신이 가장 좋아하는 꽃색과 그 이유를 발표해 본다.	· 프로그램에 대한 호기심을 유발하여 집중할 수 있도록 함	· 모든 대상자에게 적용 가능하다. <재활> · 착색된 작은 꽃을 따서 건조시트지에 배열하는 작업은 손의 기민성과 미세근육운동과 pinch 기능을 강화할 수 있다. 그러나 대상자의 상태에 비해 소재가 너무 작을 경우 오히려 근육의 움직임에 부정적인 영향을 미칠 수 있다. <노인> · 착색되는 과정에서 흰색의 꽃이 어떤 색깔로 바뀌는지 과정을 지켜보게 한다. <청소년, 어린이> · 좋아하는 하는 색깔의 꽃으로 작품을 만들 수 있는 기대감 및 동기 부여와 흥미를 유발한다. 꽃이 염색되는 과정을 지켜보며 관찰력과 인내심을 기른다.
전 개	① 노랑, 빨강, 초록의 컬러액을 나눠 준다. ② 투명한 컵에 따뜻한 물을 조금 넣고 원하는 컬러액을 배합하여 원하는 색깔을 만들어 희석한다. ③ ②의 컬러액에 촉진액을 한 방울 넣는다. ④ 조팝나무 길이를 짧게 자르고 컬러액에 담근다. ⑤ 착색시키지 않은 흰색의 조팝꽃을 건조시트지에 배열하여 건조시킨다. ⑥ 20~30분 후쯤 착색된 꽃을 따서 건조시트지에 배열하여 건조시킨다.	· 관찰력 증가 · 인내심 증가 · 손의 기민성 · 시각·촉각 자극 · 사회성 향상 · 조별로 진행하여 서로의 색깔 비교 · 2~3일 후에 착색될 꽃과 자연색의 꽃 색깔 비교	
정 리	· 남은 꽃 줄기 등은 가위로 잘라서 쓰레기로 버린다. · 흰색 꽃 색이 변한 채로 유지될지에 관한 의견을 얘기한다.	· 소감을 얘기하고 이견을 나누는 훈련	
활동의 다양성	· 흰색의 꽃은 다양하게 컬러액을 올려 관찰하고, 여러 가지 색의 컬러액을 만든다.		

활동의 난이도		
	어려운 활동	· 원하는 색의 컬러액을 만든다. · 착색하는 순서를 기억하며 적어 보도록 한다.
	쉬운 활동	· 소팝나무 줄기를 자른다. · 다양한 색의 컬러액에 꽃을 꽂는다. · 참관만 한다.

생화 착색하기

착색하는 과정과 착색 꽃을 이용한 작품[85)]

꽃의 가지를 10~15cm 정도의 길이로 자른다.

컬러액에 담근 후 30분 이상이 지나면 꽃이 염색이 된다.

핀 꽃은 핀셋으로 한 송이씩 따서 배열한다.

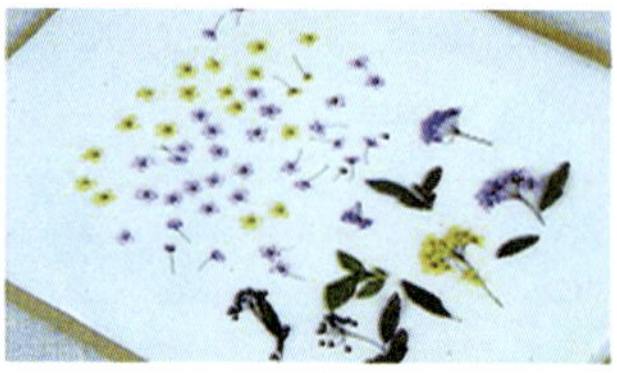

★더 쉬운 방법!
컬러액에 꽃이 염색된 후 다시 물에 잠시 담가두면 더 예쁜 염색꽃을 감상할 수 있다.

착색한 조팝꽃으로 만든 작품

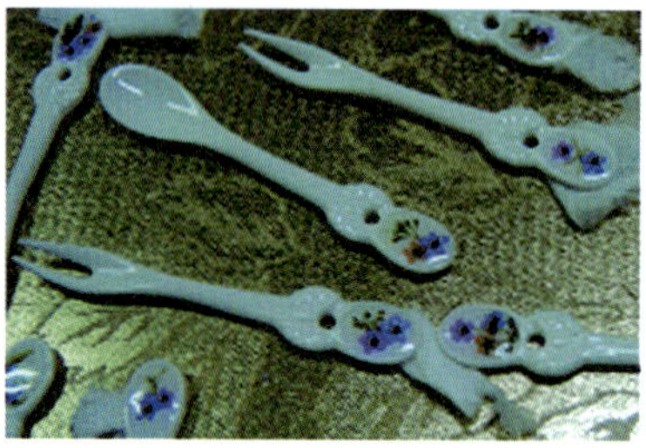

85) 이진선. 2004. 세상에 하나뿐인 프레스플라워. 크라운출판사. 서울.

솔방울 리스 만들기

대 상	■ 정신 □ 재활 □ 정신지체 □ 노인 □ 치매 □ 청소년 □ 어린이				
장 소	■ 실내 □ 실외 □ 실내외	계 절	□ 봄 □ 여름 □ 가을 ■ 겨울	난이도	■ 상 □ 중 □ 하

일 시	년 월 일	담당치료사	
목 표	손의 기민성과 장악력을 향상시키고, 계절감을 익힌다.		
준비물	리스용 와이어, 다양한 크기의 나무열매들(소나무, 전나무 등), 글루건, 광택제, 꽃 철사, 조화, 리본		
활 동	치료 과정	기대효과 및 Tip	대상자별 적용
도 입	· 크리스마스하면 떠오르는 추억을 이야기 나눈다.	· 과거 기억에 대한 자극 · 프로그램에 대한 호기심을 유발하여 집중할 수 있도록 함	· 양손의 사용이 어느 정도 자유로운 대상자에게만 적합하다. 예) 편마비나 한쪽 팔 절단 환자는 본 프로그램에서 제외 · 고난도의 기술과 손의 힘을 필요로 하는 프로그램이므로 자칫하면 대상자에게 너무 어려워 독립적인 작업이 불가능할 수 있으므로, 대상자의 상태를 충분히 파악한 후 본 프로그램을 적용하는 것이 바람직하다.
전 개	① 각각 16개의 전나무 열매와 24개의 소나무 열매를 고른다. ② 전나무 열매를 와이어에 끼운다. ③ 솔방울 세 개를 모아 위에서 1/3 지점을 철사로 고정시키고 총 4묶음을 만든다. ④ 솔방울 세 개를 모아 아래서 1/3 지점을 철사로 고정시켜 총 4묶음을 만든다. ⑤ 위의 솔방울 묶음들을 ② 위에 고정시킨다. ⑥ 작은 도토리들과 조화를 ⑤ 위에 글루건으로 장식한다. ⑦ 광택제로 광을 낸다. ⑧ 리본을 묶는다.	· 전나무 열매와 솔방울의 향기로 후각 자극 · 강한 손끝의 힘과 장악력 · 와이어에 손이 찔릴 우려가 있으므로 목장갑을 반드시 착용하도록 함 · 철사가 위험요소가 될 수 있으므로 주의 · 진행시간이 다른 프로그램보다 길므로 2회로 나누어서 여유롭게 하는 것이 효율적	
정 리	· 작품을 어떻게 할 것인지 생각해 본다. · 서로 의견을 나누고 상대방 리스에서 예쁜 점을 이야기해 준다.	· 대상자들의 작품마다 잘 된 부분을 구체적으로 칭찬하여 모두가 성취감을 느낄 수 있도록 함	
활동의 다양성	· 솔방울과 전나무 열매를 이용한 다른 모양의 리스를 창의적으로 만들어 본다.		

활동의 난이도		
	어려운 활동	· 진행이 느린 주변의 사람을 도와준다.
	쉬운 활동	· 전나무열매를 틀에 고정시키는 작업을 한다. · 리본을 묶는 작업만 한다. · 솔방울을 세 개씩 모아주는 작업을 한다. · 참관만 한다.

솔방울 리스 만들기 >>>>>>>>>>>>>>>>>>>>>>>>>

리스의 유래

14세기 경 도시를 중심으로 신부들이 마른 벼와 같은 소재에 레이스나 실크 리본을 곁들인 화환을 들고 결혼을 하던 것에서 유래되었다. 리스의 동그란 원은 영원한 사랑을 표시한다고 한다. 리스는 각각의 식물이 지닌 소재와 색채에 따라서 계절별로 다른 분위기를 연출할 수 있으며, 문 장식이나 벽 장식 등 공간의 디스플레이에 다양한 용도로 쓰인다.

솔방울 리스

소나무[86)]

학명: *Pinus densiflora Sieb. et Zucc.*

영명: Japanese red pine

소나무과에 속하는 상록침엽교목으로 우리나라 소나무는 적송이라 하며 붉은 줄기를 가지고 있다. 소나무의 잎은 얇은 비늘막에 싸여 두 장씩 달려 있다. 솔방울은 공기 오염이 심한 곳에서 특히 많이 매달린다.

전나무[87)]

학명: *Abies holophylla Max.*

영명: Needle fir

한대성 상록 침엽교목으로, 전나무(잣나무)는 잎이 다섯 장씩 달린다.

다양한 열매들[88)]

(위에서부터)

떡갈나무, 물참나무, 졸참나무, 상수리나무

갈참나무, 졸가시나무, 개가시나무, 붉가시나무, 종가시나무

돌참나무류, 돌참나무, 구실잣밤나무, 모밀잣밤나무

86), 87) 윤평섭. 1998. 환경원예식물도감. 문운당. 서울. p. 299, 302.
88) Ciabou Hany. 2000. 봄여름가을겨울 식물일기. 진선출판사. 서울. p. 108.

솔방울 테디베어 만들기

대 상	□정신 □재활 □정신지체 ■노인 □치매 □청소년 □어린이				
장 소	■실내 □실외 □실내외	계 절	□봄 □여름 □가을 ■겨울	난이도	□상 ■중 □ 하

일 시	년 월 일	담당치료사	
목 표	어린시절을 추억하며 장난감을 직접 만들어 본다.		
준비물	솔방울(크기별로 다양하게), 글루건, 리본, 가위		
활 동	치료 과정	기대효과 및 Tip	대상자별 적용
도 입	· 손자, 손녀들이 몇 명 있는지 이야기해 보고 어린 시절 갖고 놀았던 장난감에 대해 이야기한다.	· 그룹 내에 손자, 손녀들이 없는 대상자가 있는 경우엔 다른 이야기로 대체 · 장기기억 자극	<정신> · 자칫 너무 단조로운 프로그램이 될 수 있으므로 완성 후 자유롭게 꾸미도록 하여 표현력을 향상시킨다. <재활> · 간단한 작업이지만 성취감을 높일 수 있다. <청소년, 어린이> · 인공적인 장난감이 아닌 자연을 이용하여 직접 만들어 봄으로써 성취감을 얻고 애착을 느낄 수 있다.
전 개	① 각자 갖고 있는 솔방울 중 가장 큰 솔방울을 고른다. ② ①번 보다 약간 작은 솔방울을 선택하여 고정시킨다. ③ 발모양을 할 솔방울 두 개(크기가 동일해야 함)를 고른 후 글루건으로 고정시킨다. ④ 팔과 귀, 코 모양을 붙인다. ⑤ 가운데에 리본을 달아준다.	· 촉각·후각 자극 · 균형감각, 좌우 구별, body image · 자유로운 분위기에서 참여할 수 있도록 함 · 글루건 사용 주의	
정 리	· 이번 크리스마스 혹은 겨울에 하고 싶은 일들을 이야기 나눈다.	· 좋은 생각을 하도록 하여 기쁜 마음을 갖게 한다.	
활동의 다양성	· 곰 외에 다른 동물들을 창의적으로 표현해 본다.		
활동의 난이도	어려운 활동	· 리본을 만들어 트리를 장식해 본다.	
	쉬운 활동	· 참관만 한다.	

솔방울 테디베어 만들기 >>>>>>>>>>>>>>>>>

테디베어 완성 모습

그 밖에 솔방울을 이용하여 만들 수 있는 작품들

숯 부작

<table>
<tr><td>대 상</td><td colspan="5">□ 정신 ■ 재활 □ 정신지체 □ 노인 □ 치매 □ 청소년 □ 어린이</td></tr>
<tr><td>장 소</td><td>■ 실내 □ 실외 □ 실내외</td><td>계 절</td><td>■ 봄 ■ 여름 ■ 가을 □ 겨울</td><td>난이도</td><td>□ 상 ■ 중 □ 하</td></tr>
</table>

<table>
<tr><td>일 시</td><td colspan="2">년 월 일</td><td>담당치료사</td><td></td></tr>
<tr><td>목 표</td><td colspan="4">손의 미세동작을 훈련하고, 표현력을 향상시킨다.</td></tr>
<tr><td>준비물</td><td colspan="4">숯, 풍란, 나도 풍란, 수태, 무명실, 용기, 글루건, 대야, 가위, 분무기</td></tr>
<tr><td>활 동</td><td>치료 과정</td><td colspan="2">기대효과 및 Tip</td><td>대상자별 적용</td></tr>
<tr><td>도 입</td><td>· 난에 관하여 알고 있는 것을 한 가지씩 이야기하도록 한다.
· 난에 얽힌 옛 추억이 있으면 서로 나눈다.</td><td colspan="2">· 자신의 생각을 말로 정확하게 표현할 수 있도록 도움
· 장단기 기억력</td><td rowspan="3">· 숯에 옷이 더럽혀지지 않도록 주의시킨다.
· 글루건 사용시 화상에 주의한다.
· 어린이나 청소년보다 중·장년 세대에서 호응이 높은 프로그램이다.

<정신>
· 자신과 닮은 점과 다른 점을 이야기해 보도록 하고, 2명이 한 팀이 되어 서로 도와주며 작업하도록 하여 사회적 상호작용을 증가시킨다.

<노인, 치매>
· 과거에 재배 경험이 있다면 어떤 난을 재배했으며, 어떻게 재배하기 시작했는지, 얼마나 오래 재배했었는지 자신의 이야기를 다른 사람과 나누도록 한다.</td></tr>
<tr><td>전 개</td><td>① 풍란과 나도 풍란 중 자신이 원하는 식물을 선택하도록 한다.
② 서로 다른 식물을 선택한 사람끼리 조를 이뤄 각각 식물에 대한 이름을 알려 주고, 특징들을 관찰해 본다.
③ 포트에서 꺼낸 풍란을 물에 담그고 뿌리를 감싸고 있는 수태를 떼어낸다.
④ 용기에 숯을 어떻게 배치할 것인지 생각하고, 배치해 본다.
⑤ 글루건을 이용하여 숯을 용기에 고정시킨다.
⑥ ③번 과정 후 숯에 풍란을 놓을 위치를 정하고 수태를 물에 적셔 뿌리를 감싼다.
⑦ 무명실로 풍란을 숯과 묶는다.
⑧ 수태가 마르지 않도록 분무기로 분무한다.</td><td colspan="2">· 근력 향상
· 표현력
· Eye-hand coordination
· 의사 결정력
· 숯의 효능에 관해 설명
· 숯을 부수는 작업에서 장악력이 약한 대상자의 경우 보조자의 도움을 받도록 함
· 숯을 부수는 작업을 통하여 내면의 화를 표출
· 무명실을 묶는 작업이 어려운 경우 보조자의 도움을 받도록 함</td></tr>
<tr><td>정 리</td><td>· 관리하는 방법을 알려 주고, 자신의 작품에 이름을 정하고, 자신과 작품의 닮은 점을 생각해 본다.</td><td colspan="2">· 대상자가 본인의 상황을 어떻게 생각하는지 알 수 있음</td></tr>
<tr><td>활동의 다양성</td><td colspan="4">· 숯 대신에 돌이나 나무껍질을 이용하여 석부작, 목부작을 만들어 본다.</td></tr>
<tr><td rowspan="2">활동의 난이도</td><td>어려운 활동</td><td colspan="3">· 실을 감는 작업이 어려운 다른 대상자들을 돕는다.</td></tr>
<tr><td>쉬운 활동</td><td colspan="3">· 수태를 풍란 뿌리에서 떼어내는 작업만 한다.
· 수태를 물에 적시는 작업만 한다.
· 숯을 부수는 작업만 한다.
· 참관만 한다.</td></tr>
</table>

숲 부작

난[89]

일반적으로 동양란과 서양란으로 구분되는데, 동양란은 향기가 좋으며, 서양란은 꽃이 화려한 특징이 있다.

〈관 리〉

난이 자라기에 알맞은 온도 범위는 낮의 경우 13~28℃이고, 밤의 경우는 10~21℃이지만, 일반적으로 낮에는 18~24℃범위가 가장 알맞고 밤에는 낮의 온도보다 5~8℃정도 낮은 것이 좋다.

다습한 환경을 싫어하지만 공중습도는 다소 높은 조건을 요구하는데 보통 70~80%가 적당하다. 착생란의 경우 하루에 한두 번씩 뿌리에 분무해 주는 것이 좋다.

나도풍란

학명: *Aerides japonicum Lindenb. et Reichb. fill.*

난초과이며, 제주도, 홍도에서 자생하는 상록성의 착생란으로 잎이 넓고 두꺼운 편이다. 포기당 3~5매 정도 달리며, 유백색의 꽃은 5~6월경에 피고 향기가 매우 좋다.

숲 부작 완성 모습

소엽풍란

대엽풍란

풍란

학명: *Aerides falcatum Lindl.*

난초과이며, 전라남도와 경상남도, 그리고 제주도 해안의 암벽이나 나무줄기에 착생하여 자라는 상록성 난초로 6~7월경 순백색의 꽃을 피우는데 향기가 좋다. 잎은 좁고 두꺼우며 끝이 뾰족하고 날카롭다.

89) 김기선 외. 1999. 신제 생활원예. 향문사. 서울. p. 238-249.
윤평섭. 1998. 환경원예식물도감. 문운당. 서울. p. 270, 271.

숯의 의미와 용도

목탄(木炭)이라고도 하는데, 일반적으로 재질(材質)이 단단한 나무가 재료로 사용되며, 우리나라에서는 참나무류(갈참나무 · 굴참나무 · 물참나무 · 졸참나무 등)가 주로 사용된다.

(1) 숯의 의미: 액땜

아기가 갓 태어난 집의 금줄에 걸거나 아기가 태어나 처음으로 나들이할 때 이마에 칠했다고 전해진다.

(2) 숯의 효능 및 용도

- 다공성이며, 방부 효과가 있어 침대 밑의 방부 및 수분 조절에 효과적이다.
- 냉장고, 신발장, 옷장의 탈취 및 냄새제거에 효과적이다.
- 물의 정수에 효과적이다.

아로마 비누 만들기 >>>>>>>>>>>>>>>>>>>

아로마 오일(향기치료)[90]

향기치료는 허브에서 추출한 100%의 순수한 향기성분 즉 정유(essential oil)를 이용하여 신경정신과나 피부과적인 질환 등을 치료하는 것을 말한다.

허브는 각각의 식물마다 성유 안에 들어있는 치료적 성분이 다르므로 그 효능도 다르게 나타난다. 따라서 목적에 맞는 허브식물을 선택하여 적정량의 정유를 이용하면 치료효과를 얻을 수 있다.

〈일반적으로 많이 사용되는 아로마 오일의 효과〉

- 페파민트: 집중력 향상과 살균작용
- 라벤더: 정신을 안정시키는 작용
- 로즈마리: 머리를 맑게 하고 학습력을 증진시키는 효과

90) 서성남 · 정윤정 · 박천호. 2003. 원예와 함께 하는 생활. 부민문화사. 서울. p. 184.

아로마 비누 만들기

<table>
<tr><td>대 상</td><td colspan="5">□정신 ■재활 □정신지체 □노인 □치매 □청소년 □어린이</td></tr>
<tr><td>장 소</td><td>■실내 □실외 □실내외</td><td>계 절</td><td>■봄 ■여름 ■가을 ■겨울</td><td>난이도</td><td>■상 □중 □하</td></tr>
</table>

<table>
<tr><td>일 시</td><td colspan="2">년 월 일</td><td>담당치료사</td><td></td></tr>
<tr><td>목 표</td><td colspan="4">미세근육과 후각을 자극하고 손가락 움직임을 도모한다.</td></tr>
<tr><td>준비물</td><td colspan="4">비누베이스(알갱이), 꿀, 올리브 오일(엑스트라버전) 또는 베이스 오일, 아로마 오일, 말린 꽃과 허브, 야외용 그릇과 스푼</td></tr>
<tr><td>활 동</td><td colspan="2">치료 과정</td><td>기대효과 및 Tip</td><td>대상자별 적용</td></tr>
<tr><td>도 입</td><td colspan="2">· 과일과 열매에서 추출된 오일에 대해 얘기를 나눈다.</td><td>· 프로그램에 대한 호기심을 유발하여 기능성 미용 비누를 직접 만들어 사용하게 함</td><td rowspan="3">· 베이스 오일은 대상자에 따라서 또 피부 타입에 따라 선택한다.
· 아로마 오일은 성분과 취향에 맞는 향으로 선택한다.

<정신지체>
· 과일과 열매에서 추출되는 오일과 효능을 얘기하고 손가락운동을 많이 하도록 한다.

<치매>
· 손가락의 관절과 손목 부위의 근육과 관절운동이 되도록 알갱이비누를 많이 만지게 한다. 한 손으로도 프로그램이 가능하다.</td></tr>
<tr><td>전 개</td><td colspan="2">① 알갱이로 된 비누베이스를 나눠주고 그릇에 담는다.
② ①에 꿀 한 스푼과 베이스 오일을 한 스푼 넣는다.
③ ②의 알갱이 비누를 손으로 으깨어 오일과 꿀이 골고루 섞이도록 한다.
④ 아로마 오일을 ③에 한 방울을 떨어뜨린 후, 향을 맡아 보게 하고 배합이 잘 되도록 섞는다.
⑤ 말린 장미꽃잎이나 허브 말린 것을 잘게 썰어 ④에 넣도록 한다.
⑥ 모든 재료를 손가락과 손바닥을 이용하여 잘 섞이도록 한다.
⑦ ⑥의 재료를 손으로 만져 동물 모양이나 원하는 모양으로 만든다.</td><td>· 미세근육 자극
· 장악력 증가
· 후각·촉각 자극
· 지각처리: 좌우 방향
· 손가락 관절운동
· 상지 근육운동
· 독립적으로 단계적인 작업을 수행하도록 함
· 손가락과 손바닥을 많이 사용하여 알갱이를 한 덩어리로 만듦
· 완성된 비누가 지나치게 건조할 경우 쉽게 갈라지므로 이를 주의</td></tr>
<tr><td>정 리</td><td colspan="2">· 오랜 기간 동안 보관하지 않고 빠른 시일 내에 사용하도록 한다.</td><td>· 비누의 모양보다는 기능성 강조
· 소감을 말하고 의견을 나누고 경청하는 훈련</td></tr>
<tr><td>활동의 다양성</td><td colspan="4">· 좋아하는 향과 용도에 맞는 아로마 오일을 선택한다.</td></tr>
<tr><td rowspan="2">활동의 난이도</td><td>어려운 활동</td><td colspan="3">· 알갱이비누를 으깨기 위해서 손목과 손가락을 의식적으로 많이 사용한다.</td></tr>
<tr><td>쉬운 활동</td><td colspan="3">· 모든 재료는 골고루 섞는다.
· 말린 꽃과 허브는 가위로 썰어 넣는다.
· 아로마 향을 맡는다.</td></tr>
</table>

잔디인형 만들기

대 상	■ 정신 □ 재활 □ 정신지체 □ 노인 □ 치매 □ 청소년 □ 어린이				
장 소	■ 실내 □ 실외 □ 실내외	계 절	■ 봄 ■ 여름 ■ 가을 ■ 겨울	난이도	□ 상 ■ 중 □ 하

<table>
<tr><td>일 시</td><td colspan="2">년 월 일</td><td>담당치료사</td></tr>
<tr><td>목 표</td><td colspan="3">사랑하는 우리가족 중 한 명을 잔디인형으로 표현하도록 하여 표현력을 향상시킨다.</td></tr>
<tr><td>준비물</td><td colspan="3">스타킹, 잔디씨, 질석, 글루건, 눈, 솜모루, 부직포, 솜철사, 가위, 숟가락, 일회용 접시</td></tr>
<tr><td>활 동</td><td>치료 과정</td><td>기대효과 및 Tip</td><td>대상자별 적용</td></tr>
<tr><td>도 입</td><td>· 가족구성원이 어떻게 되는지 이야기해 본다.
· 눈을 감고 자신이 좋아하는 가족 한 명을 머릿속에 그려 본다.</td><td>· 발표력
· 좋은 사람과의 좋은 기억을 통해 안정감을 갖도록 함</td><td rowspan="3"><재활>
· 편마비나 손 떨림이 심한 대상자의 경우, 2명씩 짝을 지워 서로 도와가면서 작업을 수행하도록 유도하고, 글루건의 사용은 보조자가 대신한다.

<노인, 치매>
· 유년시절에 놀았던 놀이들에는 어떤 것들이 있었는지 장기기억을 회상해 보며, 인형을 만들어 보도록 한다.

<청소년, 어린이>
· 만들고 싶은 인형을 자유롭게 표현하도록 하여 창의력을 높인다. 잔디에서 싹이 트는 과정을 경험하면서 인내하는 마음과 생명력을 경험하도록 한다.</td></tr>
<tr><td>전 개</td><td>① 스타킹을 15cm 정도로 자른다.
② 스타킹 한쪽의 끝을 매듭짓고 (한쪽이 막힌 경우엔 매듭짓지 않는다) 뒤집어 매듭이 안으로 들어가도록 한다.
③ 잔디씨를 숟가락을 이용하여 ②에 넣는다.
④ 질석으로 스타킹의 남은 부분을 채운 후 매듭을 짓는다.
⑤ 솜모루, 솜철사 등으로 각각 눈코입을 만들어 얼굴을 꾸민 후 글루건을 이용하여 ④에 붙인다.
⑥ 물에 충분히 담근 후 꺼낸다.</td><td>· 작업수행력 증가
· Eye-hand coordination
· 공간감각, 위치감각
· 글루건, 가위 이용함으로써 장악력·근력 향상 훈련
· 표현력 향상
· 질석의 양을 조절하여 얼굴의 크기와 형태를 다양하게 할 수 있음
· 글루건에 손이 데는 경우가 종종 있으므로 각별히 주의</td></tr>
<tr><td>정 리</td><td>· 주변을 정리하고 자신이 만든 가족 중 한 명을 다른 사람들에게 소개하며, 왜 그 사람을 만들게 되었는지를 이야기해 본다.</td><td>· 대상자의 발표시 다른 대상자들은 경청하도록 하며, 발표 후에는 큰 박수로 공감과 격려를 표현해 주어 자신감과 성취감을 느끼도록 함</td></tr>
<tr><td>활동의 다양성</td><td colspan="3">· 가족이 아니더라도 생각나거나 만들어 보고 싶은 사람, 동물들을 만들어 본다.</td></tr>
<tr><td rowspan="2">활동의 난이도</td><td>어려운 활동</td><td colspan="2">· 모든 가족을 잔디인형으로 표현해 본다.
· 다른 대상자들의 글루건 사용을 도와준다.</td></tr>
<tr><td>쉬운 활동</td><td colspan="2">· 잔디씨와 질석을 스타킹에 담는 작업만 한다.
· 눈, 코, 입의 위치를 정한다.
· 참관만 한다.</td></tr>
</table>

잔디인형 만들기

잔디인형 만드는 순서

준비물

스타킹에 질석 넣기

잔디인형 꾸미기

완성된 잔디인형

그 밖의 잔디인형들

버미큘라이트(질석)

운모와 같은 광석인 버미큘라이트의 대부분은 미국과 아프리카에서 나온다. 버미큘라이트는 열처리 과정에서 광물의 층 사이에 갇혀 있는 수분을 증기화시킴으로써 체적이 15~20배로 팽창하게 되는데, 이 결과 격자 모양의 구조가 높은 공극을 가지게 되어 수분 보유력이 향상되는 것이다. 버미큘라이트는 여러 단계의 크기가 있는데, 미세한 크기는 종자 파종용으로 쓰이며, 입자가 가볍고 쉽게 부셔져서 매우 미세하게 되기 때문에 버미큘라이트를 취급할 때에는 조심해야 한다. 잔디인형 만들기에는 굵은 입자를 사용한다.

잔디[91]

영명: Lawn grass

다른 식물과 달리 지면을 피복하는 능력과 특성을 지니며 밟기에 견디는 성질이 강한 다년생이고 초본성인 식물군으로, 현재 세계적으로 이용되고 있는 잔디는 약 20여 종이다.

잔디의 3가지 특성으로 지면피복성, 내답압성, 재생력을 들 수 있다.

91) 김기선. 1999. 신제 생활원예. 향문사. 서울. p. 131.

천연염색 손수건 만들기

대 상	□정신 □재활 □정신지체 ■노인 □치매 □청소년 □어린이				
장 소	■실내 □실외 □실내외	계 절	□봄 ■여름 ■가을 □겨울	난이도	□상 ■중 □하

일 시	년 월 일	담당치료사	
목 표	식물을 이용하여 직접 손수건을 만들어봄으로써 성취감과 만족감을 경험한다.		
준비물	포도껍질, 양파껍질, 매염제, 천(광목이나 실크), 믹서, 빨래집게, 고무줄, 대야, 젓가락, 가위		
활 동	치료 과정	기대효과 및 Tip	대상자별 적용
도 입	· 옷이 채소나 과일의 즙으로 물들었던 경험이 있는지 이야기 나눈다. · 손수건을 선물하거나 받아본 경험이 있는지 이야기 나눈다.	· 과거의 기억 회상 · 동기 부여	<정신> · 다양한 재료들을 이용하여, 자유롭게 작업 할 수 있도록 한다. <재활> · 2인이 한 조가 되어 서로 도움을 주고받으며 작업하면서 협동심과 사회성 향상 훈련이 되도록 한다. <어린이> · 창의적인 표현이 가능하도록 돕는다.
전 개	① 천을 손수건 크기로 자른다. ② 자른 천을 원하는 무늬로 물들이기 위해 고무줄로 묶는다. ③ 포도껍질과 물, 양파껍질과 물을 각각 믹서에 넣고 간다. ④ 위의 두 가지 중 원하는 색을 선택한다. ⑤ 대야에 선택한 ③을 각각 넣고, 매염제를 넣고 섞는다. ⑥ 자른 천을 대야에 넣고 즙액에 잠기도록 한다. ⑦ 천을 대야에서 건지고 건더기를 털어 낸 후 눌러서 물기를 제거한다. ⑧ 집게로 천을 집어 서늘한 곳에서 말린다.	· 창의력 · Eye-hand coordination · 시각·후각 자극 · 온랭감각 자극 · 문제해결 능력 · 결정력 증가 · 자기 표현력 향상 · 프로그램 중 즙액이 옷에 튀지 않도록 주의 · 좀더 진한 색을 원한다면 과정을 반복하여 실시	
정 리	· 자신의 작품을 보여주고 설명하도록 한다.	· 성취감 · 발표력	
활동의 다양성	· 파슬리, 허브, 오미자, 당근, 쑥, 감 등을 이용하여 다양한 색상을 표현해 본다.		

활동의 난이도	어려운 활동	· 흰색 면 티셔츠를 이용해 염색해 본다.
	쉬운 활동	· 천을 즙이 담긴 대야에 담갔다 꺼낸다. · 즙을 만든다. · 참관만 한다.

천연염색 손수건 만들기 >>>>>>>>>>>>>>>>>

천연염색하기[92)]

천연염색은 차분하고 은은하면서 자연스러울 뿐 아니라 인체에 무해하고 종류에 따라서는 항균 작용을 하는 것도 있기 때문에 생활에 유익하게 활용이 가능하다. 특히 염색 방법이 그리 까다롭지 않아 손쉽게 할 수 있다.

(1) 포도껍질

잘 익은 것이 색소가 많아 염색이 잘 되므로, 냉동실에 모았다가 적당량이 되면 한꺼번에 녹여서 사용한다. 포도껍질을 이용한 염색은 양파껍질을 이용한 염색에 비해 쉽게 탈색 되는 편이다. 따라서 수돗물을 끓인 후 식혀서 사용하고, 견직물에 염색하면 탈색을 지연시킬 수 있다.

(2) 양파껍질

진한 주황빛에 윤기가 나는 것일수록 노란색이 잘 우러나므로, 껍질이 희거나 흙이 많이 묻어 있는 것은 피하는 게 좋다. 염료는 양파의 겉껍질을 이용한다. 코감기가 심할 때 양파 반쪽을 머리맡에 놓아두고 자면 잠을 자는 동안 양파 냄새를 들이마시게 되어 코감기로 인한 증상을 완화시키는 효능이 있다는 설도 있다.

(3) 허브

바질, 민트, 타임, 레몬밤, 세이지, 치커리 등이 천연 염색이 가능하며 라벤더는 청록색, 로즈마리는 갈색, 민트는 연두색, 타임은 녹색, 케모마일은 노란색을 띤다. 허브 염색의 특징은 수확하는 시기, 재배하는 토양, 염색하는 허브의 양이 많고 적음에 따라서 또 꽃, 잎, 뿌리 등의 이용 부위에 따라서 색이 달라지는 것이 특징이다. 색을 섬유에 고정시키는 매염제에 따라서 같은 허브라도 색상이 조금씩 다르다.

매염제

섬유와 염료가 결합하는 성질을 염착성이라 하는데, 매염제는 염착성이 약한 섬유와 염료를 결합시켜 주는 역할을 하는 것이다. 식물성 섬유에는 소금, 동물성 섬유에는 백반을 많이 쓴다. 천연 매염제로는 자연에서 얻어지는 것으로 식물을 태운 잿물, 식물의 수피나 탄닌, 사과나 오미자의 과일즙, 금속성분을 포함한 경수 등을 매염제로 이용한다.

〈매염제의 역할〉

- 흡착: 섬유에 염료를 붙이는 역할
- 고착: 섬유에 붙은 염료가 떨어지지 않게 하는 역할
- 발색: 색이 나게 하는 역할

92) 최진규. 2002. 약이 되는 우리 풀 · 꽃 · 나무 1. 한문화. 서울. p. 55.

천연염색천 장식 액자 만들기

대 상	□정신 □재활 □정신지체 □노인 □치매 ■청소년 □어린이				
장 소	■실내 □실외 □실내외	계 절	■봄 ■여름 ■가을 ■겨울	난이도	■상 □중 □하

일 시	년 월 일	담당치료사	
목 표	협응력과 집중력을 향상시키고, 작품의 완성도로 인해 자신감을 갖는다.		
준비물	우드락, 건조화 또는 조화(덩굴, 꽃), 종이리본, 글루건, 굵은 바늘과 명주실, 염색된 천		
활 동	치료 과정	기대효과 및 Tip	대상자별 적용
도 입	· 바늘과 명주실의 용도를 말해 주고 바늘에 실을 꿴다.	· 작품의 완성품에 대한 기대와 관심을 갖게 하여 프로그램에 대한 호기심을 유발하여 집중할 수 있도록 함	· 천연염색 손수건 만들기를 통해 염색한 천을 이용한다. <재활> · 종이리본을 감을 때 어깨부위와 팔굽관절, 손목 부위 근육 관절운동을 하고, 양측의 균형과 협응력이 향상되도록 한다. <정신지체> · 바느질을 경험하게 하고 창작성과 집중력 향상에 중점을 둔다. <노인> · 명주실을 보며 옛날에 하던 경험을 통하여 과거를 회상하도록 하고, 스스로 만든 작품을 자손에게 선물하게 한다.
전 개	① 우드락으로 사각액자 모양의 틀을 만든다. ② 종이리본으로 ①의 테두리를 감싼다. ③ 굵고 큰 바늘에 명주실을 꿰어 염색한 천을 조각보 만들 듯이 시침질한다. ④ 사각틀에 시침질한 염색천을 글루건으로 붙여 뒤 배경으로 한다. ⑤ 사각틀의 아랫부분을 염색한 천의 색상과 비슷한 건조화 또는 조화로 장식한다. ⑥ 종이리본을 나비 모양으로 종이리본을 만들어 마무리한다.	· Eye-hand coordination · 양측 균형과 협응력 · 자신감 증대 · 자존감 향상 · 상지의 근육과 관절가동범위 향상 · 창의성과 집중력 · 회상요법 적용 · 글루건 사용시 화상을 주의하고 재활환자는 글루건 사용 보조	
정 리	· 다 쓴 글루건에 화상을 입지 않도록 하고 정리를 한다. · 벽걸이로 장식한 것으로 어느 공간을 꾸밀 것인지 의견을 나눈다.	· 장악력 향상 · 종이리본은 물에 젖지 않도록 주의	
활동의 다양성	· 한 가지 색상의 천을 이용하여 장식품을 만들어 본다.		

활동의 난이도		
	어려운 활동	· 바늘에 실을 꿰거나 시침질할 때 양손을 사용한다. · 글루건 사용이 어려운 다른 대상자를 도와준다.
	쉬운 활동	· 나비 모양으로 종이리본을 만든다. · 조화를 글루건으로 붙인다. · 바늘에 실을 꿰어 시침질을 한다. · 참관만 한다.

천연염색천 장식 액자 만들기

천연 염색천 장식 액자 만드는 모습

콩 액자 만들기

콩 액자 만들기 과정과 완성품

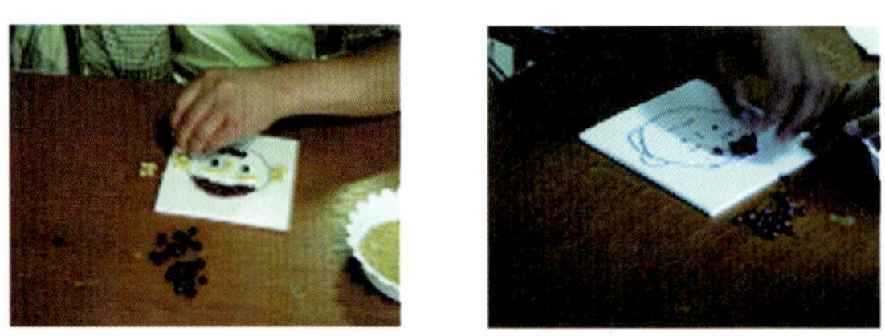

콩 액자 만들기 과정

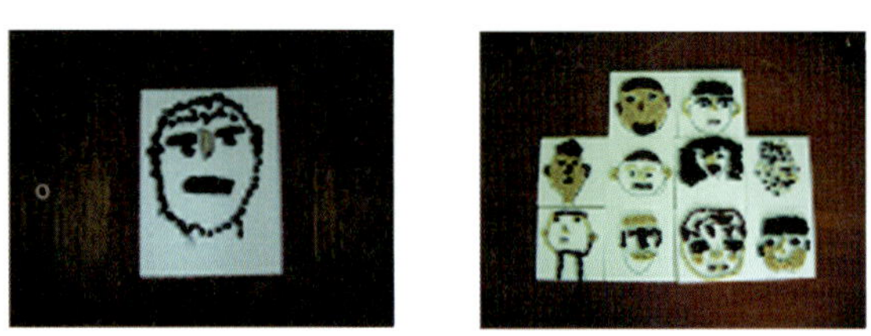

완성된 작품

콩 액자 만들기

대 상	□정신 ■재활 □정신지체 □노인 □치매 □청소년 □어린이				
장 소	■실내 □실외 □실내외	계 절	■봄 ■여름 ■가을 □겨울	난이도	□상 □중 ■ 하

<table>
<tr><td>일 시</td><td colspan="2">년 월 일</td><td>담당치료사</td><td></td></tr>
<tr><td>목 표</td><td colspan="4">정해진 위치에 콩을 붙이는 반복작업을 통해 eye-hand coordination 훈련을 한다.</td></tr>
<tr><td>준비물</td><td colspan="4">잡곡(콩, 팥, 옥수수 등), 액자, 우드락, 오공본드, 연필, 색종이골판지, 네임펜, 거울, 가위</td></tr>
<tr><td>활 동</td><td>치료 과정</td><td colspan="2">기대효과 및 Tip</td><td>대상자별 적용</td></tr>
<tr><td>도 입</td><td>· 2명씩 짝을 이뤄 서로의 얼굴을 바라보고 특징을 이야기한다.
· 기쁜 표정과 슬픈 표정을 지어 본다.</td><td colspan="2">· 적절한 단어를 사용하여 사물을 설명하는 훈련
· 안면근육 운동
· 관찰력 증가</td><td rowspan="3"><정신>
· 프로그램을 통하여 마음을 안정시키고 집중시킬 수 있다.

<노인>
· 손의 기민성을 향상시킬 수 있다. 잡곡의 크기가 너무 작으면 오히려 프로그램으로 인해 두통을 호소할 우려가 있으므로 크기가 큰 잡곡들을 이용하도록 한다.

<치매>
· 잡곡이 입으로 들어가지 않도록 주의한다.

<청소년, 어린이>
· 집중력을 훈련한다.</td></tr>
<tr><td>전 개</td><td>① 액자크기로 우드락을 자른다.
② 거울을 보고 우드락 위에 얼굴을 그려 본다.
③ 잡곡의 이름과 생김새를 관찰한다.
④ 잡곡을 ②의 밑그림에 오공본드로 붙인다.
⑤ 작품이 완성된 우드락 가장자리에 색종이나 골판지로 붙여 액자 모양이 되도록 한다.
⑥ 액자에 자신의 서명을 하고, 날짜를 기록한다.</td><td colspan="2">· 촉각 자극
· 주의 집중력
· 관찰력, 표현력
· 손의 기민성 향상
· 미세근육 운동
· Eye-hand coordination 훈련 만족감
· 손끝집게(pinch) 운동</td></tr>
<tr><td>정 리</td><td>· 자신을 표현한 콩 액자가 자신의 모습과 비슷한지 서로 작품에 관하여 이야기 나눈다.</td><td colspan="2">· 성취감 향상
· 표현력과 발표력 증가</td></tr>
<tr><td>활동의 다양성</td><td colspan="4">· 가족 또는 친구의 얼굴을 만들어 본다.</td></tr>
<tr><td rowspan="2">활동의 난이도</td><td>어려운 활동</td><td colspan="3">· 바다 속 모습이나 숲 속을 표현하도록 한다.</td></tr>
<tr><td>쉬운 활동</td><td colspan="3">· 잡곡을 붙이는 작업만 한다.
· 잡곡을 하나씩 잡고 옮기는 작업만 한다.
· 밑그림을 그리는 작업만 한다.
· 참관만 한다.</td></tr>
</table>

포푸리 주머니 만들기

<table>
<tr><td>대 상</td><td colspan="5">□정신 □재활 □정신지체 □노인 ■치매 □청소년 □어린이</td></tr>
<tr><td>장 소</td><td>■실내 □실외 □실내외</td><td>계 절</td><td>■봄 ■여름 ■가을 ■겨울</td><td>난이도</td><td>□상 □중 ■ 하</td></tr>
</table>

<table>
<tr><td>일 시</td><td colspan="2">년 월 일</td><td>담당치료사</td><td></td></tr>
<tr><td>목 표</td><td colspan="4">후각을 자극하고, 다른 사람들에게 선물함으로써 사회성을 향상시킨다.</td></tr>
<tr><td>준비물</td><td colspan="4">포푸리, 헝겊 2개, 빵끈 2개, 조화</td></tr>
<tr><td>활 동</td><td>치료 과정</td><td colspan="2">기대효과 및 Tip</td><td>대상자별 적용</td></tr>
<tr><td>도 입</td><td>· 가장 좋아하는 냄새와 싫어하는 냄새에 대해 이야기해 본다.</td><td colspan="2">· 자신의 생각을 말로 표현할 수 있도록 도움
· 장단기 기억 자극</td><td rowspan="3">· 너무 단순한 작업은 지루할 수 있으므로 대상자에 맞도록 난이도를 조절하여 프로그램을 계획한다.
· 너무 강하거나 가격이 너무 저렴한 포푸리는 그 향으로 인하여 두통을 호소하는 대상자가 있을 수 있으므로 이에 주의한다.

<정신>
· 포푸리 제작에 사용되는 끈이나 리본 등이 자해도구로 사용되지 않도록 한다.

<재활>
· 복잡하지 않은 단순한 과정으로 포푸리를 완성하여 성취감과 만족감을 느끼게 한다.

<청소년, 어린이>
· 다양한 재료들을 주고 원하는 모양으로 만들도록 하여 창의력을 기르게 한다.</td></tr>
<tr><td>전 개</td><td>① 다양한 향의 포푸리 중 가장 마음에 드는 향을 선택하도록 한다.
② 헝겊을 바닥에 놓는다.
③ 헝겊 위에 포푸리를 적정량 올려놓는다.
④ 빵끈을 이용하여 헝겊을 주머니 모양으로 묶는다.
⑤ 빵끈 부분에 조화를 꽂아 장식한다.
⑥ 똑같은 순서로 포푸리 주머니를 하나 더 만들어 본다.</td><td colspan="2">· 의사 결정력
· 후각 자극
· 기대감, 만족감
· 포푸리를 입에 넣지 않도록 주의
· 빵끈의 사용이 어려운 대상자의 경우 보조
· 대화를 많이 하도록 유도하며, 작업에 집중해 있을 때는 말을 시키지 않음</td></tr>
<tr><td>정 리</td><td>· 하나는 본인이 갖고 다른 하나는 좋아하는 사람에게 선물하도록 한다.</td><td colspan="2">· 어떤 사람에게 선물할지 물어보고, 그 사람의 어떤 점이 좋은지 이야기하도록 함</td></tr>
<tr><td>활동의 다양성</td><td colspan="4">· 다른 향으로도 만들어 본다.</td></tr>
<tr><td rowspan="2">활동의 난이도</td><td>어려운 활동</td><td colspan="3">· 좀더 복잡한 작업과정을 거치는 포푸리 주머니를 만들어 본다.</td></tr>
<tr><td>쉬운 활동</td><td colspan="3">· 포푸리 주머니의 목 부분에 조화를 꽂는다.
· 포푸리를 헝겊에 담는다.
· 포푸리 향기를 맡는다.
· 참관만 한다.</td></tr>
</table>

포푸리[93]

포트나 병 속에 향기를 가꾼다는 뜻으로, 사전적 의미는 '방향을 향료와 섞어서 단지에 넣은 것'이다. 고대 이집트에서는 시체의 부패를 방지하기 위해 포푸리를 이용하였으며, 그리스 시대에는 연회석상의 테이블 위에 언제나 포푸리 주머니를 놓았다는 기록이 있다. 로마인들은 향기가 나는 꽃과 잎을 배주머니에 넣어 몸에 지니고 다니거나 방석에 넣어 향기가 나게 하였다.

우리나라는 신라시대 때 향대란 것이 있었는데, 향기가 좋은 꽃을 말려 배주머니에 넣은 것으로 오늘날의 포푸리와 유사하다. 서늘하고 어두운 곳에 보관하면 색깔이나 향이 오래간다.

포푸리 만드는 모습

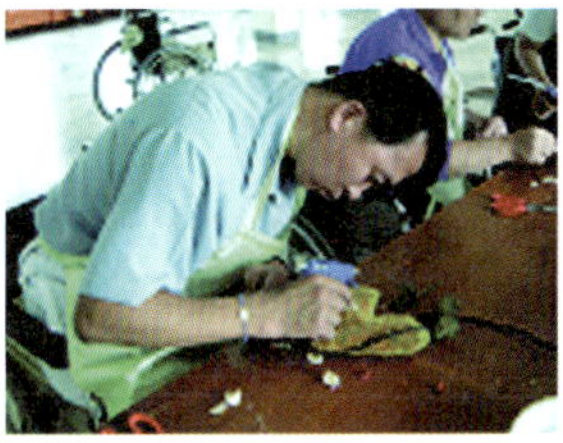

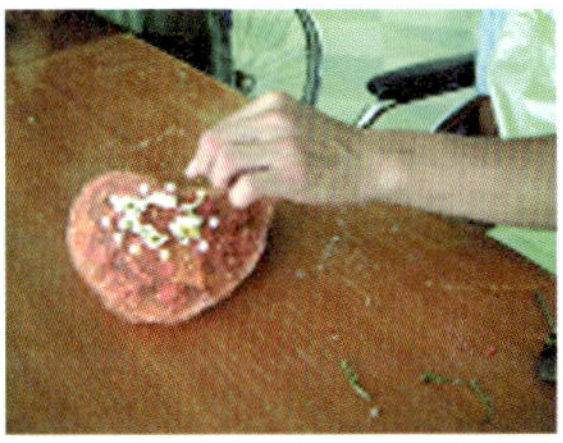

다양한 방법으로 만든 포푸리들

93) 김기선 외. 1999. 신제 생활원예. 향문사. 서울. p. 232-237.

허브 양초 만들기

<table>
<tr><td>대 상</td><td colspan="5">□정신 □재활 □정신지체 □노인 □치매 ■청소년 □어린이</td></tr>
<tr><td>장 소</td><td>■실내 □실외 □실내외</td><td>계 절</td><td>□봄 □여름 □가을 ■겨울</td><td>난이도</td><td>■상 □중 □하</td></tr>
</table>

<table>
<tr><td>일 시</td><td colspan="2">년 월 일</td><td>담당치료사</td><td></td></tr>
<tr><td>목 표</td><td colspan="4">후각을 자극하는 허브와 파라핀을 이용하여 스스로 향초를 만들어 동기 부여와 성취감을 갖게 한다.</td></tr>
<tr><td>준비물</td><td colspan="4">파라핀, 굵은 면실, 허브 향 오일, 색소, 나무젓가락, 종이컵 또는 우유팩</td></tr>
<tr><td>활 동</td><td colspan="2">치료 과정</td><td>기대효과 및 Tip</td><td>대상자별 적용</td></tr>
<tr><td>도 입</td><td colspan="2">· 말린 허브를 관찰하고 향을 맡아보며 각 허브가 가진 향의 효능을 알아본다.</td><td>· 프로그램에 대한 호기심을 유발하여 집중할 수 있도록 하고 관찰력을 키움</td><td rowspan="3">· 화상을 입지 않도록 주의를 해야 한다.

<정신>
· 평소 고마운 분들이나 가족들에게 특별한 날에 사용하도록 선물하게 한다.

<정신지체, 어린이>
· 화상을 입을 수 있으므로, 보조 인원이 충분할 경우에만 프로그램을 하도록 한다.</td></tr>
<tr><td>전 개</td><td colspan="2">① 종이컵 또는 우유팩을 나눠 주고 원하는 양초 모양을 생각하며 형태를 만든다.
② 우유팩에 파라핀을 넣어 중탕으로 서서히 가열하면서 녹인다.
③ 면실을 꼬아 녹은 촛농에 살짝 담갔다가 꺼내 식힌 다음 심지를 만든다.
④ ②의 파라핀이 굳기 전에 아로마 오일을 한두 방울 떨어뜨려 잘 젓는다.
⑤ 나무젓가락을 ①의 용기 위에 수평으로 올려놓고 심지가 가운데 오도록 중심을 잡은 다음 녹은 촛농을 서서히 붓는다.
⑥ 심지를 잘 고정시킨 후 양초를 굳힌다.
⑦ 종이컵을 벗겨낸 후 양초 표면에 허브를 붙이고 다시 녹인 파라핀에 살짝 넣었다가 꺼낸(코팅) 후 다시 굳힌다.</td><td>· 공간감각
· Eye-hand coordination
· 시각·후각 자극
· 온랭감각
· 불을 이용하고 뜨거운 파라핀에 화상을 입지 않도록 주의
· 독립적으로 작업을 수행하도록 하고, 때에 따라서는 양초를 녹여서 붓는 작업 보조
· 파라핀의 온도는 80℃ 전후가 적당</td></tr>
<tr><td>정 리</td><td colspan="2">· 특별한 날을 기억하며 사용하도록 한다.
· 평소 고마웠던 분에게 선물하도록 한다.</td><td>· 의견을 나누는 훈련
· 의견발표에 거부감이 있다면 강압적으로 하지 말고 다른 사람의 의견을 경청할 수 있도록 하여 프로그램 참석에 대한 부담감이 없도록 함</td></tr>
<tr><td>활동의 다양성</td><td colspan="4">· 파라핀을 녹여 사용하지 않고 만들어 놓은 양초에 말린 허브를 붙여 활용한다.</td></tr>
<tr><td rowspan="2">활동의 난이도</td><td>어려운 활동</td><td colspan="3">· 파라핀을 녹여 형태를 만드는 작업과 누름꽃(허브)을 붙이는 작업.</td></tr>
<tr><td>쉬운 활동</td><td colspan="3">· 다 녹은 파라핀을 붓는다.
· 아로마 오일을 한 방울 넣는다.
· 참관만 한다.</td></tr>
</table>

흔히 쓰이는 향유의 특성과 용도[94)]

향유는 식물에 따라 꽃, 줄기, 나무, 잎, 뿌리, 씨, 열매에서 추출한다.

향유를 이용한 향기 치료는 정신을 맑게 하고 긴장을 완화시키며, 신경성 질환·호흡기 질환·피부 질환·면역저하 질환 등에 광범위하게 쓰일 수 있다. 또한 가정에서나 사무실에서 분위기를 연출할 때 사용하기도 하는데, 이는 대인관계에 도움이 되고, 일의 작업능률을 향상시키는 데도 도움이 된다.

- 바질(basil): 허브의 왕, 집중력 향상
- 버가못(bergamot): 기분전환과 상승효과, 우울증 치료
- 카모마일(chamamile): 안정효과, 수면효과, 급성복통에 효과
- 세다우드(cedarwood): 호흡기 질환
- 클라리 세이지(clary sage): 여성의 정신안정, 긴장완화
- 계피(cinnamon): 공기청정, 기분전환, 소화촉진
- 유카리(eucalyptus): 머리를 차게 함, 호흡기 질환
- 유향(frakincense): 정신안정, 명상
- 제라늄(geranium): 우울증 치료, 피부미용, 조화
- 라벤더(lavender): 만병통치, 긴장완화, 살균·방부효과, 불면증 치료
- 레몬(lemon): 공기정화, 정신집중
- 박하(peppermint): 차고 시원하게 함
- 솔향(pine); 호흡기 질환, 공기정화
- 로즈마리(rosemary):정신집중, 피로회복
- 백단(sandalwood0: 가상 신비한 항 중의 한 가지, 징신을 맑게 하고 불안을 완회함
- 오렌지(orange): 달콤한 공기정화, 디너파티에 적합
- 타임(thyme): 지적 능력 향상, 강력한 살균효과

94) 조성준. 2000. 향기지료의 기적. 도서출판 우석. 서울. p. 232-234.

4. 기타 원예활동

꽃과 허브를 이용한 초콜릿 만들기
무순을 곁들인 미니김밥 만들기
봉선화 물들이기
식물도감 만들기
식용 꽃 샐러드
쌈채소 먹기
진달래 화전
쪽파전 부치기
채소 도장 만들기
허브버터를 이용한 식빵 만들기
허브식초 만들기

꽃과 허브를 이용한 초콜릿 만들기

<table>
<tr><td>대 상</td><td colspan="5">■ 정신 □ 재활 □ 정신지체 □ 노인 □ 치매 □ 청소년 □ 어린이</td></tr>
<tr><td>장 소</td><td>■ 실내 □ 실외 □ 실내외</td><td>계 절</td><td>□ 봄 □ 여름 □ 가을 ■ 겨울</td><td>난이도</td><td>□ 상 ■ 중 □ 하</td></tr>
</table>

<table>
<tr><td>일 시</td><td colspan="2">년 월 일</td><td>담당치료사</td><td></td></tr>
<tr><td>목 표</td><td colspan="4">사회성을 향상시키고, 미각과 후각을 자극한다.</td></tr>
<tr><td>준비물</td><td colspan="4">일반 초콜릿, 휴대용 가스레인지, 냄비, 중탕할 용기, 숟가락, 초콜릿 틀, 허브나 식용 꽃, 유산지 컵, 식용유</td></tr>
<tr><td>활 동</td><td>치료 과정</td><td colspan="2">기대효과 및 Tip</td><td>대상자별 적용</td></tr>
<tr><td>도 입</td><td>· 초콜릿의 유래에 관하여 이야기한다.
· 누구에게 선물하면 좋을지 생각해 본다.</td><td colspan="2">· 호기심을 자극하여 프로그램에 집중하도록 유도</td><td rowspan="4">· 모든 대상자에게 적용할 수 있다.
· 재료의 많고 적음으로 대상자간에 다투지 않도록 중재한다.
· 작업과정 중에 초콜릿을 먹지 않고 완성 후 모두 모여서 함께 먹을 수 있도록 주의한다.

<노인, 치매>
· 처음 초콜릿을 접했을 때의 기억을 되살려 보고, 그 전에 간식으로 먹었던 먹을거리에 대하여 이야기해 본다.
· 손자, 손녀들에게 선물하도록 동기 유발을 하여 적극적으로 참여하도록 한다.

<청소년, 어린이>
· 좋아하는 기호식품에 관해 이야기해 보고 직접 초콜릿을 만들어 본 경험이 어떠했는지 이야기 나눈다.</td></tr>
<tr><td rowspan="2">전 개</td><td><과정 1>
① 초콜릿을 중탕한다.
② 작은 숟가락을 이용하여 유산지 컵에 초콜릿을 담는다.
③ 식용 꽃으로 장식한다.
④ 서늘한 곳에서 초콜릿을 굳힌 후 상자에 담아 포장한다.</td><td colspan="2" rowspan="2">· 초콜릿 중탕시 타지 않도록 주의
· 초콜릿이 금방 굳을 수 있으므로 신속하게 옮김
· 미각과 후각 자극
· 경쾌한 리듬의 음악을 배경음악으로 들려줌</td></tr>
<tr><td><과정 2>
① 초콜릿을 중탕한다.
② 초콜릿 틀에 식용유를 바른다.
③ 허브의 잎을 따서 초콜릿 틀에 넣는다.
④ 초콜릿 틀에 초콜릿을 담는다.
⑤ 서늘한 곳에서 초콜릿을 굳힌 후 상자에 담아 포장한다.</td></tr>
<tr><td>정 리</td><td>· 누구에게 선물할 것인지 이야기해 본다.</td><td colspan="2">· 만족감, 사회성 향상</td></tr>
<tr><td>활동의 다양성</td><td colspan="4">· 허브나 식용 꽃 대신에 유자를 초콜릿 안에 넣어 만든다.</td></tr>
<tr><td rowspan="2">활동의 난이도</td><td>어려운 활동</td><td colspan="3">· 다른 제조법을 이용하여 초콜릿을 만든다.</td></tr>
<tr><td>쉬운 활동</td><td colspan="3">· 시식한다.
· 식용 꽃으로 장식한다.
· 초콜릿을 유산지 컵에 담는다.
· 참관만 한다.</td></tr>
</table>

무순을 곁들인 미니김밥 만들기

대 상	□정신 □재활 ■정신지체 □노인 □치매 □청소년 □어린이				
장 소	■실내 □실외 □실내외	계 절	■봄 ■여름 ■가을 ■겨울	난이도	□상 □중 ■하

<table>
<tr><td>일 시</td><td colspan="2">년 월 일</td><td>담당치료사</td><td></td></tr>
<tr><td>목 표</td><td colspan="4">실내에서 직접 기른 무순을 이용한 요리를 통해 성취감과 자신감을 향상시킨다.</td></tr>
<tr><td>준비물</td><td colspan="4">무순, 김, 일회용가스레인지, 밥, 초장, 그 외에 식사에 필요한 반찬 및 도구들</td></tr>
<tr><td>활 동</td><td colspan="2">치료 과정</td><td>기대효과 및 Tip</td><td>대상자별 적용</td></tr>
<tr><td>도 입</td><td colspan="2">· 각자의 무순이 얼마나 잘 자랐는지 보고, 가장 잘 키운 대상자를 칭찬한다.</td><td>· 성취감과 책임감
· 경쟁심 자극</td><td rowspan="3"><정신>
· 무순을 이용하여 할 수 있는 요리를 생각해 본다.

<재활>
· 편마비 대상자의 경우 김에 무순을 싸먹는 과정에 어려움으로 좌절감을 느낄 수 있으므로 주의한다.

<정신지체>
· 남기지 않고 깨끗이 먹도록 교육한다.

<청소년, 어린이>
· 채소를 섭취하면 좋은 점들을 설명하고 편식하지 않도록 교육한다.</td></tr>
<tr><td>전 개</td><td colspan="2">① 각자 길러온 무순을 흐르는 물에 씻는다.
② 김을 가스레인지에 살짝 굽고 사각형이 되도록 자른다.
③ 자른 김에 밥을 얹고 무순을 넣는다.
④ 다른 반찬과 함께 모여 앉아 먹는다.</td><td>· 과정이 간단하므로 모두 참여할 수 있음
· 과식하지 않도록 함
· 무순의 향을 싫어하는 대상자가 있을 수 있으므로 사전에 파악 필요
· 미각 자극
· 운동감각 증가
· 휴대용 가스레인지 사용 주의</td></tr>
<tr><td>정 리</td><td colspan="2">· 무순의 맛이 어떤지 이야기해 본다.
· 뒷정리를 함께 한다.</td><td>· 자신의 느낌을 표현
· 일상생활 훈련</td></tr>
<tr><td>활동의 다양성</td><td colspan="4">· 미각을 자극할 수 있는 먹을거리 프로그램을 해본다(쌈채소 먹기, 콩나물밥 등)</td></tr>
<tr><td rowspan="2">활동의 난이도</td><td>어려운 활동</td><td colspan="3">· 밥을 나누어 담는 작업을 한다.</td></tr>
<tr><td>쉬운 활동</td><td colspan="3">· 김을 가스레인지에 굽는다.
· 무순을 씻는다.
· 참관만 한다.</td></tr>
</table>

<1. 식물심기 및 관리>의 '무순기르기' 참고

봉선화 물들이기

<table>
<tr><td>대 상</td><td colspan="5">□정신 □재활 □정신지체 □노인 ■치매 □청소년 □어린이</td></tr>
<tr><td>장 소</td><td>■실내 □실외 □실내외</td><td>계 절</td><td>□봄 ■여름 □가을 □겨울</td><td>난이도</td><td>□상 ■중 □하</td></tr>
</table>

<table>
<tr><td>일 시</td><td colspan="2">년 월 일</td><td>담당치료사</td><td></td></tr>
<tr><td>목 표</td><td colspan="4">과거에 경험했던 것을 떠올리며 장기 기억을 자극한다.</td></tr>
<tr><td>준비물</td><td colspan="4">봉선화 꽃잎과 잎, 백반, 그릇, 매끈한 돌, 비닐(랩), 실</td></tr>
<tr><td>활 동</td><td colspan="2">치료 과정</td><td>기대효과 및 Tip</td><td>대상자별 적용</td></tr>
<tr><td>도 입</td><td colspan="2">· 어린 시절 손에 봉선화 물을 들여 주었던 사람이 누구였는지 그때를 회상해 본다.</td><td>· 장기기억 자극</td><td rowspan="3">· 모든 대상자에게 적용할 수 있다.

<정신, 재활>
· 어린 시절 봉선화 물을 들이고 빌었던 소원이 이루어졌던 경험이 있는지 이야기해 본다.

<어린이>
· 어떤 소원을 빌고 싶은지 이야기 나눈다.</td></tr>
<tr><td>전 개</td><td colspan="2">① 손을 깨끗이 씻는다.
② 봉선화 꽃잎과 잎을 곱게 빻는다.
③ 백반을 약간 넣는다.
④ 비닐을 사각형으로 알맞게 자른다.
⑤ 손톱 위에 빻은 봉선화를 넣고 비닐로 감싸고 실로 감아 고정시킨다.</td><td>· 실을 너무 꽉 쪼이면 혈액순환이 안 되므로 주의
· 중증 치매 대상자의 경우 손에 묶은 봉선화를 빼서 입에 넣거나 다른 곳을 물들일 수 있으므로 세심히 관찰
· 과거의 경험 추억</td></tr>
<tr><td>정 리</td><td colspan="2">· 일정 시간 참고 견디면 손톱이 예쁘게 물들을 것임을 상소한다.</td><td>· 인내심</td></tr>
<tr><td>활동의 다양성</td><td colspan="4">· 봄에 봉선화 종자를 파종하여 직접 재배해 본다.</td></tr>
<tr><td rowspan="2">활동의 난이도</td><td>어려운 활동</td><td colspan="3">·다른 사람들의 손에 봉선화 물을 들여 주도록 한다.</td></tr>
<tr><td>쉬운 활동</td><td colspan="3">·꽃잎과 잎을 찧는 작업을 돕는다.
·꽃잎과 잎을 씻는 작업을 돕는다.
·참관만 한다.</td></tr>
</table>

봉선화 물들이기 >>>>>>>>>>>>>>>>>>>>

봉선화(Garden Balsam)[95]

학명: *Impatiens balsamina L.*

영명: Garden balsam

공해에 강하고 척박한 환경에서도 비교적 잘 자란다. 꽃 색은 분홍색 · 빨간색 · 주홍색 · 보라색 · 흰색 등이 있고, 꽃 모양도 홑꽃과 겹꽃이 있다. 꽃이 우뚝하게 일어서 봉황새(鳳)의 모습을 닮았으므로 봉선화라는 이름이 생겼고, 봉숭아라고도 불린다. 옛날부터 부녀자들이 손톱을 물들이는 데 많이 사용하였으며, 일년생 초화류로 봄에 씨를 뿌려 여름에 꽃을 보는 식물이다.

꽃말: 성급한 판단, 나를 건드리지 마세요.

봉선화에 관한 우리나라 전설

옛날에, 한 여인이 예쁜 딸아이를 낳고 이름을 봉선(鳳仙)이라고 지었다. 봉선이는 어렸을 때부터 거문고 연주 솜씨가 뛰어났고, 아름답고 총명해서 칭찬이 자자했는데, 중국에서 공녀를 보내라는 요청이 들어오고 봉선이가 공녀로 뽑혀가게 되었다. 공녀가 되어 중국으로 간 봉선이는 중국 왕족의 눈에 들어 그의 후궁이 되지만 떠나온 조국을 잊지 못하고 너무 상심에 잠겨 중한 병을 앓게 되고, 매일같이 식음을 전폐하고 거문고만 탔는데 손가락에서 붉은 피가 뚝뚝 떨어질 정도였다. 사람들이 말렸지만 연주를 멈추지 않았고 쓰러져 목숨을 거둔 후 그녀의 무덤에서 피어난 꽃이 바로 봉선화라고 한다.

그 후로 이 꽃을 찧어서 천으로 손가락에 감싸고 있으면 붉은색으로 물이 든다는 전설이 전해 내려온다.

봉선화에 관한 서양 전설

옛날 그리스의 한 여신이 억울하게 도둑 누명을 쓰고 올림푸스 산에서 쫓겨나고 말았는데, 자신의 결백을 증명할 수 없었던 여신은 너무나 억울한 나머지 죽어서 봉선화가 되었다. 그 이후 봉선화는 조금만 건드리면 열매를 터뜨려서 속을 뒤집어 내보이며 자신의 결백을 주장한다고 한다.

95) 윤평섭. 1998. 환경원예식물도감. 문운당. 서울. p. 72.

식물도감 만들기

대 상	□정신 □재활 □정신지체 □노인 □치매 ■청소년 □어린이				
장 소	□실내 □실외 ■실내외	계 절	■봄 □여름 ■가을 □겨울	난이도	□상 ■중 □하

일 시	년 월 일		담당치료사	
목 표	식물의 생김새를 관찰하고 채집함으로써 관찰력과 학습효과를 높인다.			
준비물	채집봉지, 파일, 테이프, 식물도감, 종이, 필기도구			

활 동	치료 과정	기대효과 및 Tip	대상자별 적용
도 입	· 주변에서 봐 왔던 식물들은 어떤 것들이 있는지 나열해 본다. · 식물과 사람이 살아가기 위해 필요로 하는 것이 어떤 것들이 있는지 생각해 본다.	· 동기 부여 · brain stoming · 생태계를 이해하는 이해력 향상	<정신> · 가시나 독성이 있는 식물이 산책로 주변에 있지 않은지 살핀다. <재활> · 산책로 중 위험한 곳이 없는지 살핀다. <정신지체> · 글씨쓰기가 어려운 대상자는 채집한 식물을 보고 그려보도록 지도한다. <어린이> · 식물을 마구 훼손하지 않도록 주의시킨다. · 뿌리, 줄기, 잎의 역할에 대해 학습한다.
전 개	① 실외로 이동한다. ② 주변에 보이는 식물들을 채집한다. ③ 실내로 이동한다. ④ 채집한 식물들을 꺼내어 펼친다. ⑤ 테이프를 이용하여 종이 위에 붙인다. ⑥ 식물도감을 이용하여 식물의 이름을 적고 파일에 끼운다.	· 식물에 관한 치료사의 다양하고 폭넓은 지식이 요구됨 · 실외와 실내를 오가며 이루어지므로 질서 있게 행동하도록 지도 · 필요 이상으로 식물을 채집하지 않도록 함 · 관찰력 증가	
정 리	· 가장 마음에 드는 식물을 선정하여 식물의 이름과 어떤 점이 마음에 드는지 발표한다.	· 발표력을 향상시키고 다른 대상자의 발표에 경청하도록 지도	
활동의 다양성	· 식물 일지 쓰기		

활동의 난이도	어려운 활동	· 식물을 실물처럼 그려보고, 식물의 특성에 관하여 요약한다.
	쉬운 활동	· 식물 채집을 위해 함께 실외로 나가 산책한다. · 참관만 한다.

식물도감 만들기 >>>>>>>>>>>>>>>>>>>>

식물의 부위 명칭[96)]

식물의 기본 구조는 잎, 줄기, 뿌리로 나눌 수 있으며 잎은 다시 잎몸, 잎자루, 잎집으로 나뉜다. 줄기에는 마디와 주가지, 곁가지가 있고, 뿌리는 주뿌리, 곁뿌리, 뿌리털로 나뉜다.

■ 엽신(leaf blade)

잎몸이라고도 하며 흔히 잎이라고 불리는 부위를 말한다.

■ 엽병(leaf stalk)

엽신과 줄기 사이에 있는 가는 자루 모양의 부위를 말하며, 엽신을 지지하고 양수분과 동화물질의 통로가 된다.

■ 엽초(leaf sheath)

단자엽식물의 잎은 엽신과 엽초로 이루어져 있는데 윗부분의 엽신은 잎의 주된 부분으로 대부분을 차지하는 반면, 엽초는 잎의 아래 부위로서 마치 줄기처럼 각 잎의 아랫부분이 서로 감싸 겹쳐있는 부위를 말한다.

■ 가지(branch)

줄기로부터 잎을 연결시켜 주는 기관을 말한다. 특히 줄기에서 뻗어 나온 가지를 주지(limb)라고 하고 2~3년생 어린 가지를 소지(twig)라 하며, 올해 새로 나온 가지를 신초(shoot)라 한다.

■ 주지(leader branch)

수간에서 바로 윗줄기 부분을 말하며 측지보다 생장점의 발육이 더 왕성하여 빨리 곧게 자란다. 주지에서 측지가 나오고 측지에서 소지가 나온다. 주지를 제거하면 고유수형을 잃게 되므로 일반적으로 자르지 않는다.

■ 측지(lateral branch)

주지 또는 부주지에 붙은 자기이다.

■ 뿌리(root)

곧은 뿌리계와 수염뿌리계로 나뉜다. 곧은 뿌리계는 교목에서 발달한 것으로 원뿌리

96) 박석근 외. 1999. 원시인이 꼭 알아야할 용어 384가지-기초원예용어집. 도서출판 서원. 서울. p. 20-22.

와 곁뿌리가 뚜렷하다. 수염뿌리계는 관목에서 흔히 볼 수 있으며, 원뿌리가 뚜렷하지 않고 같은 크기의 뿌리들이 지표 밑으로 자란다.

■ 근모(root hair)

뿌리끝에서 5~100mm 사이의 세포 신장대로서 표층세포의 근단에 가까운 부위의 표피세포가 발기되어 발생한 단세포이다. 근모의 발생은 뿌리의 표면적을 크게 해주며 수분과 양분의 흡수에 필요하다.

■ 수관(tree crown)

주지, 측지, 소지와 잎으로 이루어진 나무의 외형으로 나타나는 전체 부분을 가리킨다. 수관의 형태는 구형, 난형, 피라미드형, 원주형, 원추형, 능수형, 배상형 등으로 구분한다.

■ 수간(stem)

교목의 줄기를 가리키는데, 수관을 받치는 구실을 한다. 수피는 빛깔, 형태, 갈라지는 모양 등이 각기 다르다.

■ 정아(apical bud)

위치상으로 가지의 끝에 생긴 눈을 말한다.

■ 액아(axillary bud)

잎과 줄기 사이에 있어 액아라 부르며 측아라고도 한다.

■ 마디(node)

줄기에 가지나 잎이 붙은 곳이다.

■ 절간(internode)

마디와 마디 사이를 말한다.

식물체의 기본 구조

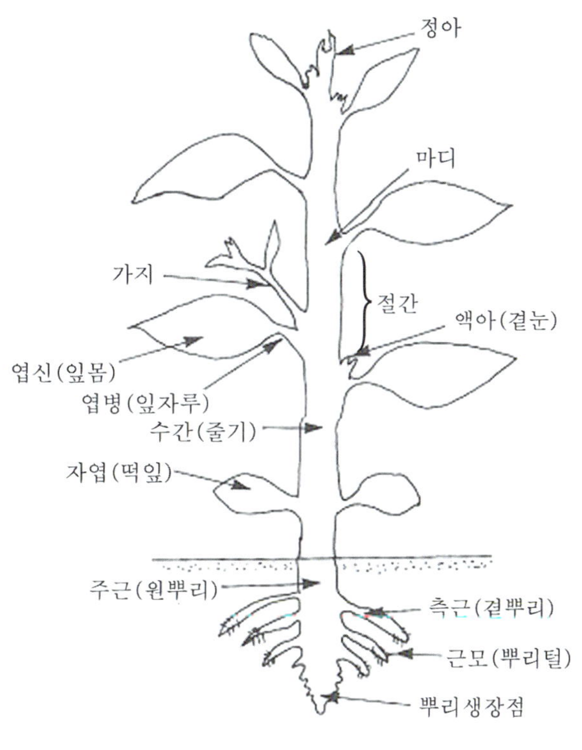

식용 꽃 샐러드

대 상	□정신 □재활 □정신지체 □노인 □치매 ■청소년 □어린이				
장 소	□실내 □실외 ■실내외	계 절	■봄 ■여름 ■가을 □겨울	난이도	□상 □중 ■ 하

<table>
<tr><td>일 시</td><td colspan="2">년 월 일</td><td>담당치료사</td><td></td></tr>
<tr><td>목 표</td><td colspan="4">관상용으로 익숙한 꽃의 다른 쓰임새를 경험하도록 한다.</td></tr>
<tr><td>준비물</td><td colspan="4">일회용 접시, 식용 가능한 꽃(장미, 카네이션, 국화, 데이지, 베고니아), 양상추, 방울토마토 등 샐러드에 적당한 채소, 소스</td></tr>
<tr><td>활 동</td><td>치료 과정</td><td colspan="2">기대효과 및 Tip</td><td>대상자별 적용</td></tr>
<tr><td>도 입</td><td>· 알고 있는 꽃의 이름을 나열해 본다.
· 꽃을 먹어본 경험이 있는지 이야기해 본다.</td><td colspan="2">· 인지력
· 호기심 유발
· 주의 집중</td><td rowspan="3"><재활>
· 복잡하지 않은 프로그램을 통하여 참여 후 성취감과 자신감을 경험하도록 하여, 긍정적인 심리 상태가 되도록 유도 한다.

<노인, 치매>
· 미각을 자극시키고 새로운 경험을 시도한다.
· 과거에 이용되었던 꽃에 관한 요리에 관해 정보를 나눈다.

<어린이>
· 새로운 경험을 통하여 감각기능을 향상시킨다.</td></tr>
<tr><td>전 개</td><td>① 미리 주문한 식용 꽃을 암술을 제거하고 흐르는 물에 씻어 둔다.
② 꽃의 이름을 살펴보고 식용 후 효능에 관해 공부해 본다.
③ 꽃 이름을 기억하며 꽃잎을 조금씩 뜯어 맛본다.
④ 다른 채소를 준비하고 식용 꽃도 함께 장식한다.
⑤ 기호에 맞게 소스를 뿌린다.</td><td colspan="2">· 꽃 이름을 학습하는 과정을 통하여 암기력 훈련
· 선호하는 꽃 이야기
· 표현력 향상
· 준비된 식용 꽃을 하나씩 관찰해 보고 어떤 맛일지 상상해 봄으로써 추리력, 상상력 향상
· 후각·미각 자극
· 위생관리에 주의
· 자칫 소란해질 우려가 있으므로 치료사의 지시에 따라 순서대로 진행될 수 있도록 함</td></tr>
<tr><td>정 리</td><td>· 완성된 식용 꽃 샐러드를 맛보고 다른 샐러드와의 특이한 점을 이야기하도록 한다.
· 다음에 만들 때 어떤 재료를 넣으면 좋을지 이야기해 본다.</td><td colspan="2">· 서로 자유롭게 이야기 나눌 수 있도록 유도</td></tr>
<tr><td>활동의 다양성</td><td colspan="4">· 선호하는 특정한 식용 꽃이 있다면, 그 한 가지만을 이용하여 만들어 본다.</td></tr>
<tr><td rowspan="2">활동의 난이도</td><td>어려운 활동</td><td colspan="3">· 순서를 기록하도록 하거나, 프로그램 전 재료 준비를 돕는다.</td></tr>
<tr><td>쉬운 활동</td><td colspan="3">· 식용 꽃과 채소를 씻는 작업을 한다.
· 식용 꽃의 향과 맛을 느껴본다.
· 참관만 한다.</td></tr>
</table>

식용 꽃이란?[97)]

식용 꽃 샐러드 완성 모습

예로부터 꽃은 몇 가지 식물에서 화전으로 이용되었던 것을 제외하고는 주로 장식용으로 사용되었다.

고대 인디언들은 꽃을 식용으로 사용하였다는 기록이 있으며, 일본의 경우 유채꽃이나 국화 등을 식용으로 이용한다. 식용으로 이용되는 꽃에는 좋은 향과 함께 건강에 좋은 성분도 포함되어 여러 가지 장점이 있다.

식용 가능한 꽃들

국화, 장미, 꽃 베고니아, 데이지, 카네이션 외에도 페튜니아, 임파첸스, 구절초, 팬지 등이 있다.

베고니아[98)]

학명: *Begonia L.*

영명: Begonia

베고니아 꽃은 몸이 나른할 때 먹으면 증세가 개선되고 상처가 난 부위나 염증치료에도 탁월한 효과가 있다.

일본 농림 수산성 주최 '식용화 시식회'에서 가장 인기 있던 꽃으로 수분을 함유한 아삭아삭 씹히는 맛과 새콤한 맛이 어우러져 있다.

국화[99)]

학명: *Chrysanthemum morifolium Ram. cv.*

영명: Chrysanthemum

국화 꽃잎을 끓는 물에 살짝 데쳐서 바로 찬물에 넣었다가 오미자 즙에 띄워 마시는 음료인 국화면이 있으며, 잘 말린 들국화 꽃잎에 녹두 녹말을 묻힌 후 뜨거운

97) 박석근 외. 1999. 원시인이 꼭 알아야 할 용어 384가지-기초원예용어집. 도서출판 서원. 서울. p. 184.
98) 김영아 외. 2005. 건강을 살리는 꽃 생활을 바꾸는 식물. 문예마당. 서울. p. 250.
99) 김영아 외. 2005. 건강을 살리는 꽃 생활을 바꾸는 식물. 문예마당. 서울. p. 162.

물에 잠시 데쳐서 꿀을 타 마시는 국화차는 불로장수의 차로 전해지고 있다. 국화잎으로 부각을 만들어 먹기도 하며, 국화는 꽃꽂이를 감상하는 것만으로도 열병을 치유하는 효과가 있다고 한다. 또한 꽃잎을 곱게 말려 베개 속에 넣어 두면 머리가 맑아지고 두통에도 좋으며 혈압과 눈의 피로에도 좋다고 전해진다.

데이지[100)]

학명: *Bellis perennis L.*

영명: English daisy

데이지는 예로부터 간장 질환, 기관지 질환, 변비, 상처치료에 이용되었다. 이눌린이라는 다당류, 안토시아닌, 안톨류신의 성분들이 있다. 꽃잎은 샐러드나 수프에 넣어 먹어도 되고, 샌드위치나 쌈, 음료수 등에 넣어 먹어도 좋다. 단맛이 있고, 아삭아삭한 씹는 맛이 있다.

쌈채소 먹기 >>>>>>>>>>>>>>>>>>>>>>

쌈채소 수확하는 모습

인간은 본래 채식주의자였다[101)]

초기 그리스와 히브리 신화를 보면 원래 사람은 과일만 먹었다고 기록되어 있다. 미국 콜럼비아 대학의 헌팅건 박사는 비교해부학을 통해 인간이 본래 채식주의자였음을 밝혔다. 그는 육식동물은 채식동물에 비해 대장과 소장의 길이가 짧다고 지적했는데, 그 이유는 육류의 단백질은 농도가 높고 섬유질이 적어 소화하는데 오랜 시간이 걸리지 않기 때문이라 한다.

인간은 장의 길이가 8.5m로 무척 길기 때문에 육식을 하였을 경우 우리가 먹은 고기는 장시간 장에서 머무르기 때문에 독소가 만들어져 체내로 흡수되어 건강을 해치게 된다. 따라서 체내의 독소를 제거하는 간에도 큰 부담을 준다. 이는 인간이 육식에는 부적합한 신체구조로 채식만을 하도록 되어 있음을 알 수 있다.

100) 김영아 외. 2005. 건강을 살리는 꽃 생활을 바꾸는 식물. 문예마당. 서울. p. 253.
101) 임재욱 외. 2002. 행복한 우리집 건강한 식탁을 위한 텃밭채소 가꾸기. 허브월드. 서울. p. 62.

쌈채소 먹기

대 상	□정신 □재활 □정신지체 □노인 ■치매 □청소년 □어린이				
장 소	■실내 □실외 □실내외	계 절	■봄 ■여름 □가을 □겨울	난이도	□상 □중 ■하

<table>
<tr><td>일 시</td><td colspan="2">년 월 일</td><td>담당치료사</td></tr>
<tr><td>목 표</td><td colspan="3">직접 재배한 쌈 채소를 수확하여 먹는 시간을 통해 단기 기억을 자극한다.</td></tr>
<tr><td>준비물</td><td colspan="3">수확한 쌈 채소(깻잎, 상추, 쑥갓 등), 밥, 쌈장, 그 밖에 식사에 필요한 반찬 및 도구들</td></tr>
<tr><td>활 동</td><td>치료 과정</td><td>기대효과 및 Tip</td><td>대상자별 적용</td></tr>
<tr><td>도 입</td><td>· 우리가 심었던 쌈 채소의 이름을 말해 본다.
· 과거에 직접 재배했던 경험이 있는 채소를 이야기해 본다.</td><td>· 기억력 자극</td><td rowspan="3"><정신>
· 수확의 기쁨을 맛보며 과식하지 않도록 주의시킨다.

<재활>
· 편마비 대상자의 경우 쌈채소를 싸먹는 과정에 어려움으로 좌절감을 느낄 수 있으므로 주의한다.

<정신지체>
· 수확을 통해 성취감을 느끼며, 남기지 않고 깨끗이 먹도록 교육한다.

<청소년, 어린이>
· 채소를 섭취하면 좋은 점들을 설명하고 편식하지 않도록 교육한다.</td></tr>
<tr><td>전 개</td><td>① 수확한 쌈 채소를 흐르는 물에 깨끗이 씻는다.
② 밥을 적당량 담는다.
③ 반찬과 함께 쌈 채소를 테이블에 올려놓는다.
④ 모두 둘러 앉아 먹는다.</td><td>· 과정이 간단하므로 모두 참여
· 밥의 양을 적당히 분배하여 과식하지 않도록 함
· 독립적으로 숟가락과 젓가락을 이용하여 식사하도록 함
· 미각 자극
· 운동감각 증가</td></tr>
<tr><td>정 리</td><td>· 재소를 수확하여 먹은 기분이 어땠는지 이야기 나눈다.
· 뒷정리를 함께 한다.</td><td>· 일상생활 훈련</td></tr>
<tr><td>활동의 다양성</td><td colspan="3">· 미각을 자극할 수 있는 먹을거리 프로그램을 해본다(무순 미니김밥, 콩나물밥 등).</td></tr>
<tr><td rowspan="2">활동의 난이도</td><td>어려운 활동</td><td colspan="2">· 밥을 나누어 준다.</td></tr>
<tr><td>쉬운 활동</td><td colspan="2">· 함께 쌈 채소를 곁들여 식사한다.
· 참관만 한다.</td></tr>
</table>

진달래 화전

대 상	□ 정신 □ 재활 □ 정신지체 ■ 노인 □ 치매 □ 청소년 □ 어린이				
장 소	□ 실내 □ 실외 ■ 실내외	계 절	■ 봄 □ 여름 □ 가을 □ 겨울	난이도	□ 상 ■ 중 □ 하

<table>
<tr><td>일 시</td><td colspan="2">년 월 일</td><td>담당치료사</td><td></td></tr>
<tr><td>목 표</td><td colspan="4">진달래꽃을 직접 따면서 과거의 즐거운 추억을 회상하고, 요리실습을 통하여 일상생활훈련을 한다.</td></tr>
<tr><td>준비물</td><td colspan="4">진달래꽃, 부침가루, 주방용 볼, 숟가락, 뒤집개, 휴대용 가스레인지, 식용유, 프라이팬 등</td></tr>
<tr><td>활 동</td><td>치료 과정</td><td colspan="2">기대효과 및 Tip</td><td>대상자별 적용</td></tr>
<tr><td>도 입</td><td>· 진달래꽃에 관한 전설이나 특징을 이야기한다.
· 진달래와 철쭉의 차이점을 구별해 본다.</td><td colspan="2">· 관심을 끌어 흥미를 유발시킴</td><td rowspan="3">· 가스레인지로 인한 안전사고를 주의한다.
· 역할 분담을 통하여 한두 명이 독점하지 않고 모두가 참여할 수 있도록 한다.

<재활, 치매>
· 거동이 불편한 대상자의 경우, 프로그램 전에 미리 진달래꽃을 준비해 놓고 다음 단계부터 진행한다.

<정신지체>
· 아무 꽃이나 먹지 않도록 주의시킨다.

<청소년, 어린이>
· 식용꽃을 이용하여 다양한 경험을 하도록 하고, 식용이 가능한 다른 꽃들에 관해서도 공부해 본다.</td></tr>
<tr><td>전 개</td><td>① 진달래꽃을 딴다.
② 흐르는 물에 깨끗이 씻고 물기를 뺀다.
③ 주방용 볼에 부침가루와 물을 넣고 반죽한다.
④ 반죽을 동그랗게 한 후 납작하게 만들고, 식용유로 달구어진 프라이팬에 살짝 익힌다.
⑤ 꽃잎을 ④번 위에 올리고 다시 완전히 익힌다.
⑥ 접시에 예쁘게 담는다.</td><td colspan="2">· 진달래와 철쭉을 정확히 구분하도록 함
· 불에 손이 데지 않도록 주의
· 미각과 후각 자극
· 역할 분담을 통해 사회성을 향상시킴</td></tr>
<tr><td>정 리</td><td>· 모여 앉아 진달래 화전을 맛본다.</td><td colspan="2">· 그룹원들과 자연스러운 일상 대화를 나누도록 자유시간을 가짐</td></tr>
<tr><td>활동의 다양성</td><td colspan="4">· 무궁화 화전을 만들어 본다.</td></tr>
<tr><td rowspan="2">활동의 난이도</td><td>어려운 활동</td><td colspan="3">· 전을 부치는 작업을 한다(가스레인지 사용 조심).</td></tr>
<tr><td>쉬운 활동</td><td colspan="3">· 진달래를 씻는 작업을 한다.
· 진달래 화전을 먹는다.
· 참관만 한다.</td></tr>
</table>

< < < < < < < < < < < < < < < < < < < < < < 진달래 화전

진달래[102)]

학명: *Rhododendron mucronulatum Turcz.*

영명: Korean rosebay

꽃이 먼저 피고 난 다음에 잎이 나오며, 잎 모양은 피침형으로 높이는 2~3m 정도이고, 4월에 개화한다. 햇볕이 잘 드는 양지에서 서식하며, 진달래꽃의 화관은 깔때기 모양으로 붉은 빛이 도는 자주색으로 겉에 털이 있다. 잎 표면에는 비늘이 있고 뒤편은 털이 없다. 단맛이 나므로 참꽃이라고도 한다.

철쭉[103)]

학명: *Rhododendron schlippenbachii Max. ex. Regel var. poukhanese (Lev) Nakai*

영명: Royal azalea

잎이 먼저 난 후 꽃이 피거나 잎과 꽃이 동시에 같이 핀다. 높이는 3~5m 정도이고, 주로 5월에 개화한다. 그늘진 곳에서 서식하며 잎 모양은 진달래 보다 둥근 편이다. 꽃의 위쪽에 적갈색의 반점이 있으며, 잎이 4~5장 돌려나며 꽃빛깔이 아주 연한 분홍빛이다. 독성이 있어 먹지 못하므로 개꽃이라고 불리기도 한다.

102), 103) 윤평섭. 1998. 환경원예식물도감. 문운당. 서울. p. 159.

쪽파전 부치기

대 상	□정신 □재활 □정신지체 ■노인 □치매 □청소년 □어린이				
장 소	■실내 □실외 □실내외	계 절	□봄 □여름 ■가을 □겨울	난이도	□상 ■중 □ 하

일 시	년 월 일	담당치료사	
목 표	수확의 기쁨을 경험하며, 직접 요리 해 먹음으로써 성취감을 느끼도록 한다.		
준비물	쪽파, 부침가루, 프라이팬, 휴대용 가스레인지, 주방용 볼, 뒤집개, 국자, 식용유 등		
활 동	치료 과정	기대효과 및 Tip	대상자별 적용
도 입	· 직접 재배한 쪽파가 얼마나 컸는지 살펴본다.	· 제일 잘 키운 대상자의 경우 칭찬을 해 주고, 그렇지 못한 경우엔 왜 잘 자라지 못했는지 원인을 생각해 보도록 하여 책임감을 느끼게 함	· 특별한 아이디어나 기술 등을 필요로 하는 프로그램이 아니므로 그룹원들이 서로 어우러져 편안한 분위기가 조성되도록 한다. · 쪽파전을 다 부친 후에 균일하게 나누어 먹도록 한다. <청소년, 어린이> · 인스턴트식품에 익숙한 어린이들에게 직접 수확한 채소를 요리하고 섭취하게 함으로써 채소에 관한 거부감을 감소시킨다.
전 개	① 쪽파를 수확한다. ② 흐르는 물에 깨끗이 씻는다. ③ 주방용 볼에 부침가루와 물을 넣고 반죽한다. ④ 쪽파를 ③에 넣고 버무린다. ⑤ 휴대용 가스레인지에 불을 키고, 프라이팬에 식용유를 두르고 가열한다. ⑥ 국자를 이용하여 ④번을 프라이팬에 올린다. ⑦ 타지 않도록 알맞게 부친다.	· 불에 손이 데지 않도록 주의 · 미각과 후각 자극 · 역할 분담을 통해 사회성을 향상시킴	
정 리	· 모여 앉아 쪽파전을 맛본다.	· 그룹원들과 자연스러운 일상 대화를 나누며 자유시간을 가짐	
활동의 다양성	· 부추전을 만들어 본다.		
활동의 난이도	어려운 활동	· 전을 부치는 작업을 한다(가스레인지 사용 조심). · 쪽파를 적당한 크기로 자른다.	
	쉬운 활동	· 쪽파 수확 후 씻는 작업을 한다. · 쪽파전을 먹는다. · 참관만 한다.	

<1. 식물 심기 및 관리>의 '쪽파 심기' 참고

채소 도장 만들기

대 상	□정신 □재활 □정신지체 □노인 □치매 □청소년 ■어린이				
장 소	■실내 □실외 □실내외	계 절	■봄 ■여름 ■가을 □겨울	난이도	□상 ■중 □ 하

일 시	년 월 일		담당치료사	
목 표	손의 미세동작을 훈련하고 표현력을 향상시킨다.			
준비물	무, 감자, 칼, 필기도구, 조각칼, 스탬프, 종이			
활 동	치료 과정	기대효과 및 Tip	대상자별 적용	
도 입	· 알고 있는 채소들의 이름을 모두 적어 본다. · 채소를 먹으면 좋은 점에 대해 이야기 나눈다.	· 주의집중력 · 호기심 유발	· 스탬프가 아닌 농도를 조절하여 물감을 사용할 수도 있다. <정신> · 조각칼의 사용에 주의하며 프로그램 후 회수된 조각칼의 수를 확인한다. <재활> · 본 프로그램은 편마비 환자에게는 부적합하다.	
전 개	① 원하는 채소에 따라 2~3명이 한 조를 이루어 채소를 적당한 크기로 자른다. ② 마음에 드는 부위를 고른다. ③ 필기도구로 채소 표면에 표현하고자 하는 밑그림을 그린다. ④ 조각도를 이용하여 판다. ⑤ 원하는 색의 스탬프를 이용하여 이면지에 찍는 연습을 해본다. ⑥ 도화지에 채소 도장을 자유롭게 찍어 표현한다.	· 조각칼 사용시 안전사고에 주의 · 조직이 치밀하고 단단한 뿌리채소를 사용 · Eye-hand coordination · 자유롭게 표현하도록 하여 창의력을 향상시킴 · 운동감각 증가 · 또래집단과의 상호교류의 기회 부여		
정 리	· 서로의 작품을 감상한다.	· 오늘 배운 채소 이름을 다시 한 번 기억한다.		
활동의 다양성	· 채소의 종류를 다양하게 해 본다(당근, 고구마 등).			
활동의 난이도	어려운 활동	· 채소 도장의 모양을 다양하게 만든다. · 종이에 직접 만든 채소 도장을 이용하여 그림을 그린다.		
	쉬운 활동	· 도화지에 찍는 작업을 한다. · 채소를 자르는 작업을 한다. · 참관만 한다.		

채소 도장[104] 만들기 >

채소의 영양적 가치

대부분의 채소는 열량이 적기 때문에 다이어트 식품, 또는 주식과 함께 먹는 부수적인 식품으로 알려져 있다. 신체의 건강유지에 반드시 필요한 여러 가지 보건적 기능성을 갖고 있는 채소는 비타민 A와 C의 풍부한 공급원이다. 비타민 A는 베타카로틴의 형태로 식물체에 존재하며 당근, 호박, 풋고추, 고구마, 시금치 등 녹황색 채소에 풍부히 들어 있다. 비타민 C는 아스코르빈산의 형태로 신선한 채소에 많으며 저장기간이 오래되면 빠르게 감소하지만 건조, 가열, 끓임 등으로 쉽게 파괴된다.

채소를 생식하면 좋은 점

- 풍부한 영양소를 최대한으로 섭취할 수 있다.
- 채소 고유의 색상과 맛을 그대로 즐길 수 있다.
- 가공하는 수고와 시간을 절감할 수 있다.
- 수시로 이용하고 접대하기가 편하다.
- 주스 등으로 가공이 가능하다.

뿌리채소

- 괴근류: 식물학적으로 뿌리에 해당하는 부위가 비대한 채소(고구마, 마)
- 괴경류: 땅속줄기가 비대한 채소(감자, 토란)
- 직근류: 뿌리와 하배축의 일부가 비대한 채소(무, 당근, 우엉, 순무)
- 근경류: 뿌리줄기가 비대한 채소(생강, 연근)

104) 임재욱 외. 2002. 행복한 우리집 건강한 식탁을 위한 텃밭채소 가꾸기. 허브월드. 서울. p. 25, 55, 56.

허브버터를 이용한 식빵 만들기

대 상	□정신 ■재활 □정신지체 □노인 □치매 □청소년 □어린이				
장 소	■실내 □실외 □실내외	계 절	□봄 □여름 □가을 ■겨울	난이도	■상 □중 □하

<table>
<tr><td>일 시</td><td colspan="2">년 월 일</td><td>담당치료사</td><td></td></tr>
<tr><td>목 표</td><td colspan="4">섬세한 손의 운동능력, 일상생활 동작의 훈련과 자신감을 갖게 한다.</td></tr>
<tr><td>준비물</td><td colspan="4">허브, 버터, 야외용 그릇과 스푼, 식빵, 키친타월, 휴대용 버너와 프라이팬, 대야</td></tr>
<tr><td>활 동</td><td>치료 과정</td><td colspan="2">기대효과 및 Tip</td><td>대상자별 적용</td></tr>
<tr><td>도 입</td><td>· 허브의 향을 맡고 이름을 맞혀 보게 하고 토스트를 만들 것임을 이야기한다.</td><td colspan="2">· 동기 부여와 호기심을 유발하여 참여 기여도를 높임</td><td rowspan="3"><정신>
· 조별 구성으로 참여성을 높이고, 구성원간의 사회성을 향상시킨다.

<정신지체>
· 감각기능 자극, 작업수행 능력 증가, 일상생활 동작의 훈련을 한다.

<노인, 치매>
· 아무거나 먹지 않도록 주의를 준다.
· 인지기능, 일상생활 훈련, 후각자극을 한다.

<청소년, 어린이>
· 긍정적인 경험을 통하여 집에서 가족을 위해 만들어 보도록 한다.</td></tr>
<tr><td>전 개</td><td>① 허브의 향을 각각 맡게 하고 이름을 알려 주고 허브이름을 기억하도록 한다.
② 조별로 좋아하는 향의 허브를 갖게 한다.
③ 깨끗한 야외용 그릇(대접)과 스푼을 나눠 준다.
④ 버터를 나눠 주고 대접에 담는다.
⑤ 깨끗한 대야에 물을 나눠 주고 허브 잎을 씻어 키친타월로 물기를 닦은 후 ④에 넣고 스푼으로 섞는다.
⑥ 골고루 섞은 허브버터를 식빵에 바른다.
⑦ 버터를 바른 식빵을 프라이팬에 굽는다.</td><td colspan="2">· 긍정적인 경험 증가
· 작업 수행능력 증가
· 후각·청각·촉각 자극
· 정서적 순화
· 자신감 향상
· 일상생활동작 훈련
· 사회성 증대
· 허브의 종류에 따라 조를 구성
· 빵을 프라이팬에 구울 때, 데지 않도록 조심</td></tr>
<tr><td>정 리</td><td>· 허브버터로 구운 식빵을 시식하고 맛에 대한 의견을 나눈다.
· 프라이팬을 키친타월로 닦아내고 정리를 한다.</td><td colspan="2">· 우리나라 자생 허브에 대해 이야기해 봄
· 버너 사용을 주의</td></tr>
<tr><td>활동의 다양성</td><td colspan="4">· 허브 식물을 이용하여 그 밖에 허브 요리를 계획해 본다.</td></tr>
<tr><td rowspan="2">활동 난이도</td><td>어려운 활동</td><td colspan="3">· 프라이팬에 빵을 구워 낸다.</td></tr>
<tr><td>쉬운 활동</td><td colspan="3">· 빵에 버터를 바른다.
· 허브 향을 맡는다.
· 참관만하고 시식을 한다.</td></tr>
</table>

허브버터를 이용한 식빵 만들기 > > > > > > > > > > > > > >

재배 환경에 따른 허브의 종류[105)]

- 추위에 강한 허브: 라벤더, 민트, 타임, 오레가노, 히솝 등
- 추위에 약한 허브: 마조람, 샤프란, 파인애플세이지, 스위트바실, 제라늄, 펜넬 등
- 음지에 강한 허브: 레몬밤, 차빌, 야로우, 스위트바이올렛 등
- 음지에 약한 허브: 세이지, 타임, 레몬그라스, 레몬바버나, 로즈마리 등
- 건조에 강한 허브: 로즈마리, 라벤더 타임, 타라곤 등

허브의 번식법

- 삽목: 로즈마리, 바실, 민트, 세이지, 라벤더 등
- 분주: 민트, 차이브, 레몬밤, 마조람 등
- 취목: 로즈마리, 세이지 등

허브 모종 구입시 주의할 점

- 잎의 색이 진하고 윤기가 있는 것
- 마디와 마디 사이가 짧고 잎의 수가 많은 것
- 줄기가 두껍고 튼튼한 것
- 화분 바닥의 배수구로 뿌리가 나올 정도로 튼튼한 것
- 병해충이 없고 웃자라지 않은 건강한 모종 선택

<허브 수확 및 건조 방법>

- 생육이 왕성한 때에 수확하면 강한 향기를 지닌다.
- 맑은 날씨가 2~3일 계속되는 날 오전 중에 수확한다.
- 비가 내린 후는 수확을 피하는 것이 좋다.
- 꽃이 핀 후 시간이 많이 지나거나 햇빛을 너무 많이 받으면 잎의 정유 함량이 감소하고 향기가 약해진다.
- 통풍이 잘되는 시원한 곳에 매달아 자연건조시킨다.

105) 서정남 · 경윤정 · 박천호. 2002. 원예와 함께하는 생활. 부민문화사. 서울. p. 175-179.

허브식초 만들기

대 상	■정신 □재활 □정신지체 □노인 □치매 □청소년 □어린이				
장 소	□실내 □실외 ■실내외	계 절	■봄 ■여름 ■가을 □겨울	난이도	□상 ■중 □ 하

일 시	년 월 일	담당치료사	
목 표	다양한 허브 식물을 통하여 후각과 미각을 자극한다.		
준비물	일회용 접시, 빈병, 뚜껑, 면봉, 일회용 비닐장갑, 민트, 세이지, 타임, 레몬밤, 바질, 로즈마리, 마늘, 레몬, 식초, 라피아, 조화, 카드, 필기도구, 부직포		
활 동	치료 과정	기대효과 및 Tip	대상자별 적용
도 입	· 허브 식물 이름대기 · 눈을 감고 자신의 주변을 둘러싼 향을 느껴 보고, 좋아하는 향 말하기	· 인지력 · 마음을 안정시키고, 자신이 느끼는 것을 이야기할 수 있도록 유도	<노인, 치매> · 식초의 강한 향기로 후각을 자극하고, 예부터 이용해 왔던 우리나라 허브들에 관해 소개한다. <청소년, 어린이> · 직접 만든 허브식초를 엄마에게 선물하도록 권하여 성취감과 자신감을 느끼도록 한다.
전 개	대상자나, 주어진 프로그램 시간에 따라 빈병을 소독해 두거나 허브를 씻어 물기를 빼 놓기도 한다. ① 허브의 이름을 하나씩 알아보며 맛을 보고 향을 느껴 본다. ② 허브의 이름들을 기억하며 카드에 적고 허브를 병에 넣는다. ③ 식초를 담는다. ④ 뚜껑을 덮는다. ⑤ 부직포로 뚜껑을 가리고 라피아를 이용하여 장식한다. ⑥ 카드와 조화로 마무리 장식을 한다.	· Eye-hand coordination · 판단력 · 후각·미각 자극 · 유리병이 깨지지 않도록 주의 · 자칫 소란해질 우려가 있으므로 치료사의 지시에 따라 순서대로 진행되도록 함	
정 리	· 완성된 허브식초를 이용하여 만들 수 있는 요리에 관하여 이야기 나눈다.	· 서로 자유롭게 이야기 나눌 수 있도록 유도	
활동의 다양성	· 선호하는 특정한 허브가 있다면, 그 한가지만을 이용하여 만들어 본다.		
활동의 난이도	어려운 활동	· 다른 대상자들이 병에 식초를 담는 작업을 돕는다. · 순서를 기록하도록 하거나, 프로그램 전 재료 준비를 돕는다.	
	쉬운 활동	· 허브의 향과 맛을 느껴 본다. · 참관만 한다.	

허브식초 만들기 >

허브의 의미와 역사

꽃, 줄기, 잎, 뿌리 등에 향이 있어 향수나 요리, 살균, 미용 등의 용도로 이용되는 모든 초본식물을 허브라고 한다. 중세 사람들은 치커리와 로즈마리를 각각 학질과 두통 치료약으로 이용하는 등 허브를 약용으로 사용하다가 점차 향수, 화장품 등의 사치스러운 미용 용품으로 이용하기 시작하였다.

허브식초 완성 모습 I

허브식초 완성 모습 II

<식초의 효능>

식초에는 발효시켜 양조한 것, 과실의 신맛을 이용한 것, 합성한 것 등이 있다. 이것은 입맛을 자극하여 돋우며 피로회복과 미용에도 효과가 있다. 영어의 비니거(vinegar)는 프랑스어의 포도주 vin과 신맛 aigre를 합친 vinaigre에서 온 말이다. 우리나라는 삼국시대에 중국에서 식초 만드는 법이 전래되었다고 한다.

- 살균력이 강하여 대부분의 병원균을 약 30분 이내에 사멸시키기 때문에 식초에 담근 식품은 보존성이 높다.
- 소금의 짠맛을 부드럽게 해 주는 작용을 하며, 채소류의 갈변을 일으키는 효소작용을 억제하는 구실을 한다.

허브의 종류[106)]

세이지

학명: *Salvia officinalis*

영명: Sage

정신을 맑게 하고 기억력을 향상시키며, 감성을 활성화하고 억눌린 기분을 좋게 해 준다. 우울증 · 불안감 · 두려움증 · 편두통 · 불면증 및 생리통에 효과가 있으며, 회복기의 환자나 노화 관련 질환들을 완화하기 위해 노인들에게 처방되기도 한다.

세이지는 그리스 로마 시대부터 많은 사람들에게 만병통치약으로 이용되어 왔으며, '영원히 살고 싶은 자는 5월에 세이지를 먹지 않으면 안 된다', '세이지를 정원에 심으면 죽은 사람이 나오지 않는다'라는 속담이 있으며, 이를 하얗게 하고 잇몸을 튼튼하게 하는 것으로 알려져 있어 아랍 사람들은 지금도 사용하고 있다고 한다.

106) 김영아 외. 2005. 건강을 살리는 꽃 생활을 바꾸는 식물. 문예마당. 서울. p. 137, 138, 158, 159, 168-170, 173-175, 196.
임재욱 외. 2002. 행복한 우리집 건강한 식탁을 위한 텃밭채소 가꾸기. 허브월드. 서울. p. 190, 193.
Andrew Chevallier. 2000. Encyclopedia of herbal medicine. DK Publishing Inc. p. 85.

페퍼민트

학명: *Mentha piperita*

영명: Peppermint

상쾌하고 톡 쏘는 향기로 라틴어의 'pepper(후추)'에서 비롯되었다. 치아건강을 도와 치약 등의 원료로 이용되고 있으며, 지성피부의 유분을 적절히 조절해 주면서 모공을 수축시키고 시원한 느낌을 주어 화장품이나 헤어용품에 사용된다. 감기, 위장병, 두통, 콜레라, 설사, 신경통에 효과가 있다. 머리가 아플 때 페퍼민트 오일을 흡입하거나 관자놀이에 찍어 바르면 두통에 효과가 있다.

마조람

학명: *Majorana hortensis*

영명: Marjoram

그리스 · 로마 시대부터 행복의 상징으로 여겨졌으며, 중세에는 마녀나 악마를 물리치는 데 사용되었다. 차로 마시면 체내의 독소를 배출하여 몸을 이롭게 하며, 잃은 소화기 계통의 작용을 원활하게 하고 소화 촉진과 위장 기능의 증진에 효과가 있다. 상큼하고 달콤한 레몬향이 있어 차로 많이 이용한다.

라벤더

학명: *Lavandula spp.*

영명: Lavender

중세와 르네상스 시대에 페스트를 막기 위해 바닥에 뿌리거나 빨래나 옷장 등에 넣어 좋은 향기가 나도록 하였다. 라벤더의 향은 마음을 진정시키는 효과가 있으며, 두통 해소에 효과적인 것으로 알려져 있다. 숙면을 위하여 베개에 라벤더를 넣고 자기도 하고, 생리통 · 냉증 · 화상에도 효과적이다.

로즈마리

학명: *Rosmarinus dfficinalis*

영명: Rosemary

서양의 경우 로즈마리가 영혼을 악으로부터 보호한다고 믿어 장례식에서 많이 사용되어 왔으며, 살균 및 항균작용을 한다. 방부작용, 기억력 자극, 청결, 두통 · 편두통 · 피로 해소에 효과적이며, 살균 · 소독, 원기 회복에 좋고 모발 성장을 촉진하기도 한다.

마늘

학명: *Allium scorodorpasum var. viviparum Regel*

영명: Garlic

마늘에는 특유의 영양소인 생리 활성 물질인 스코르디닌이 있어 우리 몸의 신진대사를 높이는 작용을 한다. 항균력과 살균력이 높아 감기 · 편도선염 · 결핵 등을 일으키는 균을 억제하며, 장의 부패를 막아 특히 여름철에 많이 섭취하는 것이 좋다. 또한 마늘은 정장 작용을 하여 육식의 소화를 돕고 변비를 예방하며, 암을 예방하고, 혈관을 확장시키기 때문에 혈액순환을 돕는다.

셀러리(양미나리)

학명: *Apium graveolens var. dulce*

영명: Celery

칼슘의 함량이 많은 알칼리성 식품으로 비타민 C의 함유량이 많고 카로틴이 풍부하다. 셀러리의 향기는 식욕을 증진시키며, 피로회복, 발한 · 이뇨 · 보온 작용을 한다. 또한 식중독을 예방하기도 하고, 빈혈이 있는 사람은 매일 조금씩 섭취하는 것이 좋다. 너무 많이 먹으면 몸이 달아오르는 경우가 있으므로, 위궤양이나 과민성 체질인 사람은 섭취를 삼간다.

레몬

학명: *Citrus limon*

영명: Lemon

레몬은 집에서 손쉽게 사용할 수 있는 가장 중요한 자연요법의 하나이다. 비타민 C가 풍부하며, 감기와 기침에 좋고 열을 내리는 효과가 있다. 위염과 혈액순환 불량 등의 상태들을 예방하는 효과가 있다.

〈식물학명 참고문헌〉

윤평섭. 1989. 한국원예식물도감. 지식산업사. 서울.
윤평섭. 1998. 환경원예식물도감. 문운당. 서울.
한국화훼장식교수연합회. 2003. 600가지 꽃도감. 부민문화사. 서울.
임재욱 외. 2002. 행복한 우리집 건강한 식탁을 위한 텃밭채소 가꾸기. 허브월드. 서울.